U0142117

凝煉知識品味閱讀

最實用

圖解財務管理

一看就懂！

第一次學財務就能上手！

伍忠賢 著

書泉出版社 印行

作者自序

「他們正在改變一切，推動舊人類的進步；我們視他們為天才。唯有那些瘋狂到極點並自認為能改變世界的人，才真的改變世界。」

——蘋果公司在美國 1984 年超級盃總決賽的廣告詞

面上這麼多「財務管理」的書，為什麼必須讀本書，答案很簡單：實用易懂，唸了「大大有用」。

一、本書目標讀者

(一) 地理範圍

本書以「立足臺灣，胸懷中國大陸，放眼華人圈（香港、新加坡、泰國和馬來西亞等）為目標。

(二) 適合讀者

1. 企業人士

上至公司董事會，下到公司財務部出納人員，皆會在本書中找到像食譜般的操作手冊。

2. 大學生

尤其是本書第 2、3、4 章，把財務相關理論有系統整理，讓你在碩士班入學考試大勝。

二、本書特色：實用易懂

(一) 個案分析式寫作方式

筆者所有「圖解」系列，都有工作書的性質，以知名上市公司個案分析方式去說明一個觀念（例如：公司安全庫存金額），讓你讀了，去公司財務部便立刻上手，不須公司再接受新進員工訓練或找師傅來指導你。

(二) 不導公式，大量減少複雜計算

實務工作，一天按計算機的次數很少。太複雜或大量的計算，皆有電腦軟體可處理（例如：半年付息的公司債的殖利率）。重要的是弄通觀念，不要用一堆「無謂的計算」打擊學生（或讀者）的學習熱誠。

本書如何做到實用易懂

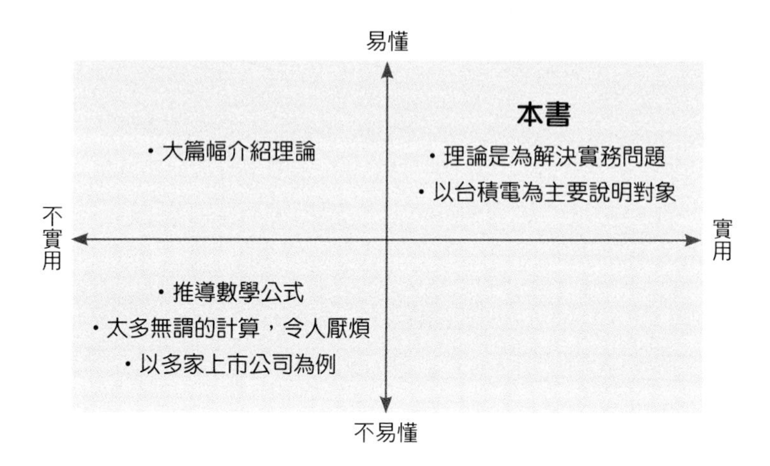

在大學二年級的財務管理課程中，有些教授會無謂的花很多時間教下列三個主題，且要求學生帶計算機當場計算。這些在銀行裡都只要輸入參數，電腦的資訊系統會自動產生結果。

- 現值與年金現值、終值與年金終值；
- 半年付息的公債，計算其殖利率；
- 求解一個投資案的內部報酬率

三、感謝

我在博士班時因主修財務管理，開始接觸財務管理的書，感謝劉維琪等教授的教導。在教學經驗上，我曾在 1991~1993 年於中央大學資管系教過財務管理；較大收穫是在真理大學財務金融系教 10 年財務管理，讓我必須以一家公司的財務管理一以貫之，才能提高學生學習效果。在實務經驗上，感謝威剛科技公司董事長陳立白支持我出任子公司立萬利創新公司 9 年獨立董事，這是用錢都學不到的經驗。

伍忠賢

謹誌於臺灣新北市新店區　2018 年 8 月

「財務管理」導論

「財務管理」一書是財務管理「學程」（或系列，至少 8 門課）的入門基本知識。在進入全書之前，我們在此拉個全景讓你看整個森林，再拉個近景讓你看「這棵樹」。

一、「財務管理」系列課程

財務管理的書該包括什麼內容，詳見圖一，只須包括資產負債表（頂多加現金流量表）右邊（負債和權益）、左邊（資產）的基本知識。

「財務管理」是財管系列的第一棒，以跑 400 公尺的接力賽來說，接棒區只有 10 公尺，超過就是違規。

- 大三「財務報表分析」，詳見拙著《圖解財報分析》，書泉出版社，2017 年 9 月。
- 大三「投資管理」，詳見拙著《圖解投資管理》，五南圖書公司，2016 年 4 月。
- 大四「國際財務管理」，詳見拙著《圖解國際財務管理》，五南圖書公司，2019 年。

二、財務管理課程核心以 10 個字便可講清楚

(一)10 個字

夢想學校校長、作家王文華表示：「任何事（包括一部電影）你可以用 10 個字以內來說明，便表示你很通。」

(二)「財務管理」就是把財務報表管理好的事

1991 年，我的學長李銘哲告訴我一小段標題，他只用 10 個字完全符合王文華「10 個字準則」，貼切說明財管的內容。財務報表有 4 種（損益表、現金流量表，資產負債表和股東權益變動表），財務管理是財報中的資產負債表為架構，先談右邊「資金來源」，再談左邊「資金去路」，這個架構適用財務管理系列所有書。

(三) 跟台積電財務部各階層連結

本書以臺灣證券交易所 920 支股票中，占總市值 18%的台積電為例「一以貫之」說明，該公司財務會計部 400 人，管理 8,200 億元流動資產和非流動資產中金融資產（約 2,600 億元）。

以「財務管理」來說，是為了基層財務人員（襄理以下）所須基本知識，而且偏資產負債表右邊的資金來源部。

三、公司成長階段的財務管理的相關課題

公司成長階段「成立→成長→成熟→衰退」所碰到的財務管理課題皆不同，本書依此設計全書架構。

(一) 公司成立前 2 年，找金主

公司成立的前 2 年，損益表大都虧損，很難向銀行貸款，這時董事長最忙的事是找人（第 5 章）來投資，才不會把錢燒光。

(二) 公司成長階段，找大金主與銀行

公司成立第 3~6 年（舉例），此時募資的對象擴大到創業投資公司（第 6、7 章）、私募基金；由於公司損益表已有淨利，可向銀行借到信用貸款。這二件事皆須有位專職專業的人擔任財務經理。

(三) 公司成熟階段

公司成立第 7 年起，已到了成熟階段，在權益資金來源，偏重股票上市（或上櫃，第 9 章），公司落實公司治理（第 10 章）、內部控制制度（第 11 章），才能讓小股東「安心」掏出錢來買股票。

在資產管理方面，此時流動資產已「游刃有餘」，財務部會設立二個「組」（主管是經理）或「處」（主管是協理級）來負責營運資金管理（第 13 章）、商業授信（會用到財報分析，第 14 章）、風險管理（第 15 章）。

針對「非流動資產」，主要是買土地、蓋廠房、買機臺的資本支出，這在財務管理稱為資本預算（第 16 章），內容較難，放在最後一章。

四、美陸臺的全景，陸臺的特寫

我們許多書都以美陸臺來作圖、作表比較。美國大都是各種財務管理觀念的工具、業務的發源地；中國大陸自 2009 年起是全球第二大經濟國，對各種新行業、業務的發展常是一日千里；臺資企業在大陸約 10 萬家、臺灣人在此長駐工作至少 42 萬人，臺灣學生至少 1 萬人，基於工作、業務往來的角度，有必要了解中國大陸相關發展。

介紹臺灣在本書領域的現況與展望，是本書的天職。至於歷史沿革，除非跟現況與展望有「蕭規曹隨」的關係，限於篇幅，本書不介紹，請詳見維基百科等。

五、挑選你耳熟能詳的公司

在 19 年的「財務管理」、「公司鑑價」的教學過程中，我體會到如果用一家公司來舉例，讀者只須看一家公司的財務報表（損益、資產負債表為主），這樣也比較易懂、節省篇幅。最近的例子是在《圖解財報分析》（2017 年 9 月，書泉出版社，五南圖書出版公司），以臺灣股市值（約 31.5 兆元）中最大（約 18%）的臺灣積體電路製造公司 (2330) 為主。

圖一　財務管理書的架構

第一部分　財務管理快易通	第二部分　資金結構
Ch.1　財務管理快易通 Ch.2　公司資金來源的決策：資「本」結構	Ch.2　公司資金來源的決策：資「本」結構 Ch.3　重要財務管理相關理論 Ch.4　訊號放射理論與資金結構相關理論

資產負債表	
資產（第五部分） Ch.11　公司資產管理：董事會、總經理 資金去處：董事會、總經理篇 ・流動資產 Ch.12　資產管理：財務部 Ch.13　財務報表分析 Ch.14　公司的付款方式及內部控制制度 Ch.15　公司風險管理：財務風險管理 ・非流動資產 Ch.16　貨幣時間價值與公司資本預算方法：台積電與英特爾	負債（第三部分） Ch.8　公司向銀行貸款 業主權益（第四部分） Ch.5　公司創立時財務管理：群眾募資與天使投資人 Ch.6　公司成長初期、中期現金增資的主要投資人 Ch.7　如何向投資公司募資 Ch.9　股票上櫃上市 Ch.10　權益、管理代理問題與解決之道

表一　本書基本公司的挑選標準

層面	最好（優先）	說明
一、行業		
(一) 消費品	每個人都會接觸，比較切身感	臺灣最大公司鴻海精密 (2317) 出局，以 3C 產品代工為主
(二) 生命週期	導入期 成長期	
(三) 產值大	汽車	在全球 81 兆美元總產值中，房地產產值第一、汽車第二
	手機	蘋果公司 iPhone 手機夠格 2018 年手機成長率 4%，已屆成熟期
二、公司		
(一) 國籍	臺灣，較親切、較熟悉	人不親，土親
(二) 單一產品	較容易了解	特斯拉 90%營收來自電動汽車
(三) 有工廠	有資本支出	資本支出指「有形」資產（房地產、廠房、機器設備、交通工具）和「無形資產」（技術取得）
(四) 財務管理方面	負債（銀行貸款、公司債）股票現金增資皆有	
三、董事長		
(一) 知名度高	經常上媒體，曝光率高，且須好感	臺灣主要是郭台銘、張忠謀（2018.6 退休）
(二) 創意夠		蘋果公司創辦人史蒂夫・賈伯斯（1955~2011.10.5）很夠格

表二　台積電損益表／資產負債表

單位：億元

	2016 年損益表	2017 年損益表
營收	9,479	9,774
－營業成本	4,731	4,826
＝毛利	4,748	4,948
－營業費用與其他	968	1,079
＝營業利益	3,780	3,856
＋營業外收入	79	105
－營業外支出	（主要是利息 33）	（主要是利息 33）
＝稅前淨利	3,859	3,961
－營所稅費用	516	530
＝稅後淨利	3,343	3,431

2016 年資產負債表				2017 年資產負債表	
資產	18,865	負債	4,964	19,919	4,691
(一) 流動資產	8,177	(一) 流動負債	3,182	(一) 8,572	(一) 3,587
・現金及約當現金	5,413	(二) 非流動負債	1,782	5,534	(二) 1,104
・其他	2,764	權益	13,901	3,038	15,528
(二) 非流動資產	10,688	(一) 股本	2,593	(二) 11,347	(一) 2,593
・金融資產	461.5	(二) 資本公積	562.72	415.7	(二) 563.1
・固定資產	9,978	(三) 保留盈餘	10,720	10,625	(三) 12,334
・無形資產	146.1	(四) 其他	25.28	141.8	(四) 37.9

目次

第5章
公司創立時財務管理：群眾募資與天使投資人 063

第6章
公司成長初期、中期現金增資的主要投資人 085

第7章 如何向投資公司募資 105

第8章 公司向銀行貸款 127

第9章
股票上櫃上市 139

第10章
權益、管理代理問題與解決之道 163

第12章 資產管理：財務部 211

第13章 財務報表分析 225

第16章 貨幣時間價值與公司資本預算方法：台積電與英特爾 277

第 1 章
財務管理快易通

1-1　所有人都須懂財務管理：CP值、效益成本分析

1-2　公司各層級，部門跟財務管理的關係

1-3　財務部功能

1-4　公司財務部位階與財務長角色

1-5　財務部的積極功能：財務淨利（以2013年廣達為例）

1-6　財務部的頂級功能：策略財務

1-1 所有人都須懂財務管理：CP 值、效益成本分析

「財務管理」簡單的說，最重要的貢獻是以「錢」（貨幣化）方式，指引我們在生活消費、公司工作（例如：買機器）與投資（例如：買股票），如何在各種備選方案（alternatives）中下最佳決策。那麼在財務管理中最常用的觀念是什麼？答案是「投資報酬率」（簡稱報酬率），這跟常見的效益成本分析、性價比（俗稱 CP 值）是一樣的。簡單的說，財務管理把個人消費、公司「支出」（尤其是投資的決策準則，以貨幣報酬率形式講清楚，由這個角度來看，財務管理觀念跟「生活、工作與投資」息息相關。

一、生活、工作與投資

我們寫書存心想做到「一箭三鵰」，可用在生活、工作與投資，由右表可見，在兩種方案中二選一是人們常遇到抉擇，三選一，情況變複雜，分析方法相同。

㈠ **標的不同：**由表可見，生活中逛街中如何從兩件衣服中挑一件；在公司上班，怎樣買較有貢獻的機器；在買股票時，如何挑賺（即投資報酬率）最多的。

㈡ **金額不同：**由表可見，三種情況下的數學皆相同，只是貨幣單位不同，公司情況下，買機臺使用的貨幣單位是「萬元」。

二、名異實同

「腳踏車」、「自行車」、「鐵馬」（臺語譯成國語）這三個名詞指的都是同一個交通工具，在各縣市還有些公共租用腳踏車，例如：臺北市稱為 U-bike，bike 是英語中的腳踏車。由表中第四欄可見，三種情況下的決策準則名稱不同，但只是名異，本質上都是「AB 比」，套用俗語「錢要花在刀口上」、「一塊錢當五塊錢用」。

由表可見，各領域看似「隔行如隔山」，但實則「英雄所見略同」，這背後是說「天下沒那麼多學問」，有時名詞略有不同，卻是同一件事。

三、公式不用背

各行各業都有一堆公式，常見的是「○○比」，一次把比率公式的定義搞懂，那以後就可見公式「看圖說話」了，詳見 AB 比小檔案，但許多名詞當初便「說錯了」，人們往往「約定成俗」的「將錯就錯」，例如：

㈠「成本效益分析」錯了，正確應是「效益成本分析」。

㈡「CP 值」用詞錯了，正確應是「PC 值」。「性能價格比」（簡稱性價比）的英文字是 Performance cost ratio，所以英文簡寫是 PCR（R 代表 Ratio），勉強中譯為 CP 值，但是 CP 跟個人電腦的簡稱　樣；為了避免誤會，許多人把性價比稱為 CP（capability-price ratio 或 cost-performance ratio）值，這大可不必，稱「性價比」便可，中英文雜用（例如：PC 值、CP 值）只是使事情更難懂。

表　在兩個方案中二選一

層面	A 方案	B 方案	決策
一、生活	兩件 T 恤中挑一件		
(1) 認知價值	300 元	500 元	1. 決策準則 ・價值價格比 ・性價比 ・Performance cost ratio
(2) 商店售價	150 元	200 元	2. 決策 B=2.5 倍（大於 A=2 倍）
二、工作：公司	兩部機器中挑一部		1. 決策準則：效益成本分析 （benefit cost analysis）
(1) 預期營收	300 萬元	500 萬元	2. 決策 B=2.5 倍（大於 A=2 倍）
(2) 進貨價格	150 萬元	200 萬元	
(3) = (1) / (2)	2 倍	2.5 倍	
三、投資	兩支股票中挑一支		1. 決策準則 挑投資報酬率最高的
(1) 預估股價	300 元	500 元	2. 決策 B 股 =2.5 倍（大於 A 股 =2 倍）
(2) 買股股價	150 元	200 元	
(3) = (1) / (2)	2 倍	2.5 倍	

AB 比小檔案

$$\text{AB 比} = \frac{\text{A 分子，上面}}{\text{B 分母，下面}}$$

一個生活例子

臺北市房價所得比 15 倍

$$15\text{ 倍} = \frac{\text{房價（中位數）}}{\text{家庭所得（中位數）}} = \frac{2{,}250\text{ 萬元}}{150\text{ 萬元}}$$

1-2 公司各層級，部門跟財務管理的關係

人們常容易望文生義，例如：下列三門課，請問由公司哪（些）個部門負責？

・研發管理：許多人答案是「公司的研發部」；
・生產管理：許多人答案是「公司的製造部」；
・行銷管理：許多人答案是「公司的業務部」。

我們的看法是，這些企業活動是上下相串連的，各部門相通的，不是哪一個功能部門專屬的。同樣的，「財務管理」（financial management）是企業活動的一種，涉及董事會、總經理、各事業部主管與各功能部門，本單元說明之。

一、什麼是「財務管理」

知識是累積的，可以從很多角度來分析「財務管理」。

㈠ **○○管理**：人資管理、財務管理的「共同點」（交集）是什麼？你的答案是「管理」，因此可以得到結論，各種功能管理只是管的對象不一樣罷了，人資管理管的是「人」（即員工）事務，財務管理管的是「財」（主要是資產負債表）的事務，這可說是「財務管理」最直白的說明。

㈡ **把「財務」管好的事**：廣播主持人、作家王文華主張「十個字把事情摘要說完」，李銘哲以下列十個字詮釋「財務管理」：「把財務報表管理好的事」。這十個字中恰巧有「財務」、「管理」兩個詞。財務報表有四種：損益表、資產負債表、現金流量表與（股東）權益變動表。至於後兩個表可說是損益表、資產負債表衍生的。簡單的說，財務報表指的是資產負債表。

二、公司各層級的財務管理工作

㈠ **董事會**：由表可見，財務管理的基本工作偏重資產負債表右邊「資金來源」，著重「要錢有錢」。由此負債融資、權益募資，都是由股東大會、董事決策，財務部執行。尤有甚者，公司治理的五個領域，大都由董事會決策，各相關功能部門執行，本書以七章的篇幅詳細說明。

㈡ **總經理、事業部主管**：由於董事會直轄財務部，由此總經理對財務部較少置喙之地。在有事業部（甚至子公司）的公司，事業部下轄財務處。在公司中央集權情況下，由公司財務部直轄各事業部的財務處。

㈢ **各功能部門**：以美國策略大師・哈佛大學商學院教授麥克・波特（Michael E. Porter）的價值鍊（value chain）把公司的企業活動分成核心活動（core activitiness）和支援活動（supporting activitiness）兩大類，詳見右表第一欄，財務管理屬於支援活動。

表　公司各級與財務管理的關係及本書各章分布

公司組織層級	損益表	資產負債表	
		資金去路	資金來源
一、董事會		Ch.11 公司資產管理 I：董事會、總經理篇 Ch.10 風險管理	(一) 資金結構 Ch.2 資金結構 Ch.8 負債決策 (三) 公司治理 Ch.9 股票上市上櫃
	薪酬委員會、人資部		
二、總經理		Ch.13 財務報表分析	
三、事業部			
四、功能部			
(一) 核心活動			
1. 研發		跟資金預算的狀況相似	
2. 生產		Ch.16 資金預算：投資設廠的決策	
3. 業務			
(二) 支援活動			
1. 人力資源	員工分紅		(二) 權益資金來源 Ch.5 群眾募資
2. 財務管理	入股，員工		Ch.6 私募公司等
3. 資訊管理	薪資		Ch.7 創投公司
4. 其他			

知識維他命

- **核心活動**：生產部最重要的財務活動為基本預算（買機器設備、設新廠），是工程經濟學書的核心，在財務管理課程屬於「資本預算」（capital budgeting）。研發部的研發專案的產出是技術（最常見的是專利），是否該投資、投資多少金額，也是資金預算觀念的運用。
- **支援活動**：人力資源部的六項主要業務「用薪訓晉遣退」中的「薪酬」，涉及資產負債表中的現金支出、權益面的分紅「入股」，這跟財務部關係密切。財務部是公司財務活動的主管部門，負責現金收支、董事會財務決策的執行（例如：向指定銀行申請貸款）。

1-3 財務部功能

「麻雀雖小，五臟俱全」，這具體與貼切形容小如蜂鳥、大如駝鳥，都有翅膀等，體型隨著演化而不同。同樣的，公司財務部隨著公司成長階段而逐漸增加功能，詳見右表，本單元說明之。

一、公司導入階段

公司草創成立，員工人數個位數，可能還沒有成立功能部門（例如：人事、會計），常常一人兼數職。

㈠**財務部最原始功能：**公司帳房。財務人員最原始的功能便是負責現金收支的「出納業務」，現金如同人的食物，經過胃腸吸收後，變成養分支持各器官運作。

㈡**財務部基本功能：**要錢有錢。當公司成立 2 年以上，已站穩；此時，公司已設立各功能部門，財務經理主要是「公司要錢有錢」，關鍵資金來自銀行貸款。

二、公司成長階段

公司成立 4 年以上，大抵進入成長階段，此時財務部的工作主要在權益募資，先辦理股票公開發行，先上興櫃後上櫃，最後股票上市（Initial Public Offering, IPO）。股票一公開發行，連帶的也可發行公司債，只要公司作勢要發行公司債，銀行得悉後，往往被迫「主動」提出降低貸款利率。股票公開發行的要件之一是股權分散 1,000 人以上，主要對象是給員工認股，此舉會激勵員工士氣，近悅遠來。在日本戰國時代，豐臣秀吉、軍師黑田官兵衛最喜歡以金銀玉帛收買敵方城主，讓其倒戈，不戰而收人之兵。在今天，高薪（尤其是股票分紅認購）依舊很管用。

三、公司成熟階段

公司成立 8 年以上，往往進入營收高原期，本業（稅前純利）鈍化，手上現金頗多。

㈠財務部的積極功能：以錢賺錢。財務部手握「重兵」，董事會賦予重望，期盼能上陣立功，以錢賺錢，在損益表上會計科目「營業外收入」，俗稱財務盈餘，常被視為「不務正業的營收」。

㈡公司董事會想對外發展以求突破營業高原期，透過收購別家公司事業部，合併其他公司（二者合稱企業購併），此時財務主管（外資公司稱為財務長）扮演公司鑑價等策略功能。

四、留待「投資管理」課程再來談

公司資金去路主要有二：流動資產和非流動資產。針對短期資產，本書只討論客戶授信（第 7 章）和現金安全存量，至於有價證券（主要是股票、債券與相關基金），限於篇幅與書本的分工，詳見伍忠賢著《圖解投資管理》（五南圖書公司，2016 年 4 月）。

表　公司成長階段的財務部功能

項目	導入	成長	成熟
一、資產負債表			
(一) 資金來源	1. 負債 2. 權益 創業班底出錢	1. 股票公開發行 2. 股票上市	募資來源全球化
(二) 資金去路			有多餘資金可以投資股票、外匯等，或轉投資
二、財務部「功能」：董事會對其定位		基本財管功能：要錢有錢	1. 積極財管功能：賺財務盈餘 2. 策略財務管理功能
三、財務長的外部資金來源	銀行：跟銀行業關係良好，向銀行貸款快又便宜	會計師事務所：以便符合證交所對於內部控制八大循環要求	1. 證券公司：尤其是外資券商研究發展 2. 證券公司：尤其是投資銀行事業部 3. 外商銀行：偏重外匯操作

表　台積電財務管理業務相關部門

內部控制	會計服務部分	財務服務部分
(一) 董事會 1. 獨立董事們組成二個委員會 2. 稽核處協理	(一) 會計處協理 財務會計管理	(一) 資產去路 1. 策略投資 2. 資產管理
(二) 會計服務部分 *註：風險管理由「資材暨風險管理部」負責	(二) 稅務管理	(二) 資金來源 1. 資金管理 2. 法人關係 3. 公共關係 上述 2,3，於 2010 年 8 月 14 日，合併成企業訊息處

資料來源：整理自台積電年報等。

1-4 公司財務部位階與財務長角色

公司財務部隨著公司營收而水漲船高，功能逐漸增加，在組織層級從四級往一級單位邁進，財務主管職稱從財務專員逐漸提升到財務長，本單元說明之。

一、財務部位階

公司在組織設計方面，把部門分成一、二、三、四（甚至更細）級單位，背後的依據是重要性，這可從資產負債表、損益表上所占比重看出。由右表可見，財務「部」的位階由下往上逐漸提升，一開始只是行政部內的一個人或頂多只是一個課（一般指 5 人以內編制）。隨著公司邁入成長期，資產負債表上的短期資產變多，需要更多人來管理，財務跟會計合設一個部，稱為財會部，屬於二級單位，「財務科」屬於三級單位。到了公司成長末期，隨著部門員工人數增加，財會部分拆成財務部、會計部，升格為二級單位。到了公司成熟期，財務部提升為一級單位。

二、財務長的頭銜

美國公司喜歡把各部門頭頭稱作「某某長」，例如：財務部主管稱為「財務長」（chief financial officer, CFO）。

三、財務長的角色

由表第二欄可見，隨著財務部位階「一暝大一吋」，財務長的角色逐漸變廣、變複雜，財務專業能力的成分愈高。財務長常擔任公司發言人，但財務長大都保守，大都能少上電視新聞就少上，把鎂光燈留給董事長、總經理。臺灣「電子五哥」（主要指筆電代工業中的廣達、仁寶、和碩、緯創、鴻海等），其中較著名的財務長有鴻海集團總財務長黃秋蓮、廣達楊俊烈、仁寶呂清雄。（部分摘自今周刊，2014 年 4 月 28 日，第 130 頁）

四、投資型財務長薪資

「一分耕耘，一分收獲」，投資型財務長的薪資也是利潤導向，以美國紐約市薪酬顧問公司（compensation advisory partners）2017 年 6 月公布的調查為例，2015 年美國 118 家上市公司（平均營收 120 億美元）財務長的薪資結構如下：薪水 20%、目標獎金 23%、長期激勵（Long-Term Incentive, LTI。主要是股票選擇權 23%，限制流通股票 20% 與績效計畫 54%）。2015~2016 年美國企業財務長的薪資為頂頭上司執行長（CEO）的三分之一，主要是總裁，由此顯示企業對財務長的功能益發看重。（摘修自該公司公布的 Pay Trends: Spotlight on Chief Financial Officers—2017 Update）

2015 年美國標準普爾公司對標普 500 指數成分公司的調查，財務長平均年收入 380 萬美元、執行長 1,360 萬美元。

表 套用Zadek公司對企業社會責任發展階段的說明

階段	財務課題	財務部位階	財務長職級
一、公民化階段	企業社會責任	一級單位	董事或兼子公司董事長
二、策略階段：增加收入以提高股價	賺財務盈餘	一級單位財務部 下設授信處、投資處、投資人關係處	董事兼執行副總，甚至兼任子公司董事（長）（執行）副總
三、管理階段：降低成本	消極功能：要錢有錢	二級單位財務部，下設幾個組	財務經理到協理
四、法令遵循 (一) 公司治理 二級單位財會部、財務經理階段	1. 公司治理 2. 公司發言人	二級單位財會部，及財務與會計，下設幾個科	財務經理
五、防禦性階段	財務部僅具出納功能，收支金額不要出錯	行政部轄下的一個課	財務專員迄財務經理

財務長（CFO）小檔案

美國人用詞沒有像中文那麼細，像 cousin，很難分得清是堂兄弟或是表兄弟。至於單位主管則有二種稱呼。

- Chief: 像警察局局長。
- Head of: 有些更用部門「頭頭」來稱呼。
- Officer: 在美國影片中最常見的是指警察，但這個字在軍中用語很明確，中文譯為軍官，相對於士官兵。但在公司中很難找到合適譯詞，姑且譯為「理字輩」。

Chief Financial officer

- 美國公司用詞：財務長。
- 臺灣公司用詞：財務主管。
- 陸稱：「首席（chief）財務（financial）官（officer）」。

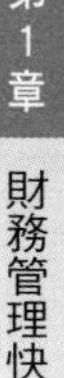

1-5 財務部的積極功能：財務淨利（以 2013 年廣達為例）

全球策略管理大師波特把公司財務部歸類為支援功能的部門。套用排球賽的例子，後排球員到網前殺球，俗稱「後排殺球」；同樣的，財務部手握資金，要是扮演公司內「資產管理公司」（asset management company）角色，有可能「小兵立大功」，本單元說明之。

一、日本渡邊太太的利差交易

俗語說：「馬無夜草不肥，人無橫財不富。」一般家庭也想多賺些，以供生活，底下舉兩個舉世聞名的國家為例。

㈠ **日本的渡邊太太**：1995 年起，日本邁入 0 利率時代，一年定期利率 0.05%，存 100 萬日圓，只有 500 日圓利息，銀行剩下「保管箱」功能。一些精打細算的日本家庭主婦，在財務顧問公司的教戰下，借日圓存美元，賺取：(1) 兩種幣別存款的利率差；(2) 兩種幣別間的匯兌利得；此稱為「利差交易」（carry trade）。美國認為「渡邊」是日本大姓，因此稱從事利差交易的女性投資人為「渡邊太太」（Mrs Watanabe）。

㈡ **中國大陸的大媽**：2013 年底，黃金價格從 1 英兩（ounce，音譯為盎司，31.1 公克）1,920 美元重跌，2014 年初跌到 1,300 美元。報載，中國大陸的大媽（dama）共買進 300 噸，論斤秤兩的大買特買。

二、臺灣廣達的利差交易

2014 年 4 月《今周刊》報導廣達電腦（2382）2011~2013 年財務盈餘占盈餘比重高，詳見表一，主要來自兩部分。

㈠ **套利**：這期間最常見的套利運作是在臺灣向銀行借美元，利率 1%：匯出到中國大陸江蘇省昆山市的子公司，在此存入人民幣定存，定存利率 3.5%，兩種存款利率差 2.5%，詳見圖右邊。

㈡ **談不上套匯**：「借美元存人民幣」，這筆利差交易最大風險在於「人民幣貶值所造成的匯兌損失風險」。這個風險不高，主要是從 2005 年 7 月，人民幣呈升值趨勢。

三、正反方的說法

「財務盈餘」在損益表上放在「營業外收入」（簡稱業外收入），白話的說，「不務正業收入」或是「橫財」。由表二可見，有正反兩方說法。

㈠ **正方看法**：站在股東的角度，淨利就是淨利，不用在意「營業淨利」、「營業外收入」，淨利愈大愈好。

㈡ **反方看法**：證券分析師看重公司的「營業淨利」，即本業純益，進而算出「每股淨利」；而每股盈餘（earnings per share, EPS）的用詞過廣了些。

臺灣	母公司 中國大陸	子公司賺利差
美元貸款 R_1=1% 臺灣銀行	人民幣存款 R_a=3.5% 工商銀行	R_d 3.5% - R11% = 2.5% 賺匯差 匯入 RMB6.2，匯出 RMB6.045，一年 RMB 升值 2.5%

表一　廣達電腦公司財務淨利貢獻（億元）

項目	2011 年	2012 年	2013 年
(1) 營業外收入 ・利息收入　・匯兌利得	108	68	100
(2) 稅前盈餘	325	290	242
(3) = (1) / (2) 財務盈餘對盈餘貢獻	33%	23%	41%

表二　針對財務淨利的正反方意見

人士	反對	支持
說法	1. 鴻海集團董事長郭台銘認定財務獲利占比重愈高，董事長可能愈喜歡財務操作，因為這種賺錢方式，省時省力又低風險，這麼容易賺錢的方法，誰不會？但唯一的壞處是，每天餵到嘴邊的山珍海味吃久了，還會記得如何揮汗下鋤、努力賺錢嗎？一位科技公司的財務長說：「這像包裹糖衣的毒藥，吃久了，誰還願意上工打拼？」 2. 證券分析師的看法：巴克萊（註：2016 年 3 月從臺灣撤資）資本證券亞太區下游硬體製造業首席分析師楊應超表示，如果一家公司業外獲利超過本業，通常證券分析師會給予「賣出」的評等。	1 廣達 2013 年全年盈餘 242 億元，而來自利息和匯兌收益占 41%。也就是說，財務長楊俊烈率領財務部員工所賺的錢，接近 7 萬多名工程師與員工在本業的努力。資誠會計師事務所前所長薛明玲提出：「這是利用有限的風險賺取公司最大的盈餘，財務長們不這樣做才是對不起公司。」 2. 今周刊的解讀：廣達財務部的員工數十人，平均每人獲利的貢獻度上億元，堪稱是廣達的淘金部門。值得注意的是，廣達的財報上，長短期借款共計有 1,900 億元，卻同時也有 1,879 億元的定存，透露出不合常理的訊息，應該跟財務長操作有很大的關係。

資料來源：整理自《今周刊》，2014 年 10 月 28 日，第 126~130 頁。

1-6 財務部的頂級功能：策略財務

《左傳》「肉食者謀之」、《論語》「不在其位不謀其政」，這些古語皆表示國家大政是由國家皇帝、大臣在朝廷中討論決定，三品以下的官沒有發言權。在公司中，大事由董事會決定，總經理只是「奉命行事」。

以股票上市公司來說，一年至少開六次董事會，負責董事會議召集、議程、會議紀錄申報的都是財務部。在董事會進行過程中，財務長擔任會議司儀的角色。大部分公司的發言人都是財務部主管，因為其對公司財務報表的涵義最明瞭。

一、策略財務管理

策略財務、策略行銷管理、策略人資管理這些名詞的前面都冠上「策略」這個形容詞，採取大易分解法，可得到下列推論：

㈠ **「策略」＝董事會**：由右圖可見「策略管理」指的是公司董事會管的公司中長期「重大」（material, 指占營收、淨利 20% 以上）事件。

㈡ **策略財務的內容**：策略財務（strategic finance）的內容，重點方向有二：一是財務長向上參與董事會的重大決策，例如：資金預算；二是董事會對公司成長方式決策，即內部成長抑或外部成長。外部成長主要方式是合併其他公司，或收購其他公司事業部的資產，合稱企業併購（Mergers and Acquisitions, M&A）。這些涉及計算併購價格、併購資金來源，皆需要財務長參與。

二、以美國微軟的財務長為例

數位科技（例如：大數據分析）對公司構成很多挑戰，包括財務部（尤其是旗下的財務規劃和分析處 financial planning & analysis, FP&A）、會計部等形成很大工作壓力，例如：要提供董事會更快更好的資料、建議。

美國公司很常採取公司購併方式以追求公司成長，因此對財務主管的資格要求很強調這方面能力，以下以個人商用軟體龍頭公司微軟為例。

2013 年 5 月 9 日，美國微軟公司任命商務事業部（Microsoft Business Division）財務主管艾美 ‧ 胡德（Amy Hood，1971 年次，哈佛大學企管碩士）為公司財務長，使她成為這家全球軟體龍頭有史以來的第一位女性財務長。曾擔任事業部主管、外派去擔任諾基亞手機事業部主管的艾洛普（Stephen Elop）指出，胡德能力傑出，也是願意在衡量後承擔風險的人。至於微軟的起家事業部— Windows 事業部雷勒（Tami Reller）則落選。2017 年胡德年收入 1,158 萬美元。

圖　策略財務強調財務長的重要性

策略 (Strategic)

董事會

＋

財務 (Finance)

總經理　財務部

表　美國微軟公司財務長胡德的資格評語

能力	說　明
一、策略管理能力 	原本是微軟商務事業部（Microsoft Business Division）財務主管，商務事業部是微軟淨利最大來源，2012 年度 157 億美元，營收 240 億美元。2011~2013 年該事業部的營收累積成長 24%，營業利益率提升 4 個百分點。Windows 事業部卻因飽受個人電腦市場衰退衝擊，營收、獲利在這段期間內雙雙萎縮。證券分析師普遍肯定，商務事業部透過併購和跨足新產品領域，有助於微軟持續成長。瑞士聯合銀行證券分析師席爾班説，商務事業部在華爾街一片質疑下，業績穩定。
二、財務管理能力 （一）專業能力 （二）法人公關	基層作起。 胡德曾在高盛證券投資銀行部門任職，跟胡德曾同時在高盛任職的野村控股（Nomura Holdings）證券分析師薛倫德（Rick Sherlund）指出，胡德在跟投資人溝通方面，經驗相當豐富。

美國策略財務月刊（Strategic Finance Magazine）

時：每個月

地：美國紐澤西州蒙特維爾（Montvale）市

人：管理會計協會（Institute of Management Accountants，1919 年成立）出版

事：每期探討跟策略財務有關題目，以協助公司董事、財務人員、會計人員提升能力）

MEMO

第 2 章
公司資金來源的決策：資「本」結構

2-1 資金結構中「capital」的涵義

公司在各成長階段，董事會面臨最重要的資產負債表右邊（資金來源）的決策，便是「資金結構」（capital structure），由於此字常錯誤翻譯成「資本結構」，再加上 capital 這個字在金融業、公司財務管理出現頻率甚高，而且是個有多個意思的字，本單元詳細說明之。

一、capital 在經濟學中的涵義

由右圖可見，經濟學中生產因素（production factors, 俗譯生產要素）有五種「自然資源、勞工、capital、技術與企業家精神」，各會顯現在損益表上的成本費用等。其中「capital」的本意是指「資金」，會在兩個報表上呈現。

㈠ **資產負債表**：這是經濟學中的本意，資本主義（capitalism）中的資本家（capitalists）是指有錢去買土地、蓋廠房、買設備，用於生產，這三個稱固定資產；加上無形資產這兩類資產的支出，合稱資本支出（capital expenditure）。

㈡ **損益表上二個科目**：製造費用中的（廠房、設備）折舊費用；營業外支出中的財務費用（主要是指利息費用）。

二、capital 在金融業的涵義

有許多金融業的行業、公司名稱中皆有 capital 這個字，詳見表一。

㈠ **資產面**：capital、financial asset、（個人或家庭時）wealth 這三個字的意思相同，主要是證券投資信託公司的「資產管理業」。

㈡ **資金來源面：（負債）**：全球較有名的是美國通用電氣（GE，俗譯奇異）的子公司「通用電氣資融」（GE capital），客戶向資融公司借錢去向通用電氣公司買設備。

㈢ **資金來源面：（權益）**：創業投資公司的英文原意是投資在「新創」（venture）公司的資本額（capital）。

三、capital 在公司資產負債表的涵義

由表二可見，capital 在公司資產負債表至少出現在三個地方，各有不同涵義。

資本家小檔案（capitalist）

・在馬克思的共產主義主張中，是指擁有生產資源、剝削勞工的資方。
・在現代，資本家可廣義的包括公司股東，至少是大股東。

圖　經濟學生產因素對應在公司損益表上科目

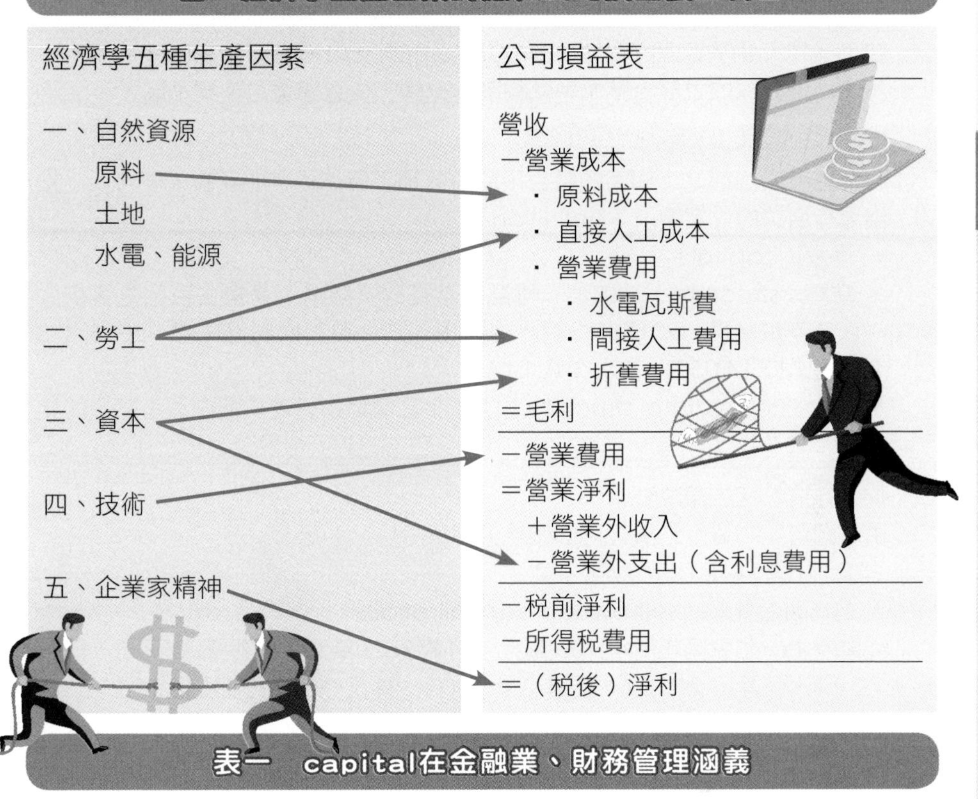

表一　capital在金融業、財務管理涵義

資產	負債
資產管理公司（capital management 或 asset management），對個人可說財富管理（wealth management）	商業授信 例如：美國通用電器資融（GE capital） 臺灣裕融公司（TAC, 9941）
	權益 創業投資公司（venture capital）

表二　capital在公司資產負債表的涵義

資產	負債
流動資產 非流動資產 ・固定資產或稱房地產、廠房及設備 ・無形資產 上二者今稱資本支出（capital expenditure）	權益 資本額（capital） 資本公積（capital reserve 或 accumulation of capital）

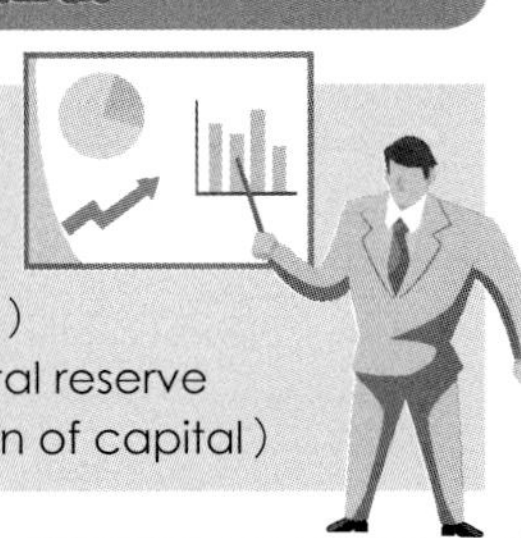

2-2 資金結構的涵義

在上一單元中先說明 capital structure 中的涵義，本單元說明其意思，一步一步、由淺到深的了解，就像學騎腳踏車一樣，一旦學會，終身不忘。

一、財務管理中的資金結構

許多專有名詞都是二個字的組合，只要分別了解每個字的涵義，便可以「推論」出專有名詞的「定義」（definition）。

・資金（capital）

・結構（structure）：由表一可見，常見的「結構」是指占百分之多少，例如：人口年齡結構，2017 年 2 月，老人占人口比重首次超過兒童，2018 年 3 月，老人占人口 14.05%，首次突破 14%。

・資金結構（capital structure）：資金結構是指資產負債中資金來源的比重。

二、資金結構包括二項成分

由右圖可見，資金結構包括 2 個成分。

・負債比率（debt ratio）；

・自有資金比率（self-owned capital ratio）。

經濟學中一個家庭年所得 100 萬元、消費 78.2 萬元、儲蓄 21.8 萬元，則消費率 78.2%、儲蓄率 21.78%，兩者合計 100%，這是 2016 的年情況。

負債比率加自有資金比率等於 1，一般講「資金結構」便以負債比率來稱呼，例如：2018 年台積電負債比率 25%。

三、財務報表分析中的財務結構

公司財管「資金結構」跟財務報表分析中的比率分析六大類第一類「財務結構」（financial structure）相近，後者包括下列二項。

・負債比率

・長期資金占固定資產比率

這是指固定資產 1 元，公司有多少長期資金可支應，以右圖的例子來說為 1.545 元。這表示長期資金「需求」小於長期資金「供給」。這是對的，即「長錢長用」，或「短錢不能長用」。

四、公式用圖表來說，易懂易記會用

許多財務管理（包括財報分析）公式都是以資產負債表為基礎，運用典型公司資產 100 億元（或萬元），便可心算出各項比率。由圖表了解公式，套入數字，易懂易記。

表一　公司成長階段的財務部功能

資金結構（capital structure）＝資金（capital）這是指資產負債表右邊「資金」來源＋結構（structure）這主要指「成分」，以人口來說，詳見表二

表二　人口的二個「結構」

單位：%

項目	成分			2018 年數目
1. 人口性別結構	女性 50.1		男性 49.9	2,363 萬人
2. 人口年齡結構	未成年 13%	勞動年齡人口 (15~64 歲)63%	老年 (65 歲以下)14.02%	老年人 335 萬人

資料來源：依內政部人口統計速報、美國商務部人口普查局「臺灣人口鐘」推估

圖　資金結構與財務結構

單位：億元

資產負債表	
資產 100 流動資產 30 非流動資產 ・固定資產 55 ・其他 15	負債 40 短期負債 15 長期負債 25 權益 60
100	**100**

財務結構之一

%

40　負債比率 (debt ratio)

$$=\frac{負債}{資產}=\frac{D}{A}=\frac{40 億元}{100 億元}$$

60　自有資金比率 (equity ratio 或 self-owned capital ratio)

$$=\frac{權益}{資產}=\frac{E}{A}=\frac{60 億元}{100 億元}$$

財務結構之二

$$長期資金占固定資產比率=\frac{長期資金}{固定資產}=\frac{長期負債＋權益}{房地產、廠房與設備}=\frac{25+60}{55}=1.545 倍$$

2-3 投資、資本預算的基本觀念：報酬率

整個財務管理的決策準則在於：

投資報酬率 > 平均資金成本率

在討論資本預算時，四個資本預算方法的決策準則更是如此。在此以一個單元篇幅說明「絕對」報酬率，至於相對報酬率（例如：夏普指數等），困難度較高、使用頻率極低，所以留待「投資管理」書中說明。

一、從期間報酬率轉換成年報酬率

李先生買屋 1,000 萬元、張太太 800 萬元，哪個人買得較貴？答案是「資料不充足」。李先生買 50 坪、1 坪 20 萬元，張太太 25 坪、1 坪 32 萬元，所以化成「每坪」，才能判斷張太太的房屋「單價」較高。

㈠ **期間**：大部分的投資期間不會剛好一年，稱為「期間報酬率」（period rate of return）。

㈡ **轉換成每年報酬率**：各「期間」有長有短，比較公平正確的作法是計算「年報酬率」，有些人「畫蛇添足」的稱為「年化」報酬率（annualized rate of return），一般情況，在談甲案報酬率 20%，是指年報酬率。

㈢ **當投資期間少於一年時**：買股票等金融投資的投資期間常只有幾個月，以以右圖左邊例子來說，你 10 月 1 日以 92 萬元買進股票，12 月 31 日以 100 萬元賣掉，賺 8 萬元。

・ 期間報酬率 91 天賺 8.69565%。

・91 天報酬率轉成 365 天的年報酬率：365 天除以 91 天等於 4.011 倍，365 天約有 4.011 個 91 天，91 天賺 8.69565%，那一年可賺 34.878%。

二、算術平均報酬率 vs. 幾何平均報酬率

當投資期間超過 1 年，把期間報酬率縮為年報酬率有二種作法。

㈠ **一般人**：喜歡用算術平均年報酬率。

㈡ **產業分析師**：喜歡用複利報酬率：許多產業分析師在說明純電動汽車的成長率時，常用到 2025 年複合成長率（compound growth rate 或 compound annual growth rate, CAGR）20%，指的便是「複」利報酬率。

三、吹毛求疵的說明

由右表可見算術平均（arithmetic average）、複合報酬率的進程，以目前來說，都是耳熟能詳的常識。

㈠ **一般說法**：10 年以上，差 1 個百分點（例如：8%、7%），算術平均跟複合報酬率差距不大，那就用算術平均報酬率快速計算又易懂。

㈡ **嚴謹的說**：網路上許多文章舉出在每月投資複利情況下，日報酬率 1.01 和 0.99，365 天（1 年）後（即開 365 次方）會有天地般的巨大差別。37.8 比 0.03。

圖　股票投資求年報酬率

一、金額

92 萬元	100 萬元		121 萬元
2018 年 10 月 1 日	第 1 年 2018 年 12 月 31 日	第 2 年 2019 年 12 月 31 日	第 3 年 2020 年 12 月 31 日

二、期間報酬率

$$\frac{100}{92}-1=8.69565\%$$

$$\frac{121}{100}-1=21\%$$

三、化成年報酬率

$$(\frac{V_1}{V_0}-1)\times\frac{365}{T}$$

$$=(\frac{100}{92}-1)\times\frac{365}{91}$$

$= 34.8788\%$

T: 代表投資天數

10 月 1 日到 12 月 31 日投資天數

91 天，「算頭不算尾」

1. 算術平均報酬率公式

$$\frac{\frac{V_1}{V_0}-1}{n}=\frac{(\frac{121}{100}-1)}{2}=10.5\%$$

2. 幾何平均報酬率

$$\sqrt[n]{\frac{V_1}{V_0}}-1$$

$$=\sqrt[2]{\frac{121}{100}}-1$$

$=1.1-1=0.1$

項目	算術平均報酬率	複合報酬率
一、觀念啟蒙	—	17 世紀、對數
二、流行	16 世紀以前	約 1930 年、又稱幾何平均報酬率
三、公式	$\frac{\frac{V_1-V_0}{V_0}}{n}$	$\sqrt[n]{(1+R_1)(1+R_2)...(1+R_n)}-1$

2-4 公司三種人的經營決策準則

在菜市場擺攤賣芭樂的王小明，跟臺灣獲利最大（2017 年 3,431 億元）的台積電董事長劉德音、總裁魏哲家，作生意的決策準則都是「將本求利」，這成語是拿出本錢來謀求淨利。「將本求利」中的「利」是水準值，即 3,400、3,500 億元中的「億元」，由於投資金額不同，所以應該用「投資報酬率」來決定採取哪些投資案。

在財管領域中，尤其是「財務報表分析」，把公司投資報酬率至少細分兩種，我們說明這是不同階層的人的「課責」（accountability）的關鍵績效指標（key performance indicator, KPI）不同。

一、董事會負責「權益報酬率」

董事會向股東拿「錢」（即權益）來作生意，股東以權益報酬率超過「權益必要報酬率」（hurdle rate），例如：台積電 20% 超過 9%，來判斷董事會是否盡責。

㈠**權益報酬率的分子**：「淨利」來自損益表，這是股東（含特別股）可以「享受」的經營成果。

㈡**權益報酬率的分母**：分子是「年初權益額與年底權益額」除以 2，這代表公司用「平均」權益去賺「淨利」。

㈢2017 年台積電例子：23.3%，這比 2012~2016 年平均值 25.836% 略低。

二、總經理負責「資產報酬率」

公司總經理在公司給定的資產情況下，去活用資產賺錢，公司董事會以資產報酬率大於加權平均資金成本率，來判斷總經理是否盡責。

㈠**資產報酬率的分子**：資產的報酬有二，一是抵稅後的利息，一是淨利；這是因為買「資產」的資金來自資產負債表的右邊「負債」與權益。

㈡**資產報酬率的分母**：年初跟年底資產金額不同，加起來除以 2，公司用這龐大資產去賺進「抵稅後利息加淨利」。

㈢**2017 年台積電例子**：17.84%，這比 2012~2016 年平均值 18.856% 略低。

三、事業部副總負責「投資報酬率」

一家公司常依產品（少數單一產品依世界區域、一國地區）分成幾個「事業部」（strategic business unit, SBU），事業部副總負責的也是某部分的資產報酬率。

2012~2017 年台積電的二大獲利能力 %

項目	2012	2013	2014	2015	2016	2017
一、資產面資產報酬率	19.19	17.11	19.33	19.62	19.03	17.84
二、權益面權益報酬率	24.68	24	27.86	27.04	25.6	23.32

公司組織層級	報酬率種類	資金成本率
一、董事會		
(一) 公式	權益報酬率 $=\frac{淨利}{平均權益}$ $=\frac{\pi}{(E_0+E_1)/2}$	權益必要報酬率 1. 通用 $R_e=R_f+8\%$ 2. 公司特定 $R_e=R_f+\frac{PER_i}{PER_m}8\%$
(二) 台積電的例子	2017 年 淨利 3431 億元 期（年）初權益 13,901 億元 期（年）末權益 15,528 億元	Rf: 無風險利率 以臺灣銀行 1 年期定期存款固定利率 PER_i：i 公司本益比 PER_m：股市本益比
二、總經理		
公式	資產報酬率 $=\frac{[利息費用X(1-稅率)]+淨利}{平均資產}$ $=\frac{Ix(1-T_c)+\pi}{(E_0+E_1)/2}$	加權平均資金成本 ＝[負債/資產 x(1-T_c)]+ 權益/資產 x 權益必要報酬率 ＝ $[D/AxR_e(1-T_c)]+E/AxR_e$

無風險利率（risk-free rate, R_f）

- 在美國：這是指 10 年期公債殖利率，2018 年為 3%
- 在臺灣：這是指臺灣銀行 1 年期定期存款固定利率

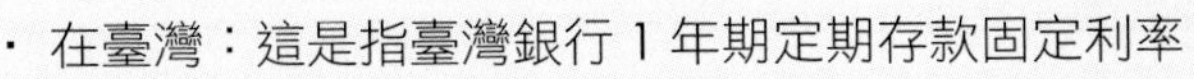

將本求利小檔案

時：元朝（1271~1368）
地：中國大陸江西省南昌市
人：無名氏
事：《硃砂擔》書序中：「（描寫主角張三姑）孩兒待將些小本錢，到江西南昌做些買賣，一來是躲難逃災，二本就將本求利。」

2-5 公司資金結構的決策

人們下消費決策，其實很簡單：

「在固定支出金額（例如：一天 200 元）下，追求效用極大」，或「在固定效用（例如：效用值 100）下，求支出金額極低」，俗稱「把錢花在刀口上」。

公司的經營決策也一樣：

「在固定支出（例如：一天 1 億元），追求營收極大」，或「在固定營收（例如：一天營收 1.1 億元）情況下，求成本最低」。

這兩項之一的目的都是「淨利極大化」。套用在公司經營中的資金結構的決策，便是「在固定營收情況下，求資金成本率最低」。

一、負債資金成本曲線

由右圖可見，負債資金成本曲線隨負債比率「水漲船高」，這顯示銀行（或公司債投資人）把倒帳風險逐漸加上來。

㈠ **稅前負債資金成本率：**（R_L）：在「貨幣銀行學」書中把公司的貸款（loan, L）利率，標示為「R_L」。

㈡ **稅後負債資金成本率：**〔R_L $(1-T_c)$〕：由於公司付利息有抵公司所得稅效果，所以只考慮稅後資金成本率。

二、權益必要資金成本曲線

本處假設股東要求的權益必要報酬率跟「負債比率」反向，即負債比率愈高，自有資金愈低，表示一旦公司「有難」，股東可以少虧一些，因此「要求」的必要報酬率也較低。

三、加權平均資金成本曲線

一家公司資金來自「負債」與「業主權益」，所以可以計算在各種負債比率情況下的「加權平均資金成本曲線」，詳見右圖中間那條曲線。

㈠ **最佳資金結構**（optimal capital structure）：在營收固定情況下，公司追求資金成本極小，以右例來說，在負債比率 50% 時，資金成本率 7.62%，是資金成本曲線最低點。

㈡ **E 點右邊：**圖中 E 點右邊，資金成本曲線逐漸拉高，主因是銀行收的貸款利率大幅拉高。

圖 負債、權益資金成本率曲線

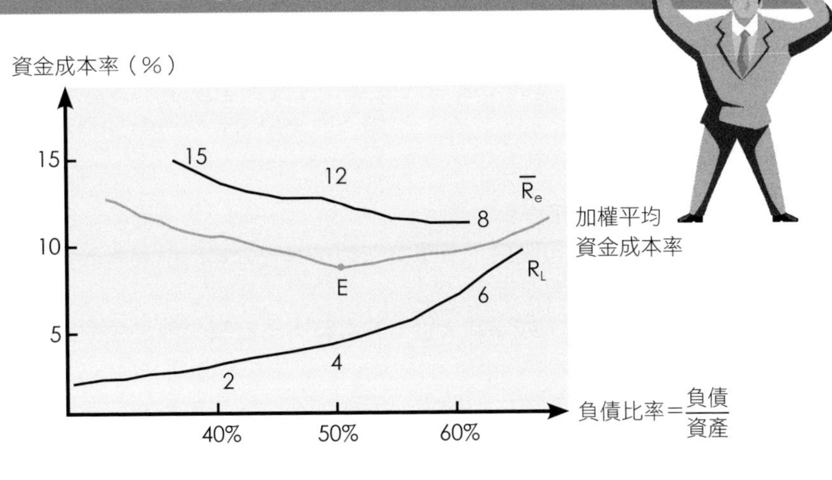

負債比率	(1) R_L 抵稅後負債成本率	(2) $\overline{R}_e$ 必要權益成本率	(3) 加權平均成本率
60%	6%x(1-20%)	15%	[0.6x6%x(1-20%)]+(0.4x8%) =6.08%
50%	4%x(1-20%)	12%	[0.5x4%x(1-20%)]+(0.5x12%) =7.6%
40%	2%x(1-20%)	8%	[0.4x2%x(1-20%)]+(0.6x15%) =9.64%

表 全球主要國家公司所得稅稅率

區域	工業國	新興工業國與新興國家
(一) 經濟合作暨發展組織 24.3%	德 29.8% 美 20%	泰國 30% 越南 28% 南韓 25% 中國大陸 25% 臺灣 20% 香港 16.5%
(二) 亞洲國家 21.4%	日本 20%	

2-6 加權平均資金成本率

本單元從會計學、經濟學（含財務管理學）的角度，來說明「將本求利」中的資金成「本」是怎麼算的。套用洗髮時「洗髮加潤髮」，會計學者（或一般人）方式是「洗髮」、「潤髮」分二步驟；財務學者是「洗髮加潤髮」二合一，結果的答案是一樣的。

一、會計學上的資金決策準則

99% 的「人」（公司股東、董事會）都是看著公司的財務報表（主要是損益表、資產負債表）作資金決策。

㈠ **第一步─有淨利（或淨利大於 0）**：股東出資圖的就是公司賺錢，由損益表來看，便是淨利大於 0。

㈡ **第二步─權益報酬率大於股東必要報酬率**：公司董事會的本職是使公司的權益報酬率穩穩的大於股東要求的報酬率。下段說明如何計算。

二、股東必要報酬率

如同去找工作，心中有個最低年（或月）薪水準（例如：大學畢業生月薪 26,000 元），一旦公司給薪低於此，則應徵者會「離開」，英文稱為「走開價格」（go-away price）。股東出資給公司，也有股東（shareholders）必要報酬率（required rate of return），這是投資學、財務管理的重要課題。

㈠ **泛用型股東必要報酬率**：由表二可見，股東必要報酬率包括兩項，無風險利率、權益風險溢酬（這項是由過去 10 年股市平均報酬率減無風險利率）。

㈡ **特定公司型股東必要報酬率**：每家上市公司的風險不一樣，股東必要報酬率也不同，因此用本益比作為公司風險的衡量方式，本處以台積電數字為例。

三、財務管理學的資金決策準則

由表一可見，財務管理的資金決策，是用另一個成本率、報酬。

㈠ **加權平均資金成本率**：由資產負債表右邊可知資金來源有二：負債、權益，財務管理學者同時考慮全部資金成本，並進而計算出加權平均資金成本率（weighted average cost of capital, WACC）。

㈡ **決策準則（資產報酬率 > 加權平均資金成本率）**：資產負債表左邊是資產，資產運用的結果稱為「資金報酬」；資產報酬除以資產稱為資產報酬率（return rate on asset, ROA）。公司決策準則有以下兩步驟。

- 篩選：先從各投資案中挑出資產報酬率大於資金成本率的；
- 決策：從上述可行方案中，依資產報酬由高到低再挑選投資案。

損益表 (I/S)	資產負債表 (B/S)		成本率
營收	資產（Asset, A）	負債（Debt, D）	R_d
		權益（Equity, E）	$\overline{R_e}$
－營業外支出（主要指財務成本）			
＝淨利（π）			

表一　兩種角度的資金成本率與資金決策準則

	資金成本		經營決策準則	
	金額	率	金額	率
一、會計學				
(一) 中文	利息 x（1 －公司所得稅率）	舉債利率 x（1 －公司所得稅率）	淨利＞股東要求的淨利	權益報酬率＞權益必要報酬率
(二) 英文代號	$I\times(1-T_c)$	$R_d(1-T_c)$	$\pi > (E\times\overline{R_e})$	$ROE > \overline{R_e}$
二、經濟學				
(一) 中文	[利息 x(1 －公司所得稅率)]+ 權益成本	負債比率 x 舉債利率 x1 ＋ (自有資金比率 x 權益必要報酬率)	資產報酬率＞資金成本	資產報酬率＞資金成本率
(二) 英文代號	$[I\times(1-T_c)]+(\pi \times R_e)$	$[\frac{D}{A}R_d(1-T_c)]+(\frac{E}{A}\times\overline{R_e})=WACC$	$[I\times(1-T_C)]+\pi > [I\times(1-T_c)]+E\,\overline{R_e}$	ROA>WACC

表二　股東必要報酬率的兩個標準

股東必要報酬率＝無風險利率＋權益風險溢酬

$$\overline{R_e} = R_f + \text{equity risk premium}$$

1. 泛用型

$= R_f + 8\%$……〈2-1〉

2. 特定公司型

$= R_f + [\frac{PER_i}{PER_m} \times 8\%]$……〈2-2〉

假設台積電 2018 年股價 250 元
每股盈餘 14 元
本益比 =250 元 /14 元 =17.86 倍

R_f: risk-free (interest) rate
在臺灣，以臺灣銀行一年期定期存款固定利率 1.035%
PER_m: 股市本益比，一般為 16 倍
PER_i: 第 i 支股票的本益比
以 2018 年台積電為例

$$R_e = 1.035\% + (\frac{17.86}{16} \times 8\%) = 9.965\%$$

2-7 公司資金結構的兩種情況

《左傳》襄公 31 年子產說：「人之不同，各如其面。」世上沒有完全相同的人或事，同樣的，社會科學中沒有「放諸四海皆準」的數值，因「地」、因「行業」、因「時」、因「人」不同。以公司資金結構來說，以同一國來說，依產業（其下許多行業）、公司生命階段而不同，本單元說明之。

一、依產業行業而定

由表可見，各產業內各行業

㈠**服務業中的金融業負債比率 90% 以上：**銀行是個「用別人錢」（指存款）作生意（指放款）的行業，負債比率 90% 以上。

㈡**以工業中的製造業來說：**重工業（其中石油化學）、航空業等都是「資本密集行業」（capital intensive industries，詳見下表），須砸大錢買生財器具，負債比率高。

二、依公司生命階段而負債比率逐漸提高

㈠**種子階段、成長初期，0~20%：**公司剛成立，資本額少，廠房、機器可能租的；前 2 年損益表可能虧損；簡單的說，「無法」向銀行借抵押、信用貸款，所以負債比率「0」。公司營運第 3~4 年，處於成長初期，銀行「敢」借你錢，負債比率 10~20%。

㈡**成長中期、末期，20~40%：**公司成立第 5 年後，有錢買許多廠房、設備，以拓展業務，損益表上淨利好看；輪到銀行會派人來請你借款；公司負債比率 20~40%。

㈢**成熟期，50%：**基於「代理問題」（agent problem），銀行擔心公司負債比率超過 50%，可能會掏空公司資產，債留「銀行」。所以一般的負債比率大都 50%。

成本費用比率	勞力密集（labor intensive）	資本密集（capital intensive）	技術密集（technology-intensive）
營收	100%	100%	100%
－營業成本			
原料			
直接人工	20%		
製造費用		20%	
・折舊			
＝毛利			
－研發費用			7%

幾種重點行業的負債比率

負債比率	行業	代表公司
90%	金融業、金控、銀行	富邦金控（2881）、彰化銀行（2801）
80%	航空、營建	長榮航空（2618）、皇翔（2545）
60%	電子類等電子代工	廣達（2382）
50%	石化	台塑化（6505）
30%	鋼鐵業	中國鋼鐵（2002）
20%	飯店業	國賓飯店（2704）
8%	電子類：晶片設計	聯發科技（2454）

圖　一般公司在各成長階段的負債比率

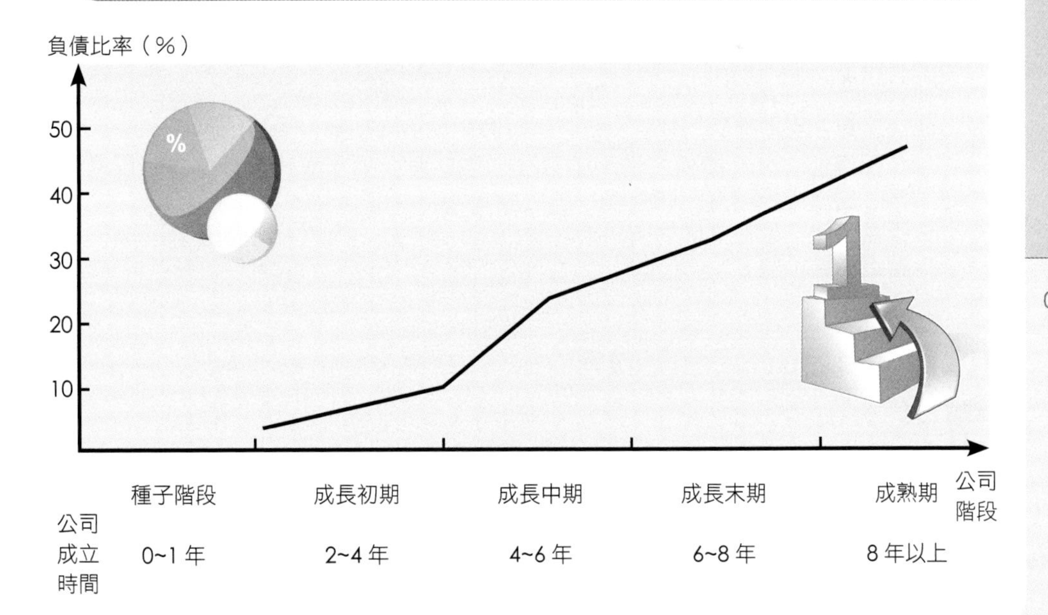

2-8 公司價值與權益價值

每次討論到公司資金結構、資本預算，有許多財管書都會順便談到公司價值與權益價值，這已屬於「公司鑑價」（corporate valuation）程度較深。本書以一個單元說明。

一、由淺到深：從你家房價到台積電

由 Unit 2-6 公式〈2-1〉可見，公司價值等於「負債」價值加上「權益」價值，由淺到深先了解這二個觀念。

㈠ **以你家房屋市價舉例**：若上網查你家的房地產市場價格為 1,500 萬元，即你家房子賣到 1,500 萬元，扣掉償還銀行房屋貸款 500 萬元，淨得 1,000 萬元（即權益價值）。

㈡ **台積電為例**：設台積電的財務報表，負債 5,000 億元（4,691 億元四捨五入），另股價 250 元、資本額 2,593 億元（面額 10 元、股數 259.3 億股），得到權益價值 64,825 億元。兩項加起來，得到公司價值 69,825 億元。

二、公司價值與權益價值

㈠ **從資產負債表出發**：由右圖可見，我們特別以台積電的資產負債表來讓你「按圖索驥」，用圖來記憶「公司價值」與「權益價值」的位置。

㈡ **獲利法**：從資產負債表上可見台積電權益價值「歷史成本」15,528 億元，那是帳面價值（book value，每股淨值 60 元）。台積電一年賺 3,500 億元，從預估損益表角度來看，投資人花 250 元買 1 股台積電股票，是每股淨值的 4.167 倍。看上的是台積電這隻「金雞」會生「金蛋」。

三、獲利法以台積電為例

當公司有賺錢，如同蛋雞的價值等於未來下蛋價值加上出售成為肉雞的售價，全部貼換成「現在的價值」（簡稱現值）。以淨現值法來說，計算台積電未來的獲利現值，由表可見，分母、分子略修改，可以得到權益價值。

㈠ **公司價值**：公司價值的獲利（分子）來自資產的「獲利」，分母（折現率）是加權平均資金成本率。

㈡ **權益價值**：權益價值的獲利來自權益，即淨利；分母（權益必要報酬率）暫定為通用的 8%。

面額 (par value) 小檔案

根據臺灣證券交易所新聞稿中說明，為提升我國資本市場國際競爭力，開放外國企業來臺第一上市股票得為無面額或面額不限新臺幣十元。面額為新臺幣十元之第一上市公司證券簡稱前二碼為「F-」，而股票為無面額或面額非屬新臺幣十元之第一上市公司證券簡稱前二碼則為「F*」。

圖　公司價值與權益價值

2018 年（假設）
資產負債表（億元）

資產（asset）	負債（debt） 5,000 權益（equity） 15,000
20,000	

（假設）
損益表（億元）

損益率	2018	2019 …
營收	10,000	10,500
淨利	3,500	3,700

公司價值 (value of firm, VF) ＝ 負債價值 (value of debt, VD) ＋ 權益價值 (value of equity, VE)

以台積電為例

69,825 億元＝ 5,000 億元＋ 64,825 億元
權益價值＝股價 X 股數
64,825 億元＝ 250 元 X 259.3 億股
股數＝資本額／股票面額＝ 2,593 億元／ 10 元＝ 259.3 億股

表　公司價值大於權益價值

項目	公司價值	權益價值
一		
(1) 分子：獲利能力		
· 應計基礎	$[I\times(1-T_c)]+\pi$	π
· 現金基礎	$[I\times(1-T_c)]+$ 淨營業現金流量	淨營業現金流量
(2) 分母：折現率	加權平均資金成本率（WACC）	必要權益報酬率（hurdle rate, R_e）
(3)=(1)/(2)	$\sum_{i=1}^{n}\frac{[I_i\times(1-T_c)]+\pi_i}{(1+WACC)^i}$	$\sum_{i=1}^{n}\frac{\pi_i}{(1+R_e)^i}$
二、以台積電舉例	假設只考慮 2018 年一年	
(1) 分子：獲利	40x(1-13.4%)+3,500 =3,535 億元	3,500 億元
(2) 分母：折現率	$\frac{5,000}{20,000}\times1.5\%\times(1-13.4\%)+\frac{15,000}{20,000}\times8\%$ =0.3248%+6%	R_e=8%
(3)=(1)/(2)	=6.32%+8%	

2-9 財務槓桿

公司董事長在決定「資金結構」（例如：負債比率）時，在「社會大學」人士的講法便是「借錢去賺更多錢」，本單元說明之。

一、槓桿→財務槓桿

了解財務用詞的簡單方法之一，把各詞圖像化。

㈠ **槓桿**（leverage）：物理中的力學其中一個是生活中的觀念（即槓桿），通俗的說：「用小力量支撐起重物」，竅門是找到一個支點、一根木頭，再技巧性施加小力，如同右圖。

㈡ **財務槓桿**（financial leverage）：「專業始終來自生活」，財務人士把力學的槓桿引入財務運用的「用小錢賺大錢」。此與財務報表分析中財務比率的財務槓桿比率（degree of financial leverage）不同。

二、財務槓桿的兩層定義：狹義與廣義

「用小錢賺大錢」，這個「小錢」跟「大錢」有兩個觀念。

㈠ 財報上損益表的會計淨利

- 小錢：主要是還債的利息費用，包括特別股股利；
- 大錢：淨利。

㈡ 經濟學上經濟淨利

- 小錢：指資金成本，大多考慮權益資金成本；
- 大錢：經濟淨利，即淨利減權益資本成本。

三、狹義財務槓桿的二種情況

㈠ **正的財務槓桿**（positive financial leverage）：「借錢賺更多錢」，這是許多公司的如意算盤本書以財務槓桿來取代正的財務槓桿一詞。

㈡ **負的財務槓桿**（negative financial leverage）：借錢而賺的錢還不夠付利息錢，俗語說：「弄巧成拙」、「偷雞不著蝕把米」，有些人會感嘆「開公司替銀行賺錢」。在生活中，人的金融投資也可能出現這種情況，向銀行（或證券公司）借錢買股票，股票若賺少，還不夠付利息。

正的財務槓桿：借小錢賺大錢

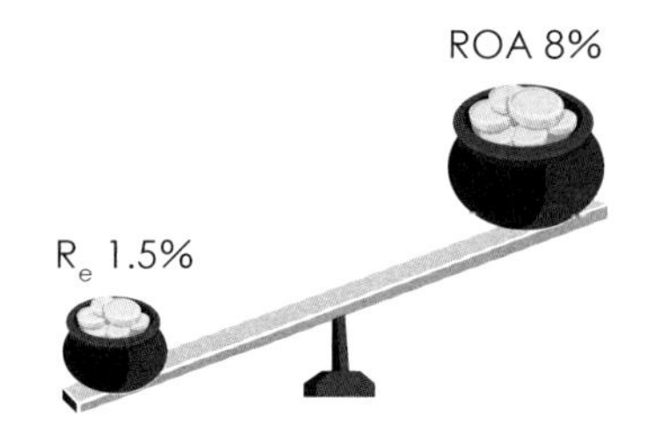

圖　從槓桿到財務槓桿

一、槓桿作用（leverage）

$F_1D_1 > F_2D_2$

F：force 力

D：distance 力距

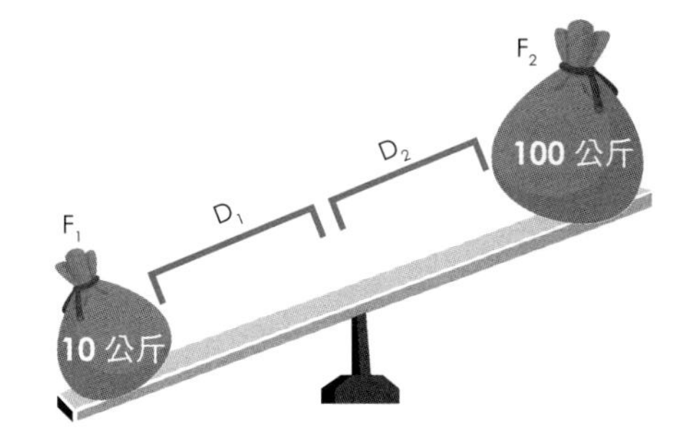

二、財務槓桿（financial leverage）

(一) 最簡單情況：會計淨利情況

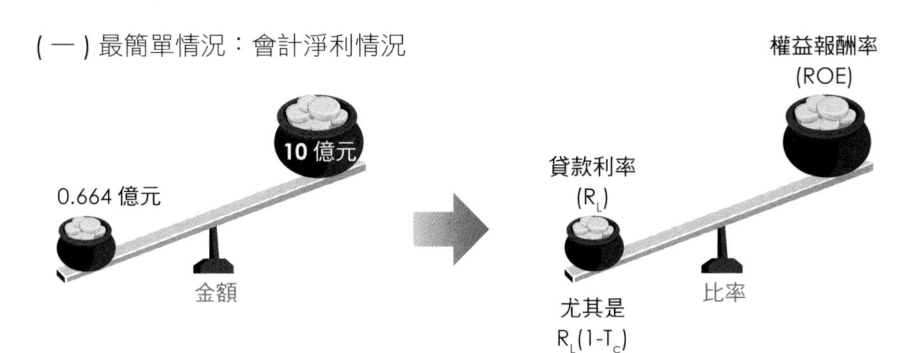

(二) 較複雜觀念：經濟淨利情況

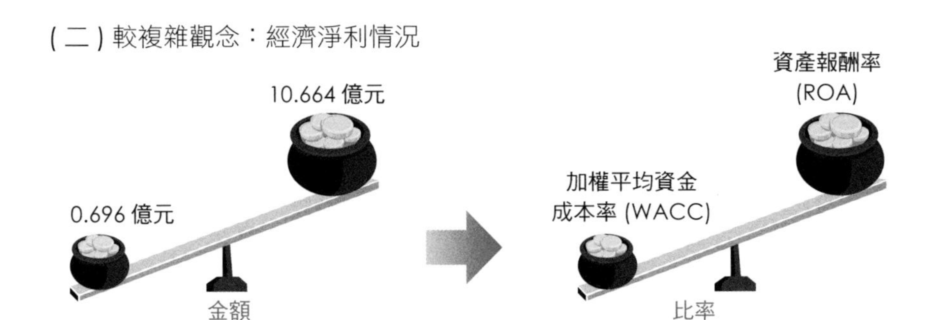

MEMO

第 3 章
重要財務管理相關理論

3-1　「理論」的說明

3-2　經濟學→金融經濟學→公司財務

3-3　重要的財務管理相關理論

3-4　如何弄懂財務相關理論的用詞

3-5　經濟、財務管理相關理論的評論I：從假設前提談起

3-6　經濟、財務管理相關理論的評論II

3-7　經濟、財務管理相關理論的評論III

3-1 「理論」的說明

財務管理是金融經濟學（financial economy）的兩大分支，經濟學的特色便是有一堆「某某」理論，多到令人「丈二金剛摸不著腦袋」。偏偏各種考試（大學、碩士班入學考到公職人員考試）都喜歡考重要理論與其比較（即適用情況）。這對許多人來說深以為苦，本書花二個單元畢其功於一役的把「理論」相關事項「說清楚、講明白」，以排除你的「痛點」（pain point）。

一、學問中的理論讓我們執簡御繁

㈠**外國人學英文，從文法入門最容易抓住原則：**外國人學英文（各種外文），老師會先教文法，這讓我們有系統的快速了解英文的句型、時態等。

㈡**理論：**英文文法可說是英文的「理論」；同樣的，科學理論（本書指財務理論）也扮演類似功能，是為了「解釋」某一個實務（phenomenon）。

二、理論的用途

人們為了適應環境，必須了解環境進而預測趨勢，各種學門的理論大致想達到下列兩個目標之一或全部。

㈠**解釋**（explanation **或** interpreting）**：**現實生活是人互動的結果（例如：圖二，每天股價指數或台積電股價水準），理論基本功能便是「化繁為簡」，去給某一個現象（phenomenon）一個「言之有理」的說法。

㈡**預測**（forecasting **或** predication）**：**解釋「現象」是基本的，更進一步，學者等想運用理論去預測，以掌握未來，一方面降低不確定性，以減少人的焦慮；另一方面是藉由「早知道」去「捷足先登」。

三、科學理論的發展過程

由圖一上半部可見科學理論的展過程。簡單的說，理論是經過研究人員（包括學者）在某「時」（研究期間）、某地（國家或地區）、某行業、某些人情況下，採用科學方法去實際驗證後而成立（validation）。

四、理論是工具，不是目的

在作者寫書、教授教學、讀者讀書時，要先把「現時現地情況」（例如：2018 年台積電股價 250 元）說明，接著再說明相關理論，詳見圖二。

㈠**理論是來自實務的歸納：**95% 以上的理論都來自實務（practice）的歸納，只有 5% 以內是研究人員「演繹」的。

㈡**先講問題，再談理論：**在寫書、教書時，先要談問題（例如：時事或該理論的時空環境），再來介紹理論；「為用而訓」，學習動機強，學習績效佳。

㈢**沒有「理論跟實務不相干」這回事：**少數學生把學校老師所教、課本所稱為「理論」，把公司的實作稱為「實務」（practice）。我認為大學教育主要是培養學生生活、工作技能，「知識」的傳授須以此為宗旨。

圖一　理論的發展過程

投入 → 轉換 → 產出

一、科學

觀察（observation）看到實務中的現象（phenomenon） → 假說（hypothesis）複數（hypotheses） → 實務驗證（validation）1. 可信賴的資料 2. 正確的研究方法 → 理論（theory）或稱科學理論（scientific theory）

二、數學

假設（assumption 或 hypothesis） → 命題（proposition） → 證明（proof）運用 1. 公理（axioms）2. 推導 → 理論（theorem）

圖二　以股票市場的現象說明財務相關理論

學者／研究人員 理論（theory）

實務（practice）現象（phenomenon）

公司資產負債表

公司損益表

股票市場

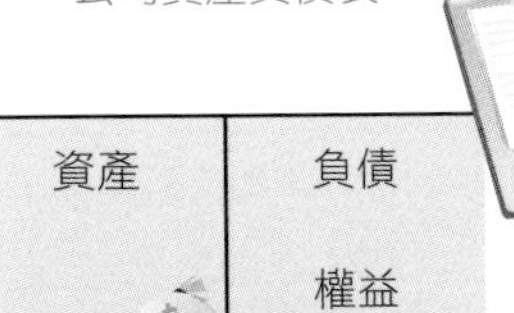

資產	負債
	權益

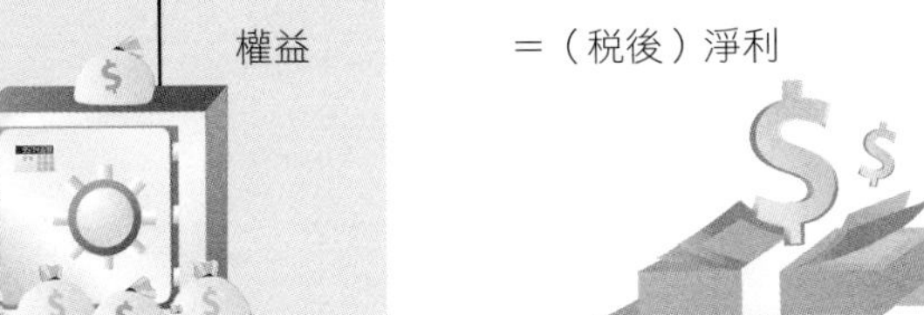

＝（稅後）淨利

一、大盤指數
二、28 個行業類股指數
三、上市公司（例如：台積電）的現象（phenomenon）主要是：
1. 股票市場價值：股價 X 股數
2. 股價（例如：250 元）
3. 股票報酬率

3-2 經濟學→金融經濟學→公司財務

「鯨」魚（whale）是魚還是哺乳動物？鯨跟海豚都一樣，用肺呼吸，魚用鰓從水中分解出氧氣，二者不同。財務管理系在大學中大都放在管理（或商）學院，屬於企業管理 8 管中的一支，有 70 家大學設立財務金融系或財務管理系。追本溯源的說，財務管理源自經濟學領域。這可由兩個現象略見一斑。

- 基本的財務管理相關理論絕大部分是美國經濟博士（或學者）在著名大學經濟系任教時提出；
- 諾貝爾經濟學獎有四次（1990, 1997, 2002, 2013）是屬於金融經濟學領域，其中 2002 年是心理學者獲得，其他三次都是經濟學者。

一、大分類：太極生兩儀

由表第一欄可見，依據採「大」我、「小」我，經濟學分成兩個領域。

㈠ **總體經濟學**（macro economics, 或 economy），陸稱「宏觀」經濟學。

㈡ **個體經濟學**（micro economics），陸稱「微觀」經濟學。

二、中分類：兩儀生四象

總經、個經各依經濟的兩個層面，再各分成兩中類。

㈠ **實體經濟**（real economy）：以一般均衡角度，分成兩個市場：
- 生產因素市場（production factor market）。
- 商品／服務市場（product/service market），常簡稱商品市場。

㈡ **金融面**（financial side of economy）：主要為實體經濟中的支付、金融市場交易。
- 總體面：例如國際金融、貨幣銀行學。
- 個體面：例如公司的「資金流」（簡稱金流）。

三、小分類：四象生八卦

在表中第三欄，我們聚焦在個體經濟的金融面，稱為金融經濟學（financial economics），這個「金融」兩字來自「維基百科」，再細分為兩小類。

㈠ **公司財務**（corporate finance）：這是本書「財務管理」課程的核心。

㈡ **投資相關理論**（investment theory）：嚴格來說，資產定價（assets pricing）偏重投資管理課程，可說是公司理財的進階課程。

四、替個經、評論財務理論打基礎

㈠ **個體經濟、會計學**：是財務管理的基礎知識
- 資產負債表的基本知識來自大一會計學。
- 「管理」主要是「決策科學」（decision science），基本知識來自個體經濟學中的公司行為（firm behavior）。

㈡ **學而時習之**：本書（尤其本章）「經濟學→金融經濟學→公司財務」一路貫通。

表　公司財務管理在經濟學中的地位

大分類： 太極生兩儀	中分類： 兩儀生四象	小分類： 四象生八卦
一、總體經濟學 （macro economy）	(一) 實體經濟 （real economy） (二) 金融面 1. 國際金融 2. 貨幣銀行	省略 省略
二、個體經濟學 （micro economy） 19 世紀初，英法經濟學者研究公司（生產、交換）、消費者（分配） 「金融」一詞的翻譯來自維基百科	(一) 實體經濟 1. 公司行為 2. 消費者行為 (二) 金融經濟學 （financial economics） 1950 年代快速發展 主要研究方法有二： 1. 1950~1975 年經濟數學在金融經濟學稱為「金融數學（mathematical finance）」 2. 1976 年起，評量行為經濟學	省略 金融經濟學兩小類 1. 公司財務（corporate finance）有稱為「財務經濟學」。 2. 投資相關理論（investment theory）或資產定價（asset pricing）

公司財務小檔案

- 英文：corporate finance 或 financial management
- 中文譯詞：公司財務（學）或財務管理
- 年：1897 年
- 地：美國
- 人：格林納（Thomas L. Greene）
- 書：出版《公司財務》（*Corporation Finance*）一書，公司財務管理逐漸從個體經濟學中獨立出來。

3-3 重要的財務管理相關理論

經濟、財學者提出很多財務管理相關理論，以解釋公司董事會的財務決策，經由對損益表上「淨利」的影響，進而影響股東財富，整個傳遞過程，詳見右圖。在第 3 章一開始時，以鳥瞰的方式拉個「全景」，讓你「見林」；接著再逐漸拉近鏡頭看「近景」，讓你「見樹」；最後再拉「特寫」，讓你看到「樹幹、樹枝、樹葉」等。

一、投入

種什麼因可能會得什麼果，國家的政府與公司董事會功能相近。

㈠在總體經濟學中，政府採取經濟政策以達成經濟目標。大部分國家的政府都採取「經濟」（貨幣或財政）政策以達到經濟目標（經濟成長和所得分配）。

㈡在公司，董事會決定財務決策以拚股價。公司董事會透過財務決策（詳見圖第一欄），希望能提高損益表上的淨利等，進而影響股價（stock price）。

二、轉換

公司財務決策會影響公司損益表，經由這過程，才會反映在經營績效（分成會計報表的財務績效和股價的股票市場績紋）。

㈠**本益比：**最常用以評估公司股票價格的方法

全球證券分析師、股票投資人最普遍評估公司股價的方式便是本益比法（PE ratio method），其中關鍵有二：每股盈餘（earnings per share, EPS）與本益比（price earning ratio, PER）。

㈡**淨利**（尤其是每股盈餘）：是中間目標

財務決策須能影響淨利（尤其是每股盈餘）才能影響股價。

三、產出

㈠**公司經營目標：**追求股東財富極大

股東出資成立公司是為了藉公司這個「平臺」（platform）讓股東財富極大，所以大一的「管理學」或「企業經營概要」的書，開章明義的皆說明此點。

㈡**股東財富＝股票市值：**台積電 32 萬位股東的財富有多少？由圖第三欄可見「股東財富」（share holder's wealth）或是股票市值（stock market value）。

㈢**財務決策「攸關」公司股價：**學者專家甚至公司董事長說：「公司財務決策攸關（relevant）股價」，指的是「財務決策」是因、股價是「果」。而不用「相關」（co-related）這個字。

圖　公司財務決策影響股票價格的傳遞過程

投入

（財務決策*）
資產負債表
*資金結構

資產	負債
流動資產 非流動資產	權益
*資本預算	*股利政策

轉換

I/S
＋營業外收入
－營業外支出

＝稅前淨利
－公司所得稅費用
＝稅後淨利
每股盈餘（earnings per share, EPS）
$=\frac{\text{淨利}}{\text{股數}}$

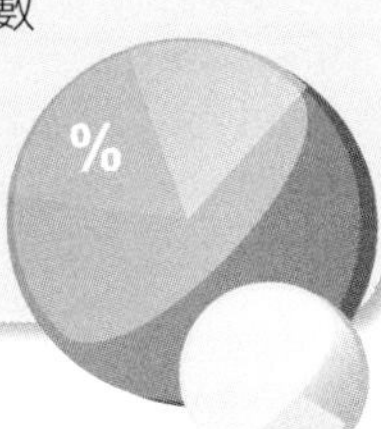

產出

B/S

A	D E

股東財富＝股票市值
＝股價X股票數量
$= P_S \times Q_S$
股價＝每股盈餘X本益比
$P_S = EPS \times PER$
P_S: price of stock
PER: price earning ratio

股票價值
以台積電（2230）為例
64,825 億元＝ 250 元 X259.3 億股

台積電股票投資價位
255 元＝ 15 元 X17 倍

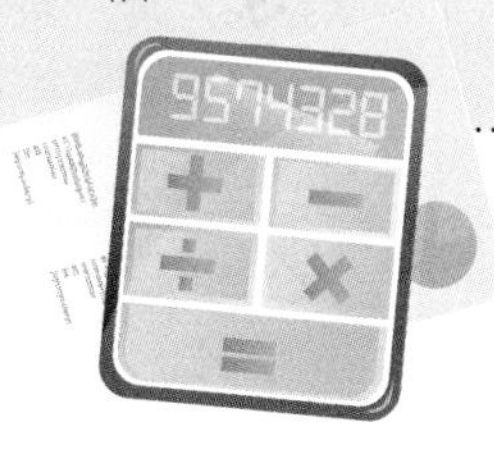

攸關一字小檔案

relevance：攸關性
例如：攸關性：是指會計資料要跟財務報表的使用者的經濟決策有關
例如：資金結構無關（irrelevant capital structure view）
　　　股利無關論（irrelevant dividend view）

3-4 如何弄懂財務相關理論的用詞

在臺灣，北部人稱「滷肉飯」（有人誤寫為魯肉飯，積非成是），南部人有時稱為「肉燥飯」。寫法、說法因地而異。在臺灣住久了就知道「名異實同」，外國來人，可能會搞不清楚。同樣的，在財務管理中，英文、中文名詞也不統一，甚至用錯，本單元說明之。

一、英文用詞

你看美國《CSI 犯罪影集》等偵探片，劇中警察等常說的是：「What is your theory?」這常指對凶手的殺人動機的忖測（推理）。美國人口語中常使用 theory、system 等字，一般要看上下文才能「知其所云」。在學問中，「理論」這個字在英文有二個字，適用不同學門。

㈠ **科學理論**（scientific theory 或簡稱 theory）。

㈡ **數學理論**（theorem）：數學中針對「假設」（hypothesis）的涵義、理論（theorem）的用詞，跟科學不同。

㈢ theory、theorem：語言是活的，同一個人前後兩分鐘講同一個意思往往有兩種「說法」。同樣的，對於學生來說，英文理論（包括名詞）有加 s 沒加 s（theory 或 theories），或其他用字，只要意思相近即可，例如：財務管理中的某「理論」用 theory 或 theorem 皆可。

二、語義叢林

語言是「因時因地因人」而異的，這對學經濟、財務管理的人很辛苦，因為「言人人殊」，詳見表。

㈠ 原本英文用詞就不精準：社會科學學者用詞較不精準，財務管理中大量使用 capital、value 這些字，大部分要看上下文才知道明確所指。

㈡ 傳話遊戲使問題愈來愈「面目全非」：許多人都玩過「傳話遊戲」，電視綜藝節目很喜歡玩，效果很高。在知識的傳播過程中，從英文名詞翻譯到中文，便有「解碼」誤差，原因有二。

1. 望文生義：例如公司的 managers 是指經營階層（即董事會），administers 是指管理階層（即總經理以下）。會計學者把「managers」直譯為管理「當局」，「管理」是望文生義，「當局」是官話。
2. 缺乏專業：例如資金結構等影響的是公司「業主權益」（equity of owners, 簡稱權益）的價值，即股票價值，但許多美國論文一再用「公司價值」（value of the firm），這是用錯了，譯者缺乏專業或尊重原著而照字面翻譯。

表 財務管理中常見的錯誤用詞

英文用詞	正確用詞	錯誤譯詞
一、經營階層		
1. managers	董事會，管理階層用 administer 這字	管理當局
2. managerial behavior	董事會行為	管理當局行為
二、價值相關用詞		
1. value	常指 2 個涵義 1. 淨利。例如：創造公司價值。 2. 股票市值	股東價值或股東財富（shareholder's wealth） 公司價值（value of firm, VF），詳見小檔案
2. value of equity (VE)		

公司價值≧權益價值小檔案

公司價值	=	負債價值	+	權益價值
（value of firm, VF）		（debt, D）		（value of equity, VE）

以 2018 年台積電來說

6.9825 兆元 ＝ 0.5 兆元 ＋ 6.4825 兆元

負債價值＝資產負債表上「負債」金額

權益價值又稱股票市值

其中股票市值＝股價 X 股票數量

＝ 250 元 X259.3 億股＝ 6.4825 兆元

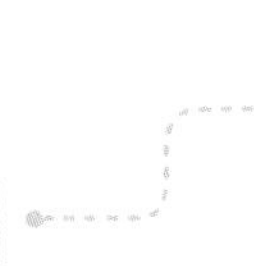

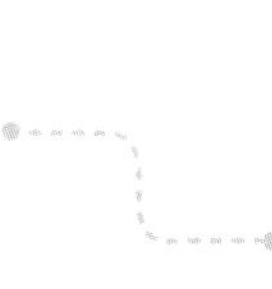
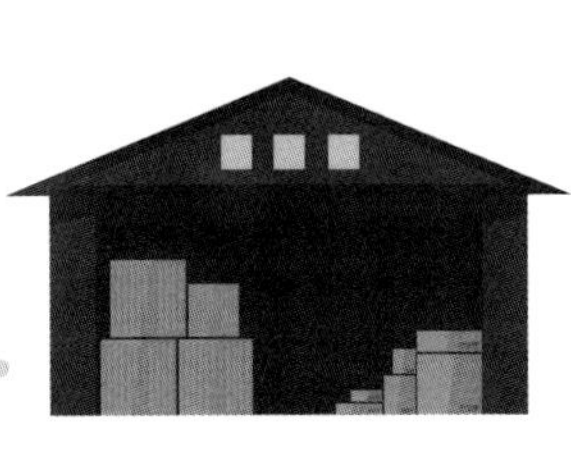

3-5 經濟、財務管理相關理論的評論 I：從假設前提談起

在連續劇人物的對話中，常聽到有人說：「假設太陽從西邊升上來，我就跟著你姓」，這說法便是「當假設不存在，推論就不存在」，或者說「當前提錯誤，就不用聽結論了」。在財務管理的理論發展中，為了化繁為簡起見，經常有一些假設（assumption 或 presupposition），或稱前提（premise, prerequisite）。

一、交易是由買方跟賣方組成的

由表一可見，實體經濟跟經濟金融面的交易都是買方、賣方合意組成的。

㈠ **實體經濟**：你去「統一超商」花 49 元買現煮咖啡，顧客是買方，統一超商的店是賣方。

㈡ **金融經濟學**：以公司財務來說，下列兩個募集資金情況，公司扮演不同角色。

- 公司扮演買方：公司向銀行申請貸款，把「貸款」（loan）當成金融商品，公司大都會「貨比三家」。
- 公司扮演賣方：在公司現金增資時，公司印「股票」（stock）賣給投資人，公司「印股票換鈔票」要的是「錢」，投資人圖的是藉由持有股票賺錢。

二、對個體的假設

對投資人、公司的假設（assumption）如下，詳見表二。

㈠ **對理性程度的假設**：完全理性（perfect rationality）

在此把人當成極度「就事論事」，有足夠聰明才智去追求「極大值」（效用、淨利等）。

㈡ **對動機的假設**：忠實為人謀。

三、對市場的假設

㈠ **理想狀況**：完全市場（perfect 或 complete market）。完全市場須符合四個條件。1. 市場上有無數的買者和賣者；2. 皆為價格的接受者；3. 產品無差異，可以完全替代；4. 市場訊息完全暢通。

㈡ **現實狀況**：完全市場是理想狀況，現實略有出入。

表一 商品市場與金融經濟學中的買賣雙方

層面	賣方（seller）	買方（buyer）
一、實體經濟：商品市場時	1. 公司（producer） 例如：美國蘋果公司智慧型手機 2. 公司目標：追求淨利極大（max π） 限制：資源（例如：產能）	消費者（consumer） 消費目標（決策準備） 追求效用極大（max u） 限制：預算、時間
二、金融經濟學：公司財務時		
(一) 銀行貸款	銀行 —— 放款（lending） ——→	公司
(二) 股票	公司證券（firm） —— 證券 ——→ 1. 票券、公司債 2. 權益類證券（普通股）	投資人（investors）

表二 經濟學中對人（公司法人、自然人）的假設

項目	理　　想	實　　際
一、個體的動機：以公司董事會為例	一片忠心為公司，在法律上稱為「忠實義務」（duty of loyalty），例如：臺灣公司法第192條第2項：「董事做為公司的受任人，積極的為委任人之利益處理委任義務。」	1973年史蒂芬．羅斯（S. A. Ross）在《美國經濟評論》上的論文：經濟方面的代理理論說明受託人常「自利」的追求自己利益，犧牲委任人的利益。
二、理性程度	完全理性（perfect rationality）。這是義大利學者柏瑞圖（V. Pareto, 1849~1923）提出的。是19世紀古典經濟學者對人的假設，在經濟學中稱為「經濟人」（economic person或economic man）。	有限理性（bounded rationality）。這是由1978年諾貝爾經濟學得主西蒙（H. A. Simon, 1916~2001）在1940年代提出，基於生理、心理學限制，人所蒐集資訊、知識能力皆有限，所以不見得作出「最佳」決策。

表三 個體經濟學（包括金融經濟學）對市場的假設

項目	理想：完全市場 **(perfect market)**	實際：不完全市場 **(imperfect market)**
年／學者	1823年法國經濟學者伯蘭特（J. Bertrand, 1822~1900）提出	例如：1838年法國經濟學者古諾（A. Cournot）提出「兩家公司寡占模型」（duopoly）
一、商品	同質商品（homogenous product）	異質商品（heter-generous product）
二、資訊	充分資訊（perfect information或complete information）	1. 不充分資訊（imperfect information） 2. 資訊不對稱（asymmetric information）
三、交易成本（包括稅）	接近或等於	1. 交易費用大抵很低，即全球的競爭結果。 2. 公司所得稅、個人所得稅「兩稅全一」至少20%。
四、市場結構	1. 完全競爭。市場的公司很多，所有公司都是價格接受者。 2. 買賣雙方自由進出市場。	1. 壟斷性競爭、寡占、壟斷。 2. 買賣雙方無法自由進出市場。

3-6 經濟、財務管理相關理論的評論 II

大學、碩士班入學考甚至公職人員考試，都喜歡考某某理論或兩個理論比較。對上班族來說，讀書是想學以致用，所以必須知道「何時何地何業」該用哪一「招」（理論）；甚至鍛鍊出獨立思考能力，去修正理論為己所用，以適應環境。基於這兩種讀者的需求，本書以「方法論」方式，說明如何「評論」一個理論的適合情況（俗稱優點、缺點）。

一、自然科學

㈠ **自然科學研究物。**

㈡ **社會科學研究對象是人**（尤其是人的行為）：社會科學是「人」的科學，人之不同各如其面，沒什麼「放諸四海皆準」的理論。至少在可行性上很難在全球 200 國同時做同一個實務驗證。

二、自然與社會科學的比較

㈠ **自然科學的理想：**以自然科學中的「近代物理實驗室」（modern physics lab）來說，只要在下列標準實驗環境，照特定實驗方法，會得到同樣實驗結果。

㈡ **社會科學向自然科學看齊：**社會科學的學者向自然科學看齊，設立行為實驗室以研究控制環境下的「人」的行為（為了方便，學者大都找大學生參與實驗）。以 19 世紀的經濟學者來說，完全市場的假設正是自然科學的實驗室環境。

三、社會科學中經濟學的限制

㈠ **「自然」科學：**常有「放諸四海皆準」的理論。

㈠ **「社會」科學：**少有「放諸四海皆準」的理論：以 50 片的拼圖片來舉例，由表二可見，社會科學實證的理論都是拼圖的一或多片，只能解釋國家、行業、一段期間（例如：2012~2017 年）的一個現象（在財務管理中主要是指股價、股價指數）。

㈢ **因陋就簡、削足適履：**有些經濟學者採用經濟數學，以方程式來代表買方（需求方程式）、賣方（供給方程式），以求得均衡解（數量和價格），受限於數學和人的求解能力，能處理的現實生活「變數」有限，於是只好假設買賣方充分理性、市場完美。學者受限於工具，只好作一些「看似脫離現實」、「不食人間煙火」的假設。

表一　自然科學與個體經濟學的基本假設

項目	自然科學（例如：物理）	社會科學中經濟學的個體經濟學
一、個體	物　體（object, substance, body）等	人（自然人、法人中公司）
(一) 個體	構成：物質構成，占有一定空間的「個體」。	忠實程度：受託人（或代理人）為人謀、忠於人；即不為己謀私利。
(二) 構造	純物質、混合物、電磁波（波動／光粒子）	
(三) 型態	形態：固態、液態和氣態	理性程度：完全理性
二、環境		
(一) 環境因子	標準實驗室（standard laboratory）	完全市場（complete market）
1. 地點	赤道附近，涉及地心引力，涉及壓力	同質產品
2. 溫度	25℃（室溫），還有溫差	完全資訊
3. 氣壓	1 大氣壓（101325 Pa）	
4. 其他	PH 值、輻射、電磁干擾	市場結構：完全競爭
(二) 其他	摩擦力的真空環境（vacuum environment），屬於萬有引力力學的重要假設	0 或接近 0 交易成本

SALE

表二　判斷一個理論優劣勢的三個常識標準

標準	弱式	強式
一、空間	1 或 2 個國家（縱使是美國）	多個國家（尤其是全球經濟前 3 大國美陸日）
二、產業與行業	1 或 2 個「產業」（industry） 1 或 2 個行業	多個產業（服務業、工業、農業） 產業下多個行業
三、時間性		
(一) 研究期間	詳右述	愈長愈好，例如：2010~2017 年，且分成幾個「次期」（sub-period）分段推論
(二) 論文發表時間	詳右述	愈新愈好，以蘋果公司 iPhone 來說，2018 年 iPhonexs 的功能優於 2017 年的 iPhone8。

3-7 經濟、財務管理相關理論的評論 III

本單元針對研究「對象」（公司的成長階段）、研究方法（methodology），說明如何評論理論的優劣。

一、研究對象：以公司成長階段來說

實務驗證（empirical study）須在資料可行性（data feasibility）下進行，否則「巧婦難為無米之炊」。

（一）因變數：公司股票價格

公司財務管理的普遍目標是：「追求股票財富極大化」，股東財富以股票價值來衡量，股票價值等於「股價乘上股票數量」。

（二）股票上市公司才有連續交易股價

大部分國家的股票市場（stock market）一年約 244 個營業日，有行有「市」（成交價格、數量）。

由右圖可見，因為遷就於股價等資料，以臺灣來說，上市公司 920 家、上櫃 700 家，約 1,600 家，約占 62 萬家公司 0.258%。縱使得到單一結論，不宜「過度推論」到 62 萬家公司。

二、研究方法

以科學辦案來說，1990 年以前，以血型、指紋等來辦案；1990 年起，DNA 分析大幅提高破案率。同樣道理，在經濟學也如此，詳見表一。

（一）1915 年以前，經濟數學推導公式為主

在 1975 年以前，由於電腦不夠普及，無法進行計量經濟學的實務驗證。這時期的理「論」大都只是學者用幾個變數去建立聯立方程式，充其量只能算是「命題」（proposition）。

（二）1976 年起，計量經濟學運用於實證

以資產定價模型（capital asset pricing model）來說，不管 2 或 3 個「自變數」（不宜稱為因子，factor），模型的實證解釋能力預多 30%。這個最普遍使用的投資相關理論經不起運用計量經濟學的方法，以個股股價去印證。

（三）沒有公說公有理，婆說婆有理這回事

在謹慎的研究設計（例如：行業、公司特性）下，較正確的研究方法所得到的研究結論較值得信賴。

三、同地同業同人同時下，多算勝，少算不勝

在「同地同業同人同時」的「標準環境」下，如何判斷哪一個理論優於另一（或其他）理論呢？財務管理中的資金結構、股利政策相關理論致命缺陷在於「僅用單一變數」（資金結構中的負債比率）去解釋每天波動極大的股價（例如：台積電），這情況下，模型的解釋能力約只有 20%，遺漏太多變數，有嚴重「（模型）設定誤差」。

圖　以公司股票價格為因變數的限制

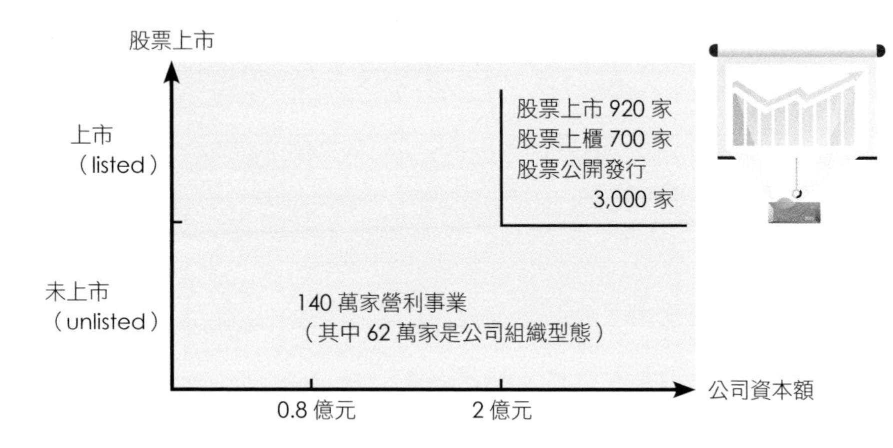

表一　財務管理相關理論的兩階段發展進程

項目	1956~1975 年	1976 年以後
一、主要學者	經濟學者，尤其是財務經濟領域	企管學門中財務管理學者。
二、研究方法	經濟數學，偏重設定「方程式」（簡稱函數）	計量經濟學，偏重設定實證模型，以估計各自變數的係數
三、理論本質	充其量只是假説，尤其數學方程式求解時，限於人的能力，無法納入太多變數，以致出現「因陋就簡」，甚至與現實脱節	透過各國各期間的經濟數字予以計量模型實證，較接近現實

表二　微積分、經濟學與計量經濟學相似觀念比較

範圍	微積分	經濟學	計量經濟學的函數設定
全部	全微分（total differential）	一般（或全部）均衡分析（general 或 global equilibrium analysis）	$P_s=\alpha_0+\alpha_1\frac{D}{A}+\alpha_2 EP_s+\alpha_3 x$ 財務管理俗稱「三變數」（three factors）分析
部分	偏微分（partial differential）	部分均衡分析（local 或 partial equilibrium analysis）	$P_s=\alpha_0+\alpha_1\frac{D}{A}$ A：公司資產 D：公司負債 P_s：股票（stock）價格 財務管理俗稱「單變數」（single factor）分析

MEMO

第 4 章
訊號放射理論與資金結構相關理論

4-1 訊號放射相關理論 I

在日常生活中，有許多「訊號」（signal），例如：電視開機，有些頻道出現「no signal」；你開（或騎）車，要右轉前 15 公尺先打右轉燈號，用燈號向後車駕駛溝通。

在自然、社會科學的研究中，許多學者花很多時間去研究生物、人所發射出的訊號，以了解背後所代表的涵義。在財務管理的三大領域（資金結構、股利、投資）中，訊號放射相關理論皆有重要貢獻，本書以一章來讓你了解。

一、生物放射訊號的目的

由表一可見，動物（植物也會）跟公司董事會放射訊號，大都跟「生存」、「生活」動機有關。

二、放射訊號的成本

生物（包括公司董事會）放射訊號的成本有高有低。

㈠特拉維夫大學的有成本訊號放射（costly signaling）：以生物研究來說，1975 年以色列鳥類學者札哈維（Amotz Zahavi, 1928~2017）的「不利條件原則」（handicap principle），以表一中的公孔雀為例，表示動物發出訊號必須「花成本」（或稱付出代價）。他的論文「被引用次數」達 2,066 次以上，只要破千便算「極高」。另一篇「配偶選擇」4,623 次。

㈡零成本的訊號放射（costless signaling）：藉由「口惠」（cheap talk），不花錢就可放射出有效訊號，此情況稱為「無」成本放射（costless signaling）。如果是公司董事所作的，稱為「公司董事會口惠」（cheap managerial talk）。

三、理論的發展進程

科學原理是相通的，所以常有這個學問向其他學門「取經」的書。

㈠**源頭**：自然科學中的生物學。由表一第一欄可見，人以外的動物（甚至植物）不會「說話」（廣義的發出聲響，像蟲鳴鳥叫也是一種聲音溝通），所以必須放射出訊號（signaling），以向其他生物溝通，例如：公孔雀透過亮麗的孔雀開屏向母孔雀示愛與顯示自己英俊健康。

㈡**社會科學技術移入**：人是動物的一種，動物間有些行為是相通的，生物學在人類的運用，由表一第二欄可見，社會科學各學門全部引入訊號放射理論去解譯人「沒說出口的話」（俗稱行為語言）。最常見的運用是由人的行為舉止去判斷他是否在說謊。

訊號（signal）小檔案

・中國大陸稱信號。
・在通訊系統、訊號處理或電子工程等技術領域，是指「傳遞有關一些現象的行為或屬性的資訊的函數」。

表一　動物與公司董事會放射訊號的動機

動機	動物	公司董事會
一、求生存 	例如：「彩色」毛毛蟲這個「訊號」傳給鳥類等一句訊息：「我有毒，吃我，你會中毒。」	透過訊號向投資人表示「我是好公司」（good firm）以跟「壞公司」（bad firm）區別，希望多從資金供給者（銀行、股票投資人）。
二、求偶 	例如：公孔雀的孔雀開屏，愈大愈色彩鮮艷，愈可以吸引母孔雀。但是長羽毛會耗能，且不方便運動（甚至逃生）。公孔雀的漂亮羽毛的訊號是須支付「成本」的。	主要是想獲得股票投資人的青睞，例如：當公司股票被忽略（如成交量極少，俗稱冷門股）或股價被低估（如本益比低於 10 倍）。公司董事會藉由一些訊號向投資人「開示」，希望投資人願意花「資源」去搜尋公司「未公開資訊」（non-public information）。

表二　訊號放射理論的發展進程

I 導入：對象是動物	II 延伸：對象是人	III 聚焦
1. 1872 年起 2. 生物學（biology） 3. 動物不會說話，所以必須放出訊號（行為語言）以跟其他動（或同一）物種溝通。稱為動物的訊號發射（animal signals）。 4. 這方面研究源自 1872 年的英國學者達爾文（Charles Darwins）。相關研究稱為動物訊號放射相關理論（animal signaling theory），全球引用較多的是英國達特茅斯學院生物科學系 Mark E. Laidre 的論文。	1. 1950 年代 2. 人類演化生物學（evolutionary biology） 3. 把動物訊號放射運用在人，在「人的科學」的社會科學幾個領域： ・政治學 ・經濟學 ・社會學 ・人類學 ・心理學 ・語言學，包括溝通	1. 1970 年代起 2. 經濟學 3. 史賓斯（A. Michael Spence, 1943~, 2001 年諾貝爾經濟學獎三位得主之一），1973 年在《經濟》季刊發表「勞動市場訊號發射」（Job- market signaling）論文 4. 金融經濟學 5. 企業管理 ・策略管理 ・企業家精神 ・財務管理 ・人力資源管理 ・行銷管理，例如：品牌 ・會計學門，例如：會計評價方法變更

4-2 訊號放射相關理論 II：跟財務管理有關（導論）

在經濟學、金融經濟學中，「訊號放射理論」是個顯學，所以必須以二個單元詳細說明。

一、聚焦在社會科學中的個體經濟

「人心隔肚皮」這句俚語貼切說明公司有許多資訊是外人不知道。有時不方便說出來，只好透過「訊號」（signals）來提示投資人。

㈠ **實體經濟：**1961 年美國經濟學者史蒂格勒（George Stigler, 1911~1991, 1982 年諾貝爾經濟學獎得主）提出「資訊經濟學」（information economics），背後假設買賣雙方資訊不對稱（information asymmetry）。

㈡ **金融經濟學：**在金融經濟學中的公司財務，公司董事會透過財務決策（資金結構、股利政策、股票購回、資本預算案）等，以放射訊號給利害關係人（此例主要是股票投資人等）。

二、企業管理中對訊號放射理論的研究

教科書在挑選同一主題的論文時，常常依論文引用次數而決定。右表主要來自引用次數 10 次以上的美國阿拉巴馬州奧本（Auburn）大學教授康納利（B. L. Connelly）等 4 人的文章。但是康納利這篇論文把問題扯遠了，扯到「溝通」，經濟、財務學者都比較聚焦。

三、公司董事會為何「放射訊號」

許多人會覺得奇怪，公司有許多管道（公司網站、記者招待會、證券交易所辦的法人說明會與重大訊息揭露）對外發聲，無人不曉。如同許多人在 YouTube、臉書、Instagram 上推片，努力想成為「萬人迷」、進而成為「網路紅人」（在臺灣指追踪人數 20 萬人以上），約只有 0.3% 的人美夢成真。同樣的，上市（櫃）中有十餘家公司（台積電、鴻海、大立光）吸引股票投資人目光。920 支股票中，有一半以上股票日成交量 100 張以下，可說「深宮怨婦」。

由右圖可見，在公司財務領域，針對現在、未來有許多「未公開資訊」（private information），有些在進行中（例如：殺手級產品研發），天機不可洩露，但是公司董事會透過「訊號」，提醒投資人多花時間與搜尋成本，從小鴨堆中可能會發現小天鵝。

表　企管學者對訊號放射理論的架構

發放訊號人（signaler）：公司	訊息放射結果	訊號接收者（receiver）：投資人
1. 誠實（honest） 稱為「誠實訊號放射相關理論」（honest signaling theory）	1. 合適（fit, 或 value, quality）	1. 訊號接收者的注意（receiver attention）
2. 可靠（reliability）	2. 一致性（consistency）	2. 訊號接數者的解讀（receiver interpretation），包括努力（calibration）
3. 訊號放射成本（signal cost） 分成兩情況 ・有成本訊號放射（costly signaling） ・無成本訊號放射（costless signaling），俗稱「公司董事會無成本溝通」（cheap managerial talk）	3. 頻率（frequency）	3. 回饋／環境的反射（feed back and environment countersignals）
4. 可觀察性（obsorbability）		4. 訊號被「扭曲」（distortion）

資料來源：整理自 Brian L. Connelly etc., "Signaling Theory: A Review and Assessment", Journal of Management, January 2011, pp.39~67, 其中 p.52 table 2.

圖　公司董事會放射訊號

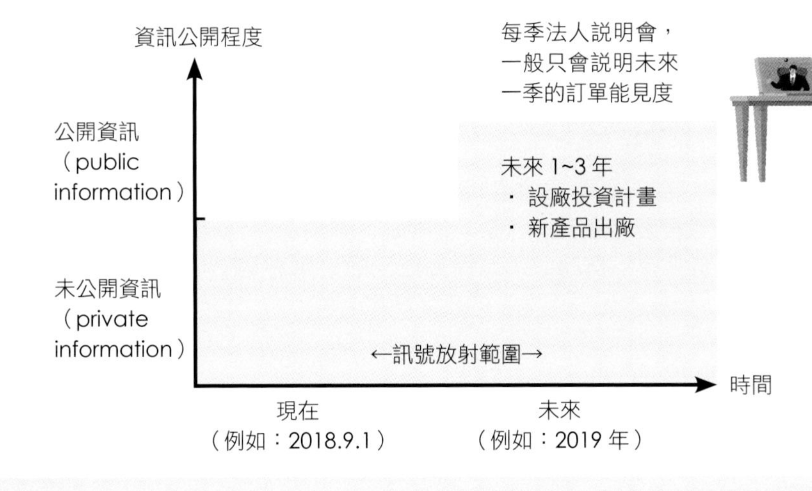

4-3 訊號放射相關理論 III：跟公司資產負債表有關（專論）

一、大分類

公司財務方面訊號放射假說，以資產負債表左右兩邊未分類。

㈠ **資產面訊號放射**：例如：當「自由現金流量」為正時，「自由現金訊號放射」（free cash flow signaling），在代理問題時，公司董事會可能會投資「過多」，甚至連「預期淨現值為負」的案子中也去投資，稱為「過度投資」（overinvestment）。

㈡ **資金來源面訊號放射**：資產負債表右邊是資金來源，可再細分。

㈢ **連「宣告」也算**：增加舉債或公司宣告（announcement）未來一段期間增加舉債，都算「增加舉債」。

㈣ **多個宣告**：常見情況是，在每年 4 月，公司在 6 月股東大會前，公司董事會會通過多項「決議」以待股東會表決，這多個宣告可視為訊號，例如：現金股利、現金增資與投資計畫。

二、中分類

從資產負債表右邊資金來源來切入的訊號放射理論。

㈠ **文獻回顧**：財務類訊號放射假說的實證文章「汗牛充棟」，2011 年美國阿拉巴馬州奧本（Auburn）大學教授康納利（Brian L. Connelly）等 4 人，在「管理」期刊上回顧 150 篇論文，很難「三言兩語」的說個單一結論。

㈡ **本書一以貫之**：前述康納利等把相關論文分成四類，本書一以貫之，以放寬兩大假設來切入，這樣比較跟其他理論的分類一致，一種化繁為簡的洞見。

三、對股票市場假設破功之一

一般來說，股票市場的資訊透明度愈來愈高，投資人愈來愈「聰明」。

四、對股票市場假設破功之二：資訊不對稱

「春江水暖鴨先知」，公司董事會對公司未來經營狀況比外人擁有更多資訊，甚至會有股票內線交易。

五、對個體假設破功：當公司董事會自利時

1977 年美國著名財務學者羅斯（S. A. Ross）延續其在 1973 年的「代理理論」，強調好公司董事會「自利」（為提高自己的董事酬勞），會提高負債比率，以放射出公司「命好不怕債來磨」的正面訊號。

表　從兩個假設來把資金結構類訊號放射相關理論分類

假設	學者	主張
一、對股票市場 (一)商品	影響公司在商品市場 例如：選擇邊際	
(二)資訊 資訊不對稱 	(1)資金結構 (2)負債訊號放射（debt signaling） (3)權益訊號放射（euqity signaling）分成下列三小類： ・股本訊號放射理論，即融資順位理論 ・股票購回（stock repurchase）1980 年 L. Y. Dann、1981 年 Theo Vermaelem 開個頭 ・股利訊號放射理論（dividend signaling theory）1979 年巴塔恰亞（S. Bhettqcharya）在《貝爾經濟》期刊上	1.增加舉債：正面訊號 這表示公司財務狀況很好，有能力支付利息，即俗語說「債多不愁」。 2.未來某天起減少負債，這是「負面」訊號。 3.公司宣布較大的現金股利，等於「放射訊號」公司未來會較大的每股盈餘成長。 4.增加「每股現金股利」提高負債比率。
二、對個體 (一) 公司董事會	1.代理理論 1977 年美國學者羅斯（S. A. Ross）在《貝爾經濟》期刊上論文（董事會）「動機－訊號放射」，例如：董事會薪酬，稱為「動機」（incentive） 2.當出現公司經營權爭奪戰	這代表董事會覺得公司未來有錢還債，舉債須付利息，這代表「有成本的訊號放射」，只有好公司才有本錢做。結果，投資人會買進股票、股價上漲，董事會的「薪資」水漲船高。
(二) 投資人	省略	省略

4-4 資金結構相關理論 I：全景

資金結構相關理論的論文千篇以上，可用「過江之鯽」來形容。本書以二個分類角度來分類，以求執簡御繁。基於篇幅考量，第二種分類方式在下個單元說明。

一、第一種分類方式：以時間順序分類

最簡單把理論分類方式便是依時間順序，把研究同一主題（此例是公司資金結構）的「實證論文」（或理論）分階段。

（一）分成階段

從「長江後浪推前浪」這句俚語，你可以視覺系的看到海（或河）浪一波一波，理論的發展也如此。由右表可見，資金結構理論發展進程從 1958 年迄今，至少有四階段。每一階段的理論發展跟產品生命週期的「導入→成長→成熟→衰退」一樣，當一個課題吸引很多學者進入，套用「邊際收入」觀點，邊際收入會遞減。直到期刊主編覺得這課題已毫無新意，採取比較嚴格審稿標準，這會「逼迫」一些學者另謀良田。

（二）時然後言，人不厭其言

學者的論文要能發表在學術刊物上，「及時」反映時事是期刊編輯重要審稿標準，例如：1980 年代，美國股票市場掀起一波公司經營權爭奪戰（corporate control contest），學者從公司董事會持股比率、委託書爭奪戰（proxy contest）來切入資金結構的研究。這有二種稱呼：

- 公司經營權模型（managerial model of capital structure）。
- 公司董事會經營權防禦模型（entrenchment models of financial policy）。

二、研究結論

在本處，再次複習財務理論大都聚焦在對「公司股價」是否有影響。

（一）資金結構「不攸關」股價（irrelevant capital structure）

一旦公司資金結構「不攸關」公司股價，公司董事會就不用在「最佳資金結構」（optimal capital structure）去花心思。

（二）資金結構「攸關」股價（relevant capital structure）

大部分理論皆支持「資金結構攸關」股價，所以公司董事會宜選擇加權平均資金成曲最低點處（例如：負債比率 45% 處），此時股價最高（以右圖來說，100 元），這即是「最佳資金結構」點。

表　資金結構相關理論的四階段發展

階段	I	II	III	IV
1. 期間	1958~1975 年	1973~1976 年	1976~1979 年	1988 年起
2. 著名學者	Modigliani & Miller	Jensen & Meckling	—	Harris-Raviv
3. 焦點	市場假設中的第三項交易成本的「稅」	個體假設中的第一項「動機」中的公司董事會「以私害公」	完全市場假設中的第二項完全資訊中的「資訊不對稱」	從公司經營權控制角度切入，公司董事會少現金增資，以保持持股比率

圖　最佳資金結構（optimal capital structure）

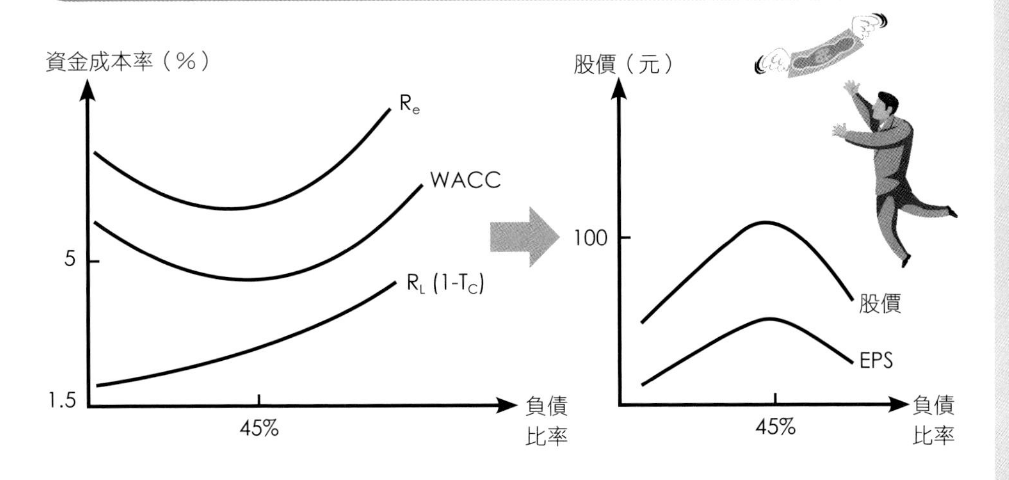

· 舉債成本曲線 R_e (1-T_c)：以銀行這債權人來說，公司負債比率愈低，抵押品夠；超過抵押品價值部分，公司只借信用貸款，對銀行來說，債權保障較少，會收較高貸款利率。

· 權益資金成本曲線 R_e 呈 U 字型。

· 加權平均資金成本曲線 (WACC)：加權平均資金成本曲線是在 X 軸上各點（即負債比率 5、10、15% 等），把舉債、權益資金成本曲線加權平均所得到。

4-5 資金結構相關理論 II：近景

一、第二種分類方式

針對公司資金結構是否攸關公司股價，從研究切入角度來分，有二種分類方式。

㈠ **文獻回顧論文的分類方式：**1991 年，美國芝加哥大學教授 Milton Harris 與 Arthur Raviv，在「財務」期刊上論文，針對過去 20 年的資金結構的論文回顧，引用次數 520 次。其分類方式，許多人引用。

㈡ **本書的分類方式：**學者大都針對「假設」的一（或更多）項從「務實的角度」切入，本書「一以貫之」，從這角度切入。

二、完全市場假設破功之一：當資訊不對稱時－訊號射理論

由於公司董事會擁有公司現在、未來的資訊且未公開，好公司（good firm）會透過一些訊號放射給投資人，以獲得投人青睞。

三、完全市場假設破功之二：當交易成本不等於 0

公司的資金結構的「交易成本」（transaction cost）包括兩項：

- 交易費用：例如公司向銀行貸款時有「訂定貸款契約成本」。
- 稅：這包括公司所得稅（corporate income tax, 臺灣稱為營利事業所得稅）、個人（綜合）所得稅。

㈠ **當完全市場時，以「沒有」稅來說：**1958 年，美國學者莫迪葛良尼（France Modigliani）與米勒（Merton Miller）認為，此時公司資金結構的決策，不攸關股價；因兩人的姓都是 M 開頭，所以俗稱 MM 理論或「資金結構不攸關」（irrelevant capital structure）理論。

㈡ **1963 年修正版 MM 理論：**當公司所得稅（例如：臺灣 17%）存在，公司應盡可能負債比率 100%，即「多舉債」。

四、對個體「動機」假設的破功：公司董事會的自利動機

從公司董事會的自利動機切入，有很多研究皆指出董事會可能「人不為己，天誅地滅」的進行財務決策。

㈠ **代理理論時：**公司董事會喜歡「舉債」，反正玩的是別人（銀行、債券持有人）的錢。站在債權人這邊，為了自保（例如：避免公司董事會掏空公司資產），會在負債比率設個上限（例如：70%）。

㈡ **當公司經營權爭奪時：**1980 年代，公司經營權爭奪（control right contest 或 takeover contest）大戰頻繁，學者跟著從這角度來切入，結論簡單：增加舉債可以使股本不變，董事會持股比率不變，所以公司傾向於多舉債。

表　資金結構相關的理論分類

假設	年／學者	主　張
一、有關股票市場		
(一) 商品		
(二) 資訊 1. 資訊不對稱	(1) 1961 年先由 G. Donaldson 提出 (2) 1984 年邁爾斯（Steward C. Myers, 1940~）與（Nicholas S. Majlaf, 1945~）在《金融經濟》期刊上一篇論文	融資順位理論（pecking order theory） 公司融資「順序」如下： 1. 先用保留盈餘轉資本額，稱為內部融資（internal financing）； 2. 當上述力有未逮，上市公司再發行公司債； 3. 若以上無法達成，再現金增資。 2、3 是外部融資（external financing），但不會影響股價。
(三) 交易成本 1. 交易費用 2. 稅 右述二位學者共有 3 篇重量級論文	省略 (1) 1958 年莫迪葛良尼（Franco Modigliani, 1918~2003）、1985 年諾貝爾經濟學獎得主米勒（Merton Miller, 1923~2000），1990 年三位諾貝爾經濟學得主之一	省略 (1) 1958 年 6 月，發表在《美國經濟評論》期刊，論文名稱「資金結構、公司財務與資金」。簡稱「MM 理論」（或資金結構不攸關理論）。在公司所得稅、個人所得稅「0」情況下，資金結構不影響股價，資產才會。 評論：這是最「簡單」情況，再逐漸由簡到難。 (2) 修正版 MM 理論：由於支付負債的利息有「節稅」效果，所以負債愈高，利息愈大，節稅愈多，淨利愈大，每股盈餘愈高，股價愈高。 推論：負債比率 100%「資金結構不攸關」。 評論：但未考慮破產成本。
	(2) 米勒	1976 年，簡稱米勒模型（Miller Model），多考慮個人所得稅在兩稅合一情況下，公司所得稅「好處」破功，即「資金結構不攸關股價」。
(四) 市場結構	省略	省略
二、個體		
(一) 有關上市公司董事會	1976 年 傑森（Michael C. Jensen, 1939~）與梅克林（William H. Meckling, 1922~1998）在《金融經濟》期刊上論文	代理成本理論（agent theory） 負債比率提高，債權人（例如：債權持有人）付出的監督成本提高，要求的利率提高，會降低公司淨利，每股淨利降低。
(二) 有關投資人	省略	省略

MEMO

第 5 章
公司創立時財務管理：群眾募資與天使投資人

5-1 公司生命各階段的資金來源

「萬丈高樓平地起」，臺灣營收最大公司（2018 年約 5 兆元）鴻海精密，主要是 1974 年郭台銘靠太太娘家標會 30 萬元才創業。全球股票市值最大（近 9,600 億美元）的美國蘋果公司，1976 年創辦人史蒂夫 · 賈伯斯在父母家中車庫創業、1994 年，美國亞馬遜公司創辦人貝佐斯，在華盛頓州西雅圖市租屋處車庫創業，後來「車庫公司」成了高科技公司創業一個象徵。本書是從創業人士創立公司起，分各階段說明資金來源。

一、公司成長階段

「就近取譬」會令人有親切感且易懂，公司成長階段跟人相近。

㈠ **以人的生長過程比喻**：以人的生長過程來比喻公司「沒有違和感」，例如：嬰兒會猝死、兒童夭折、少年「轉大人」不成……等人生的挫敗，也都會出現在公司創立後各階段。人各階段所需「養分」也不同。

㈡ **公司成長過程**：由表一可見，公司「種子階段」（seed stage）起，到「成長階段」（growth stage）、成熟階段（maturity stage）、衰退階段（decline stage）。

二、公司各成長階段的資金來源

公司成長各階段所需資金來源不同，所以公司財務主管要「找對人，走對門。」表二是 2014 年美國加州矽谷新創公司資金來源，原是 π 形圖，本書分門別類作表。

㈠ **種子階段，創業人士「自助而後人助」**：由表二第二欄可見，在美國成立公司，創業人士約須拿出 1,500 美元，加上親朋 2,500 美元，先「找個育成中心（incubators）」去「孵蛋」。

㈡ **公司成長初期**：新創公司作出產品原形（product prototype），天使投資人「不見兔子不放鷹」，才會把錢掏出來。加速器（accelerators）、創業投資公司（venture capital）會跟著「錦上添花」。

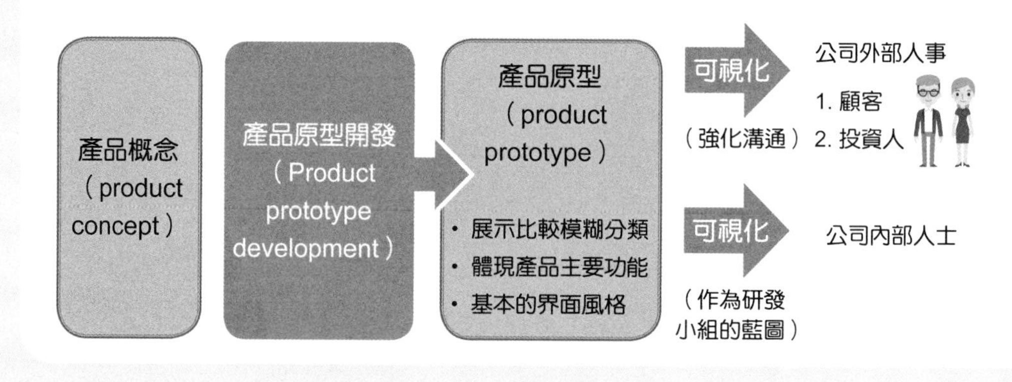

表　美國加州矽谷新創公司資金來源

單位：%

資產負債表右邊：資金來源	%	本書說明
一、負債		
銀行	1	
二、權益	99	
(一) 外部	64	公司成長階段，矽谷稱為驗證期
1. 天使投資人	25	
2. 創投公司	16	
3. 超級天使投資人和迷你創投公司	12	
4. 育成中心（incubators）	6	
5. 加速器（accelerators）	5	
(二) 創業人士	35	種子階段（seed stage）或探索期
1. 家人與朋友	22	
2. 自己	13	

資料來源：整理自李佳達，「如何評估一個創業生態系統」，Smart M，2015.2.10，原始來源「世界創業生態系統評估報告」。

表　公司各成長階段的資金來源

一、跟人類比（年齡）	嬰兒 0~2 歲	兒童 2~12 歲	青少年 12~15 歲	青年 15~23 歲	成人 23~64 歲	老年 65 歲以後
二、公司成長階段	種子（第 0~2 年）	成長初期（第 3~4 年）	成長中期（第 5~6 年）	成長末期（第 7~8 年）	成熟期（第 9 年起）	衰退期
(一) 營收成長率	50% 以上	30% 以上	20% 以上	10% 以上	10% 以下	3% 以下
(二) 美國矽谷用語	探索 discovery	驗證 validation	效率 efficiency	規模化 scale	--	--
(三) 募資金額	65.7 萬美元	234 萬美元	3,114 萬美元	7,940 萬美元	--	--
三、公司資金來源						
(一) 負債	銀行，但來自創業人士的消費者貸款	銀行，青年創業貸款	銀行，中小企業信用保證基金		票券公司債券投資人	
(二) 權益						
1. 外面權益資金	群眾募資	天使投資人、創業投資公司	私下募集股權公司	股票上櫃(市)	同左	私募股權基金
2. 創業人士與親朋	V					

5-2 創業生態系統

好山好水會孕育出好生物。自然界如此，人類社會也如此；商業（或經營）環境是「大」環境，創業環境是「小」環境。

一、創業生態系統

把創業（startup）比喻成生物，生物所處生態環境愈佳，愈適合生存和繁衍。

㈠ **生態環境**（biophysical environment）：植物從種子、發芽到長大，需要兩種因素配合。

- 非生物因素：即陽光、空氣、水。
- 生物因素：即植物、動物、微生物等。

這些合稱生態環境，一個地區生物加生態環境稱為生態系統（eco-system），例如：臺北市大安公園是個森林生態系統。

㈡ **創業生態系統**：經濟、企管學者和專家把生物的生態系統運用在公司，依範圍分成二類。

- 大範圍：商業生態系統（business eco-system）。
- 小範圍：以「新創公司」（start-up companies）為對象，許多國家的政府都努力營造一個健全的「創業生態系統」（start-up eco-system），讓新創公司有好的創業生態環境，以便成長。

二、創業生態系統近景

有人把創業生態系統的因素舉出有 12 項。

㈠ **二個就可以列表、三個就可以分類**：人們的記憶能力很有限，當超過 3 項時，筆者記憶作法是找個架構去分門別類。

㈡ **經營環境分為總體與個體環境**

- 總體環境 11 項因素：研發移轉、支持與攸關、租稅與行政、創業計畫、大學創業課程、社會的創業課程、實體基礎設施、商業與法令基礎設施、內部市場「動力」（dynamics）、內部市場「潛力」或進入市場管制、文化與社會規範（social norms）。
- 個體環境 1 項因素：創業融資（entrepreneurial finance）。

圖　創業生態系統——總體（11項）與個體（1項）經營環境

總體環境（11 項）

政策　法令

2. 支持與攸關
3. 租稅與行政
4. 創業計畫
5. 大學創業課程
6. 社會的創業課程
7. 實體基礎設施
8. 商業與法令基礎設施

科技

1. 研發移轉

經濟／人口

9. 內部市場「動力」（dynamics）
10. 內部市場「潛力」或進入市場管制

新創公司

個體環境（1 項）
12. 創業融資（entrepreneurial finance）

文化　社會

11. 文化與社會規範（social norm）

中國大陸社會對創業的觀感

項目	2015 年前	2016 年起
一、早期創業活動動機	生存	改善生活
二、創業者自我認知		不怕創業失敗 49.1%
三、社會對創業評價		・好職業 70.3% ・較高社會地位 77.8%

資料來源：資本實驗室，財經周刊，2017.4.7。

5-3 美陸臺的三種創業協助

1990 年代，成立網路公司資金門檻低，偏向知識密集型行業，全球掀起一波創業熱潮，可說是第三波工業革命「資訊革命」的第 2 集。

一、三種創業協助構構的發展進程

再加上各國政府為了創造就業（降低失業率）、增進經濟成長，並促進所得分配平均。花錢成立育成中心（incubator，大陸稱孵化器）、加速器（accelerator），或者補貼大學、公司成立。至於有社群性質的聯合辦公室（co-working space）如雨後春筍成立，詳見表一。

二、三種創業協助機構的服務範圍與收費

三種創業協助機構的服務範圍與收費方式詳見表二，底下簡單說明：

㈠ **新創「團隊」入駐資格：**加速器最嚴格，因為它要的是新創公司「股票」，所以嚴格審核申請者，只讓前景看好者入駐。

㈡ **育成中心、加速器功能相近：**育成中心有六型以上，已超出本書範圍，大學育成中心優勢，可就近跟大學教授產學合作（例如：技術、商品研發）。

表一　美陸臺三種創業協助機構發展進程

項目	聯合辦公室（co-working space）	孵化器（business incubator）	加速器（starup 或 accelerator）
一、美國	1999 年。例如：2005 年谷歌的員工 Brad Neuberg 在加州舊金山市與人創立「市民空間」（Citizen Space），號稱全球第一家公司提供共同工作空間，迄 2017 年約 700 家。	1959 年第 1 家是 Joseph Mancus，在紐約市 Batavia 的「Batavia 工業中心」。1980 年代大幅成長，擴散到歐洲等，有很多名稱：「創新中心」、「科學／技術園」。	1990 年代起 1. 創投公司主導 * 加州：YC Combinatory, 5W Startup、Plug & Pay、TechStars 2006 年成立，在科羅多州跟迪士尼、英國巴克萊銀行自家成立。 2.（科技）公司主導 ・外部：微軟、谷歌 ・內部：嬌生公司 2013 年「嬌生創新」
二、中國大陸	2007 年上海市定西路的「三術」（藝術、技術、學術）沙龍開幕，2009 年更名「新單位」。迄 2017 年約 10,000 家。	1987 年起。2017 年北京清華大學科技研究中心發表「2017 年孵化器／加速器開發研究報告」，把二者分成七型。	1. 創投公司主導型 主要是「場地／企業導師／資金」提供三種生產因素 2. 政府型 由政府針對政策產業推出 3. 媒體型 例如：30 氪旗下的氪空間
三、臺灣	2013 年 1 月，林慶隆在臺北市成立 CLBC（在大安捷運站附近），號稱第　家。2014 年 3 月，推出人脈媒合。	1996 年起，主要是大學的（創新）育成中心，較大的例如：「臺成清交」，主要提供生產因素中「場地／技術」。	之初創投（App Works） 主管機構是「經濟及能源部中小企業局」

資料來源：整理自翁書婷，〈跨國百年企業，紛紛成立科技加速器〉，《數位時代》，2017 年 3 月 1 日。

表二　三種創業協助機構的服範圍與收費

項目	聯合辦公室（co-working space）	企業孵化器（business incubator）	創業加速器（startup accelerator）
一、對入駐公司的資格審核	不限資格，只要合法經營即可	有六型以上	創業團隊向創業加速器申請進駐，錄取率 1~3%
二、提供生產因素			
(一) 自然資源：土地、辦公室公間……	V	V	V
(二) 勞工	商務服務	同左	同左
(三) 資金	–	選項：協尋資金（銀行貸款、天使投資人、創投）	V ・天使投資人 ・創投公司 在美國，每個案約 2~5 萬美元
(四) 技術	–	V 理工科技大學有教授、學生、設備，技術移轉、智財權管理	–
(五) 企業家精神	人脈	管理（法律、會計、行銷）諮詢	V 企業導師（簡稱業師）
二、要求創業團隊回報	同右	對創業公司沒有「畢業」期限	創業團隊留營約三個月，在演示日（Demo Day）對投資人簡報
(一) 自然資源	付房租	付房租，例如：每月每坪 500 美元 網路使用費	–
(二) 資金	–	–	股權
(三) 其他	–	進駐服務費，例如：第一年每月 5,000 美元、第二年 6,000 美元等	–

演示日（Demo Day）舉例
時：2017 年 10 月 9 日
地：臺北市臺大國際會議中心
人：臺灣的之初創投
事：28 支創業團業的演示日，主要找投資人

5-4 群眾募集資金

1991 年，全球資訊網（www）上市，網際網路（internet，大陸稱互聯網），人類透過此，改變了許多行為方式。例如：

- 1994 年，美國電子灣、亞馬遜等網路商場成立，2018 年網路購物零售營收比率近 10%；中國大陸的淘寶網等消費型電子商務占零售業營收比率近 17%。
- 2008 年 10 月，阿里巴巴集團旗下螞蟻金融服務公司的支付寶（AliPay）開始中國大陸的行動支付（mobile payment），其中七成是手機支付（cell-phone payment）。
- 同樣的，網際網路上也可募集資金，由於出資人大都是自然人，所以網路募資（internet funding）又稱群眾募款（crowd funding），是「替代融資」（alternative finance）之一。

一、群眾募資的兩階段發展

依網路發展先後，把群募資分成兩個時期。

㈠ 1713 年，第一個群募資案：1713 年英國詩人亞歷山大 · 波普想出書《古希臘詩歌》，向外募資以便印書，後來出書後把出資人的姓名列在書上。

㈡ 第一個網路上群眾募資：1997 年，英國搖滾樂團海獅合唱團（Marillion）上網從大眾（主要是愛好者，fans，不宜音譯為粉絲）募資 6 萬美元，完成美國巡迴演出。

㈢ 2003 年，美國 ArtistShare 公司設立網站成立第一家群眾募資網路仲介平臺，此經營方式逐漸成熟。

㈣ 2006 年 8 月，crowd-funding 這個詞第一次使用。

二、大分類：營利 vs. 公益

就跟法人組織可分為營利事業（臺灣 138 萬家，其中 62 萬家是公司型態）、非營利（nonprofit）組織兩種，群眾募資依出資人的要求（動機）也可如此區分。2014 年 5 月，美國「群眾募資中心」（crowd-funding centre）的分類也一樣，只是把「公益型」稱為捐贈型。

㈠ **營利性質的群眾募資**：募資公司跟出資人是有「對價」關係的，投資人（俗稱出資人）是為了「利益」而出錢。

㈡ **公益性質（nonprofit）群眾募資**：出資人大都是為了慈善（幫助弱勢）或公益（例如：環保運動）。

㈢ **群眾募資網站收費**：跟消費型電子商務的網路商場一樣，群眾募資網站向募資人士收費，以美國最大的 Kichstarter 來說，收募資金額 5%。

三、中分類

營利群眾募資依公司損益表分成三類，詳見右表第二欄，其中「負債型群眾募資」（debt-base crowd-funding）少見。

表　網路群眾募資的種類

大分類	中分類	說明
一、營利性質群眾募資（profit-based crowd-funding）	資產負債表 （一）左邊：資產 回報型群眾募資（reward-based crowd-funding） 1. 預購方式：類似網路購物，只是商品較晚 2. 回饋方式：例如遊戲海報、公仔 （二）右邊：負債 負債型群眾募資（debt-base crowd-funding）：等於向公司買「債券」 （三）右邊：權益 權益型群眾募資（equity crowd-funding）	即附條件的捐贈，回饋方式大都是商品。 ・例如：美國 ArtistShare 出資人可獲得 Maria Schneider 的單曲下載 ・臺灣的文創設計集資網站《嘖嘖》2012 年成立。 ・2017 年 6 月 26 日，嘖嘖群募網站的《Pocket 一口袋裡的便當盒》5,000 筆訂單，預購 42,000 個。 ・全球最有名、最大的是美國 Angel List，2000 年 4 月 22 日成立於美國加州聖地牙哥市。
二、公益性質群眾募資（donation-based crowd-funding）	又稱「慈善性質群眾募資」（charity crowd-funding） （一）幫助社會（pro-social） （二）幫助環境（pro-environmental） ＊註：臺灣稅法中，每人每年贈與他人免稅額 220 萬元。	1. 美國：2009 年 Kickstarter 成立，Indigogo。 2. 臺灣：2012 年 Flying V.、Hero。 2011 年調查性報導的網路《WeReport》成立，2014 年「貝殼放大」（Backer Founder）例如：2013 年，在臺灣，群募 250 萬元，在臺北市中正紀念堂戶外〈看見臺灣〉（導演齊柏林拍攝）首映會。 2017 年公眾議題型募資案少，且贊助率 1.5%。

臉書的公益群眾募資小檔案

	2015 年	2017 年 3 月
功能	公益性質群眾募資	個人用戶線上募款功能（personal fundraisers）
限制	讓公益機構或團體利用臉書強大的傳播功能，向有心人士募款。2016 年進一步開放個人可以代表公益機構，透過臉書來進行募款。	臉書用戶可以利用既有的人際網路關係來從事個人募款活動。募款目的僅六項：教育（如學費、書籍費）、醫療（手術、療程、藥品等）、寵物醫療、危機救援（如公共危險、天災的救援與重建等）、個人急難救助（如車禍、遭竊、火災等）以及喪葬費用。 初期僅針對美國 18 歲以上的用戶。用戶提出申請後，臉書進行 24 小時的審查，並於事後向募款者收取總募款金額的 6.9% 加 0.3 美元的手續費。該費用運用於處理款項、作業程序及防止詐欺等工作。臉書表示，收費的目的不在於獲利，而是為了打造一個能持續運作的慈善平臺。 （摘自工商時報，2017 年 4 月 17 日，3 版，何英燦）

5-5 美陸臺政府對股權式群眾募資的監督管理

2017 年，臺灣的新聞喜歡播有人上「臉書」看直播，下單購物被騙。上「網路家庭」等網路商場，有後臺管著，但是還是會碰到「網路商店騙財」，那就更不用説網路商場以外的交易了。同樣的，新創公司批評各國政府為什麼要嚴格管理股權式群眾募資，以致自己被擋在門外，或是合於募資資格，但募資金額又被卡死。這些批評是毫無道理的，一件商品的網路交易，500 元、1,000 元的金額，就有人騙，更何況新創公司網路上募資，對投資人來説，一出手 3 萬元以上，那比網路賣方詐騙的金額高 10 倍以上。政府基於金融穩定的大利，必須保護投資人，本單元從美國財政部作法講起，大部分國家都是蕭規曹隨。

一、政府的角色：保護投資人

只要談到對公司募集資金的規範，必須追本溯源談到 1929 年美國股價崩盤，所以亡羊補牢的嚴管。

㈠**痛定思痛**：1929 年 10 月，美國紐約證交所股價崩盤，迄 1933 年股價下跌 85%：4 萬位投資人輕生（其中 1.4 萬人跳樓），經濟大蕭條。部分原因是上市公司財報不實等。

㈡**1933 年起，立法嚴管**。

- 1933 年證券法（Securities Act of 1933）。
- 1934 年證券交易法（Securities Exchange Act of 1934）。

重點之一在財政部下設立美國「證券交易委員會」（Securities and Exchange Commission, SEC）。

二、美國財政部的規定

㈠**2012 年，鼓勵新創公司**：由右表第二欄可見，2012 年美國為了鼓勵人民成立公司拼經濟，對小公司募集資金開了小門。

㈡**對股權群眾募資開小門**：美國財政部證交會對股權群募的公司、網站仲介、投資人皆有規定。

三、中國大陸證券監督管理委員會的規定

㈠**募資公司資格**：小微企業（small and micro enterprise）：2011 年 11 月，郎咸平提出小微公司，依據「中小企業促進法」，依行業有三個標準（繳税款、資產、員工數），例如：工業 100 人、其他業 80 人以內、公司所得税人民幣 50 萬元以內。

㈡**後見之明的監理**：中國大陸的法令大都是「事後管理」，行業先草莽式發展，等到快出大亂才蒐證。

四、臺灣行政院金融監督管理委員會的規定

金管會對新業務的開放、監督管理，大都採「別國作了幾年沒問題」才開放，詳見表第 4 欄。

表　美陸臺政府對權益股權募資的監督管理

項目	美國	中國大陸	臺灣
一、年	2012 年	2016 年 8 月 10 日	2015 年 10 月 24 日
二、法令	1. 2012 年 4 月 5 日「新創公司法」（Jumpstart Our Business Startup Act, 簡稱 JOBS） 2. 2013 年 10 月 23 日財政部證交會發布群眾募資法（Title III: crowdfunding）	〈私募股權等融資管理辦法〉	證券櫃檯買賣中心公布〈證券商經營股權性質眾募資管理辦法〉
三、主管機關	財政部 美國證券交易委員會（SEC）	國務院證券監督管理委員會 管理機構：中國證券業協會委託中證資本市場監測中心公司	行政院金融監督管理委員會旗下證券暨期貨管理局 管理機構：櫃檯買賣中心
四、對引資公司的資格	過去 12 個月內，每家公司募資 100 萬美元以內 1. 單筆募資 50 萬美元以上，公司須提供會計師「簽證」財務報表 2. 單筆募資 10~50 萬美元 公司須提供會計師「核閱」財務報表 12 個月期間內，投資人財力與投資上限。	2017 年 7 月 18 日，人民銀行與 10 個部會的〈關於促進互聯網金融健康發展的指導意見〉，小微企業才可進行小額股權募資	2013 年「創櫃管理法」 1. 資本額 3,000 萬以下，股票未公開 2. 每年籌資上限 1,500 萬元（面額），且限單一網路平臺 3. 備合格會計制度、募資說明書等
五、對投資人的資格規定	1. 年收入或財產 10 萬美元以上。 ・10 萬美元（上限） ・年收入或財產 10% 2. 年收入或財產 10 萬美元以下 ・2,000 美元，或 ・收入（或財產）5% 取其較高者	實名制：《公募投資基金監理管理（暫行辦法）》之令	1. 單一募資案 5 萬元，一年 10 萬元 2. 2016 年 1 月 18 日放寬法令 ・證券公司可投資 ・發行公司的 10% 及本證券公司淨值 40%
六、網路證券仲介公司	1. 須向主管機構註冊 2. 網路證券仲介公司之責任 ・對發行公司進行背景調查 ・資訊揭露 ・投資人保護 例如：對於「合格投資人」只須其出具「自我聲明合格」（self-certify）。 對於「不合格投資人」則須驗證其財力。	(一) 專營 證券業協會的規定 1. 公司淨資產人民幣 500 萬元以上 2. 不准兼營「網路放款仲介」（P2P 放款）或網路放款 (二) 募資方式私下募集	證券公司收服務費：發行公司、投資人 (一) 專營（資本額 0.5 億元） ・2015.12.30 創夢市集股權群募證券公司 ・群募貝果（We Backers） (二) 兼營 ・第一金控公司旗下第一金證券旗下「第 e 金 FUN 網」 ・元富證券

資料來源：部分摘自潘彥州，〈關於群眾募資與股權，群眾募資之法律及政策分析〉，全國律師月刊，2015 年 3 月。
另林瑛珪，〈淺談群眾募資及臺灣群眾募資發展現況〉，2016.1。

5-6 全球網路群眾募資金額與中國大陸狀況

全球網群募規模有多大？依此可細推美、陸、臺的市場規模有多大。本單元第一段回答。中國大陸網路群募全球市占率約 15%，位居美之後，領先英國，本單元第二、三段說明。

一、全景：全球網路群募金額

有關全球網路群募的商機，若多看幾個報導，就會發現數字有天壤之別，這可能有對錯或定義（範圍）差別。

㈠ **大部分可能錯**：如何判斷某個市調機構的數字是錯的，最簡單的方法是跟「實體」（例如：股市現金增資相比），例如：表一以臺灣作為參考值，可見兩個募資流量占存量（上市櫃市值）的比重。用這比率去估計，2017 年全球網路群募約 11.5 億美元。至於有 2 家美國、中國大陸公司可統計 2015 年 340 億美元，預估 2025 年 3,000 億美元，這些都是天方夜譚數字。

㈡ **另一參考資料**：2017 年 7 月 12 日，群眾募資中心（The Crowdfunding Centre）公布「全球群眾募資調查報告」，全球 205 國九個大型群募網站 2016 年募資 7.67 億美元（2009 年 0.1 億美元），假設其市占率 50%，反推全球網路群募金額約 15.34 億美元。跟本書的推估值相近。

二、2017 年中國大陸網路群募情況

由表二可見 2017 年中國大陸網路群募情況。

㈠ **網路群募大分類**：由表二第三欄可見，公益型占金額 2.9%，這說得通，營利型占 97.1%，其中中分類債券型零成交，符合全球、臺灣狀況。

㈡ **依行業分**：全球工業國大都依序為科技、設計、遊戲類。

㈢ **省市分布**：各省市總產值排名－廣東省、江蘇省、山東省、浙江省、河南省，約占陸總產值 42%。依這方向去看各項經濟表現（包括網路群募）都可抓到大方向。

三、網路眾籌公司

㈠ 2011 年 7 月第一家：首發者名為「點名時間」。

㈡ 處於運營狀態的網路群募網站 209 家：詳見下表。眾籌平臺共有 506 家。

㈢ 前十大，詳見表三。

表　中國大陸正常營運籌眾網站數

年	2013	2014	2015	2016	2017
網站	29	142	283	427	209

資料來源：陸企盈燦諮詢〈2017 年全國眾籌行業年報〉，2018.1.18。

表一　由臺灣作參考值推估全球數字

單位：兆元

募資方式	2017 年臺灣情況	臺灣比率	全球（兆美元）
(1) 網路群募金額	0.006	(4)=(1)/(3)=0.00171%	0.00115
(2)2017 年股票募資金額	0.2230	(5)=(2)/(3)=0.63%	（新股 0.1888）
(3) 上市櫃市值	（其中上市 35.14）		65

資料來源：臺灣證券交易所

表二　2017年中國大陸網路群募市場狀況

發行公司			網路仲介公司	股票買方：投資人
一、營利	項目	金額	2017 年的 224 家前 7 大	人次
(一) 回饋型（陸稱獎勵型）	34%	36.03%	騰訊樂捐 京東眾 天使匯	49.96%
(二) 債權型	—		淘寶眾籌 V21	0.32%
(三) 股權型	40%	61.07%	蘇寧眾籌 創投園	49.72%
(四) 綜合型				
二、公益型	26%	2.9%		
地區分布	北京市 廣東省 浙江省 江蘇省 上海市	占 91%	V V V	

資料來源：原始來源中國大陸盈燦諮詢。

表三　2017年中國大陸股權式群眾募資網站

排名	網路眾籌公司	成立時間	說　明
1	興匯利	2014.5	投資人許多是創投公司
2	人人投	2014.2	募資公司偏重以開店為主
3	淘寶眾籌	2013.12	淘寶網旗下
4	京東眾籌	2014.7	京東旗下，以產品式為主
5	蘇寧眾籌	2015.4	蘇寧是 3C 業，有 1,600 家店
6	天使匯	2011.11	偏重網路公司（遊戲、電子商務、O2O、教育）
7	點名時間	2011.7	以智慧硬體商品為主
8	輕鬆籌眾籌	2014.8	偏重小微公司的產品預售等
9	愛創業眾籌	2013.3	替機構投資人找投資案
10	海創匯眾籌	2013.12	山東省海爾集團旗下

資料來源：中國大陸「科技」，2017.3.31。

5-7 在臺灣，股權式網路群眾募資規模很微小

在臺灣，股權式網路群眾募資金額大小，沒有單獨統計數字，櫃買中心登錄的三家網路群募證券公司 2017 年底都撤退了。本單元只好先看全景，再近景、再特寫。

一、全景：網路群募金額約 6 億元

由表一可見，2017 年網路群募逐年成長，只是因為「社會關懷型」的公益網路群募，大部分是「反政治」的，沒獲得新聞界的關愛眼神。新聞報導少了，一般民眾就「無感」了。

二、近景：股權式網路群募

當拉近鏡頭到網路群募兩大類中的營利網路群募，回報型網路群眾占全部的七成，主要是科技、設計類；股權式網路群募極少。

㈠ **公司青黃不接**：臺灣公司大都面臨中高階主管青黃不接窘境，一大原因是人才外流，臺灣 1,172 萬位勞工中，有就業的 1,130 萬人中有 72 萬人長期在國外上班。其中 41 萬人在中國大陸，14 萬人在東南亞。在公司也是如此，新創公司成為中小型公司也少，中型公司升格為大公司愈來愈少，跡象之一是 2015 年起，股票上市、上櫃案大幅減少，每年低於 20 件上櫃，承銷商生意難做，網路群募仲介公司面臨沒有多少雞蛋可孵化的悶境。

㈡ **屋漏偏逢連夜雨**：募資前十大的案子大部分是自己辦理，網路群眾網站作不到多少大生意，13 家網站可用僧多粥少形容。2017 年 8 月起，三家網路群募證券公司 Flying V、群眾貝果、創夢市集，陸續從櫃買中心撤掉。

㈢ **投資人**：投資選擇有上市 920 支、上櫃 700 支股票，有這麼多資訊透明（尤其是財務報表）的股票（及選擇權）可投資，為什麼要去冒險「吃河豚」呢？（註：河豚肉是美味，但處理不當會中毒，甚至會要人命。）

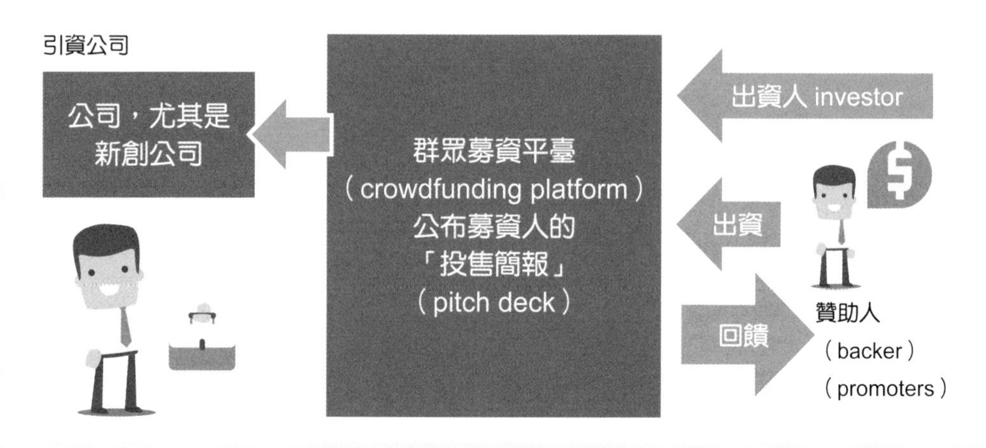

表一　臺灣網路群眾募資統計數字

項目	2012	2013	2014	2015
一、 （一）金額 （億元）	0.0856	0.778	2.887	5.124
（二）量 ・件數 ・成功率（%）	96 65.6	319 53.3	726 47	978 51.2
（三）案件種類				4 類各約 20% 出頭
二、贊助人 （一）人數 （萬人）	0.39	3.31	10.94	20.09
（二）平均金額	2,176	2,347	2,639	2,560

資料來源：群眾觀點（Crowd Watch）每年編製的〈臺灣群眾集資報告〉

表二　股權式網路群眾募資前景不佳

股票供給端

一、好案子太少了

（一）以股票上市來說
2017 年 21 個案子

（二）基於右述限制，公司自己要去找「天使投資人」，投下「聰明的錢」（smart money）

Smart money 是美國人慣用語，指有經驗的投資人，甚至善於賭博的人，經管投資的錢。

股票需求端：投資人

一、錢彈有限

（一）2014 年起，人口達到 2,372 萬人，少子化、老年化結構，年輕人占股市人口數愈來愈少。

（二）單一投資人投資金額的限制，對單一募資案上限 5 萬元，一年投資總額 10 萬元。此是為了避免小戶損龜，為了避免其傾家蕩產，所以設定「損失上限」，這是為了保護投資人。

5-8 美陸臺天使投資人 I：全景

在看美國電影時，基督教耶穌時代電影或現代電影，許多都有「天使」（angel）的角色，尤其是「守護天使」（guardian angel）。許多人在高中、大學都玩過「小天使與小主人遊戲」（little angel and little master game），有些人在小學的生命教育中玩過。把「天使」的觀念延伸到公司創業，許多人都希望能找到「雪中送炭」的天使投資人（angel investors），甚至「好人做到底」，出錢（投資）又出力，例如：幫忙找產品出路（例如：買方，詳見美國影集「網紅不是我」小檔案）。

一、拆解「天使投資人」一詞

㈠ **說文解字切入：**由右圖可見，天使投資人可拆解成二個名詞，本意是好得像天使般的投資人。

㈡ **「天使投資人」小檔案：**由「天使投資人」小檔案，可見維基百科對「天使投資人」的解釋，本書依小檔案格式整理。

二、統計機構

在美國，有關天使投資人至少有 2 個計機構。

- 聯邦政府獨立機構小型企業署（Small Business Administration）。
- 新罕布夏大學創業研究中心。

三、毛遂自荐

自認為是千里馬的創業人士，會想方設法去找伯樂，常見有二種方式。

㈠ **天使投資人遍訪千里馬：**在投資研討會（含論壇 Symposium，例如：Keiretsu Forum）、天使投資人們自辦的會議中，各新創公司（或創業小組）會使出渾身解數，希望獲得天使投資人的青睞。

㈡ **千里馬找伯樂：**例如透過「人傳人」的口碑效果，新創公司的好本領會傳到天使投資人耳中。

㈢ **如何尋找天使投資人：**網路上有許多這方面文章，像中國大陸 2017 年 8 月 30 日三益寶在《財經》周刊上文章。

美國影集「網紅不是我」（SeNT）小檔案

時：2017 年 9 月 17 日
地：美國
人：HBO 亞洲首都自拍喜戲
事：（第一季第 5 集）劇中男主角 31 歲印度裔美人傑（Jay Bunani, 由 Haresh Tilani 飾）想創業，向餐飲界老闆柴克斯 · 李（Zacheus Lee, 由彭耀順飾）提案，請他出資，資助其想研發的「從頭來」應用程式（APP）。

天使投資人名詞拆解

天使投資人（angel investors）= 天使（angels）+ 投資人（investors）

各國（含宗教）
大都指「上天的使者」
簡稱「天使」

主要指買股票的投資人
股票有登記名字的稱為股東
（share holder）

表　天使投資人

項目	不常見	常見
一、天使投資人		
(一) 身分 	1. 有限負債公司、事業 2. 投資基金、信託 美國約有 30 萬餘位，每筆投資 30~60 萬美元 1996 年起，流行「個案式基金」（pledge fund）。	1. 高所得人（常是退休企業家或高階人士）年收入 9 萬美元、個人資產 95 萬美元，企業家、高階主管、三師（醫師、律師、會計師）、明星等。 2. 1980 年代起，有許多天使投資人俱樂部（10~150 人）成立，全美約有 300 個，另有「天使投資人協會」（association）。
(二) 動機	一部分是為了獲利	大都不純為錢，而是為了跟得上潮流（趨勢）、了解下一代企業家
(三) 投資報酬	取得新創公司的股權或轉換公司債	當新創公司被併購或股票上市時出脫股票，年投資報酬率 20~30%
二、被投資公司		
(一) 狀態		公司成立時，即「雪中送炭」

天使投資人小檔案（Angel Investors）

時：1978 年
地：美國新罕布夏州
人：新罕布夏大學的創業研究中心創辦人 William Wetzel 首次提出
事：在歐洲稱為「事業天使」（business angel），其他稱呼有 angel funders、seed investors、informal investors
源自：20 世紀初，美國紐約市百老滙，指富人出資贊助一些具有社會意義的表演，對於那些充滿理想的演員來說，這些贊助者就像天使從天降臨一樣，使其「美夢成真」。

5-9 美陸臺的天使投資人 II：近景

一、美國政府對天使投資人的政策

二次世界大戰結束，美國 200 萬軍人返鄉，美國政府推出就學就業等政策。

㈠ 1953 年美國政府為了刺激創業，以解決就業問題，通過「小企業法」，設立小型企業署（Small Business Administration，註：規模很小，預算約 12 億美元），提供許多服務等。迄 2015 年，約 2,500 萬家小公司、年營收占全美營收 47%、勞工占民營公司 54%。「小公司」有許多標準，一般指員工 500 人以下。

㈡ 對小公司投資公司的租稅優惠：正確來說，小企業局成立類似臺灣的「中小企業信保基金」，鼓勵專門的「小公司投資公司」（SB investment company），這是種創投公司。政府提供投資公司投資淨利稅的減免，小型企業署募資借給投資公司，以利於其投資，且須還本息給政府。（摘自互動百科「美國小型公司署」）

二、中國大陸政府對天使投資人的政策

中國大陸 2003 年起便面臨大專畢業生供過於求，再加上重工業產能過剩，須鼓勵人民創業以刺激經濟成長。

㈠ 2015 年 3 月，**國務院雙創政策**：1953 年美國的「小型企業法」的狀況在中國大陸出現，國務院推出「大眾創業，萬眾創新」政策（簡稱雙創）。政府大幅補貼各省市政府成立育成中心、給新創團隊創業金。

㈡ **資金的挹注**：由右表第三欄可見，以北京市海澱區中關村為例，2013 年 7 月成立天使投資協會，之後，各地陸續成立。

三、臺灣政府對天使投資人的政策

臺灣政府對天使投資人的政策大都以「出錢」為主。

㈠ **政府出錢**：由表第二欄可見，二次各提 10 億元基金，每一案 1,000 萬元。

㈡ 2016 年 9 月 1 日，**三力四挺政策**：這是行政院要求金管會督促金融業挺產業。

- 三力（投入面）：偏向於生產因素中「自然資源（場域，即創業辦公室）、資金、企業家精神（稱為智囊）」。
- 四挺：分成「轉換面」的「產業發展、支持創新公司」；「產出面」的「協助青年創業、創造就業機會」。
- 2018 年 3 月 9 日，推動〈產業創新條例〉天使投資人租稅優惠，個人投資於新創公司（公司成立 2 年內）得自個人綜合所得稅總額中減除，每年最高 300 萬元。

表　美陸臺的天使投資人狀況

項目	臺灣	中國大陸	美國
一、 政府措施	1. 經濟及能源部中小企業局的「中小企業輔導準則」。 2. 中小企業發展基金。 3. 2013 年 12 月起，由國發基金匡列 10 億元（第 1、第 2 期）。行政院國家發展基金創業天使計畫網（www.angel885.org.tw）。 4. 2017 年 3 月 3 日，證券業創新創業基金 2.7 億元。	1. 2016 年 3 月政府推動天使投資人成立投資「公司」（陸稱註冊制） 2. 2018 年 1 月 23 日，國家發展改革委員會旗下國家信息中心旗下創新創業發展中心，指導青年天使會等 3 個會，推出「天使投資指數」。	1953 年「聯邦小型企業投資法」（Federal Small Business Investment Act）成立小型企業署，鼓勵各州政府等普設育成中心，在資金面的配套措施是給專業投資公司租稅優惠，盼其投資新創公司 10 萬美元。 
二、 沿革與狀況	1. 股市名人賈文中投資「無名小站」。 2. 2010 年 2 月電影《艋舺》有鼎富、華盛證券董事長投資。 	1. 第一位知名天使投資人是薛蠻子。 2. 薛蠻子認為全國天使投資人人數未知；在 2016 年 1 月 8 日於北京市雙井富力麗酒店的「創新者年會」演講中的主張常被引用。 3. 北京市中關村天使投資協會，2013 年 7 月 9 日在海澱區清華科技園成立。 4. 2015 年 8 月成立天使投資委員會基金業協會旗下。	1. 1998 年 9 月 8 日谷歌成立時，施瓦辛格等名人曾投資，獲利 10,000 倍。 2. 估計人數 30.5 萬人，被投資公司狀況：種子階段 25%、成長初期 45% ・投資項目：3 萬人。 ・平均投資金額：7 億美元。 ・每筆金額：34.7 萬美元，平均報酬率 22%。 ・投資行業：軟體 33.9%、健康服務 14.1%、商業服務 8.7%（摘自吳秉諭〈8 張圖看英美投資現況〉，《數位時代》，2016 年 9 月）。
三、 統計機構	1. 臺灣經濟研究院的 FINDT。 2. 全球早期資金趨勢觀測報告。 其內容主要是把美國的天使投資、創投業的英文報告翻譯成中文。 	清科集團清科研究中心每年 4 月中發表〈中國天使投資報告書〉，稱 2014 年為天使投元年，投資額 5.26 億美元、766 個投資案，平均每案 68.68 萬美元。天使投資機構新募 31 支天使投資基金 7.73 億美元，例如：北京市中關村的股權式群眾募資公司「天使滙」（摘修自清科研究中心，〈2015 年中國天使投資呈現 8 大特點〉，創業報，2015.4.15）	1. 新罕布夏大學創業投資研究中心（CVR）2018 年 6 月公布「2017 年美國天使投資市場分析報告」。 2. 投資分析公司 Preqin。 3. 美國天使資源研究所（ARI）2018 年 4 月 20 日公布〈2018 年天使投資報告〉（2018 Halo Report）、「Angel Return study」。 4. Angel Investment Market。 5. Angel Capital Association。 6. Kaufman Foundation Angel Investor Performance Project。

5-10 美陸臺天使投資人 III：特寫

表　美陸臺天使投資人網路仲介、俱樂部示例（一）

臺： 交大天使投資俱樂部 （**NCTU Angel Club**）	陸： 天使滙 （**Angel Crunch**）	美： **Angel List**
1. 成立：2012 年 2. 城市：臺北市 交大天使投資顧問公司，新北市板橋區，董事長鄭加泳。 3. 組成：活躍會員 80 人，知名者有宏碁創辦人施振榮、聯華電子榮譽副董事長宣明智、群聯董事長潘健成、漢微科董事長許金榮（2016 年 12 月出售且股票下櫃）、零壹科技董事長林嘉勳等，投資理念是鼓勵創業、創造就業、活絡經濟、福國利民。主要由 10 位從事創投的校友組成工作小組（working group），此即天使團隊（angel group）型態，評估和篩案件，未來希望逐步成為新創投資專業機構，2014 年成立交大天使投資顧問公司，可結合股權募資平臺，讓外界資金跟投，更能擴大交大天使投資機會。	1. 成立：2011 年 11 月 2. 城市：北京市 公司名稱：北京天使滙金融信息服務有限公司 3. 組成：蘭寧羽等創辦，由天使滙指導、審核新創公司的募資案，再上傳網站，投資瀏覽項目後，雙方約談、簽約。2013 年 8 月，獲得中關村國家自主創新示範區的「創新性孵化器」資格。 * 業務拓展 2013 年 11 月 13 日發布天使眾籌領投人規則。 2015 年 4 月 16 日，發布天使投資成交規則。 2015 年 6 月 5 日，天使滙閃投擴展到全國。	1. 成立：2010 年 4 月 21 日 2. 城市：加州舊金山市 3. 組成：創投人士 Babak Nivi 和 Naval RaviRant 創立，公司有 2 波募資 2.05、4 億美元。 ・2010 年起，媒合新創公司向合格投資人、天使投資人募資，稱為「合作投資」（syndicate investment）。 ・2012 年美國「新創啟動法」，涉足股權式群眾募資 ・2012 年起，跟幾個大型孵化器（500 startups、波士頓市 TechStars、Angel Pad）合作。 ・2015 年起，免費協助新創公司向天使投資人募資 ・2016 年 6 月，公司分拆一家公司 Republic，專門做新創公司的股權式群眾募資，針對合格投資人以外投資人。 ・2016 年 11 月，公司以 2 億美元收購 Product Hunt，以協助新創公司找到早期的顧客。

表　美陸臺天使投資人網路仲介、俱樂部示例（二）

臺： 交大天使投資俱樂部 （NCTU Angel Club）	陸： 天使滙 （Angel Crunch）	美： Angel List
4. 績效 投資標的： ・以物聯網、人工智慧、文創、生醫等行業為投資標的 ・5 年投資 18 家公司，總投資金額 6 億元，其中文創企業有 5 家，首例為提供整合設計服務的製作空間，投資額 2,500 萬元、小日子（生活風格雜誌）、創意點子（互動式影音技術商務）、VCOOL（影片協作 App）、golface（高爾夫 APP）等。每年投資 1 億元，個案投資人數在 20~30 人之間，每人投資額最低 100 萬元，最小投資案為友聚 2021 社會企業（協助八八風災小林村與大高雄災民重建），投資額約 800 萬元，最大宗投資案為創控生技公司，交大天使投資約 200 萬美元。平均投資報酬率約 15%。（摘修自工商時報，2017 年 6 月 3 日，A15 版，邱莉玲）	4. 績效 ・投資人：註冊 5,000 人，合格投資人 2,500 人 ・創業者：15 萬人以上 ・合作孵化器：200 個以上 ・投資項目：400 個以上 ・募資金額：人民幣 40 億元以上，每筆投資 100 ～ 200 萬元 ・新創公司項目 食：線上線下（O2O）例如：黃太吉傳統美食連鎖 衣：電子商務 行：例如嘀嘀打車 育：教育、健康 例如：「大姨嗎－月經周期助手」 樂：遊戲、社交網路 其他：企業服務	4. 績效 2010.4~2017.4 ・數量：1,370 家新創公司 ・金額：5.4 億美元 

時：2016 年 5 月
地：美國紐澤西州 Willey-black well 公司
人：Annalisa Croce 等 3 人，義大利米蘭理工大學
事：在 *Small Business Management* 期刊上發表〈天使募資與高科技新創公司經營績效〉一文，Crunchbase 的資料庫中，1933 家公司，天使投資人的能力（例如：經驗）與地緣關係，有助於新創公司「成功」。

MEMO

第 6 章
公司成長初期、中期現金增資的主要投資人

6-1 三種基金的投資公司的運作方式

6-2 三種投資（管理）公司鎖定不同投資人

6-3 三種投資公司投資對象

6-4 獨角獸公司I：定義與成功條件

6-5 獨角獸公司II：統計機構與狀況

6-6 獨角獸公司III：中國大陸狀況

6-7 美陸臺創業投資業狀況

6-8 高科技公司成立創業投資公司

6-9 全球（美陸臺）創投公司

6-1 三種基金的投資公司的運作方式

「孟加拉虎、華南虎與西伯利亞虎」，看似虎至少有三種亞種，動物系學者的看法是「老虎」只有一種，只是為了適應環境而有體型大小（像蘇門答臘虎生活於森林中，體型較小）。

在財務管理中，有三種投資（信託）公司「創業投資、私下募集股權投資、證券投資信託」，跟前述虎的名稱一樣，主要差別只是對象（公司）所處成長階段不同罷了。因此，本章開章明義的以一個單元說明三種投資公司的共同營運方式。

一、投資公司替投資人賺錢，自己賺基金管理費

㈠**投資公司對投資人的效益**：專業管理、替你賺錢

主要是聘任稱職的基金經理，去負責 1 支基金的投資，藉由每年平均報酬率 20~30%，去吸引投資人。

㈡**不同基金吸引不同喜好的投資人**

投資公司會成立數種基金，去吸引各類投資人。

- 區域：例如北美、亞太、中國大陸基金。
- 行業基金：主要投資在「成長」行業（俗稱 growth fund）；美國阿波羅管理公司的 9 支基金大抵如此。

㈢**投資公司的收入**

- 投資公司的收入至少有二個科目，以美國來說，詳見右表。
- 管理費（management fee）：例如「年」管理費率 2%，每日依基金規模收取。
- 績效費（performance fee）：針對報酬率超過門檻（例如：15%）部分收取，俗稱投資績效分成（carry interest）。

項目	比率
基金毛報酬率	30%
－基金公司管理費率	2%
＝基金淨報酬率	28%
－基金報酬率門檻	15%
＝超額報酬率	13%

（基金公司可分享這 13% 中的 20%）

二、投資信託方式

㈠**基金（投資人）擁有所有權**：由右圖可見，投資人投資的某一基金，大都以信託方式設立，並且由投資人會議決定聘用律師擔任受託人，以保管銀行保管基金資產（基金持有的股票），有會計師負責記帳（包括每日每單位淨值和報酬率）。

㈡**投資公司擁有管理權**：投資公司對各基金派出基金經理（fund manager）去專業管理，主要是指示保管銀行撥款以買進被投資對象的股票。

圖　投資信託方式

投入：投資人

法人：公司

自然人
1. 家族信託
2. 高所得人、富人

其他

出資

獲利

轉換：資產配置、選股

信託帳戶

・資產保管銀行

・律師

・會計師

產出

1. 投資組合（portfolio）
2. 每日基金淨值、報酬率

獲利

管理

管理費

投資公司

1. 研究部產業研究員
2. 基金管理部基金經理

美國制度	組織層級	權力／角色
	公司	一般合夥人（general partner）
	基金經理	有限合夥人（limited partner）

表　美國三種投資公司收費方式

項目	創業投資公司	私募股權公司	證券投資信託公司
一、美國法令		商品期貨交易委員會	1933 年證券法 1940 年投資公司法
二、收費標準 (一) 管理費率	2%	1~2.5%	股票型基金，年費率約 1.5%
(二) 績效費率	20% 俗稱 2/20	可收績效費	可收績效費，但主要是衍生性金融商品基金（derivative fund）

6-2 三種投資（管理）公司鎖定不同投資人

同樣引擎排氣量 2,000cc 的乘用汽車（passenger vehicle），日本豐田汽車出了 3 種車款，以滿足三種對速度不同需求的車主的要求，以汽車啟動到時速 100 公里排序如下。

- 86 跑車：啟動 8.34 秒可達時速 100 公里，售價 123~133 萬元；
- RAV 4：屬於運動型，8.66 秒到時速 100 公里，85~101 萬元；
- 冠美麗（Camry）：10.69 秒到時速 100 公里，85~102 萬元。

同樣的，三種股票投資（管理）公司如同上述三種車款，鎖定的是對於長期（五年以上）報酬率不同需求的人。

一、投資人資格

各國的證券主管機關為了保障投資人權益，會針對高風險投資、資訊不透明的投資公司（例如：創投公司、私募股權公司不須公布基金持股明細等財務報表），要求只有合格投資人才可「進場」。合格投資人（accredited investors）可說是「專業資格的投資人」。accredit 這個字是字首 ac 加 credit，ac 是 ad 衍生而來，是拉丁文，跟英文 to 同，增加等之意。

㈠ **美國**：美國證交易法令對「合格投資人」的定義分成「個人」、「法人」，大都以資產金額為分水嶺，背後假設「自然人」年收入 20 萬美元以上，應該大學畢業、30 歲以上，有一定知識水準。

㈡ **中國大陸**：由右表可見，中國大陸向美國看齊。

㈢ **臺灣**：由表上下可見，臺灣行政院金管會對「合格」的定義大都向美國聯邦政府獨立機構證券交易委員會取經。以證券公司為例，上網可查到兆豐證券公司的「專業投資人資格申請暨聲明書」。

二、募集方式：私下 vs. 公開募集

基金（包括股票現金增資）「募集」（placement）方式分二種。公開募集（public placement）跟私下募集（private placement）的差別有條楚河漢界：「公開」（public）跟「公開場所」等用詞意思一樣，最簡單方式是在報刊電視廣播上刊廣告。

三、基金生命期間

㈠ **共同基金的生命期常 10 年以上**：開放型基金的投資人可要求投信公司贖回、封閉型基金的投資人可在股票市場出售，都有「退場」（或稱獲利了結）機制，所以共同基金大都「沒有期限」。

㈡ **創投、私募股權基金生命期 8 年**：這兩種基金的投資人沒有「退場」機制，所以這兩種基金皆以 8 年為期，屆時基金「清算」，原投資人可離場或重新進場。

表　美陸臺對私下募集股權的合格投資人

項目	臺	陸	美
一、法律	證券交易法第 403 條之六第 1 項第 2 款 行政院金管會頒布衍生性金融商品辦法	1. 私募投資基金監督管理暫行辦法 2. 2013 年 6 月，基金法條文修正，把私募方式納入	1933 年證券法第 4 條 (b)、Rule 502
二、命令	公開募集：證交法第 7 條第一項、第 22 條第一項	投資單個募資項目人民幣 100 萬元以上	證券交易法第 77 條 (d)(b)、1982 年證交會 Regulation D 第 501 條
三、合格投資人 (一) 機構投資人	1. 該發行公司及其關係企業的董事、管理者 2. 金融業	陸又稱認可投資人 1. 金融業：證券投資基金業協會備案投資計畫 2. 社會保障基金公司年金 3. 慈善基金	1. 金融業 2. 退休基金 3. 公益基金 4. 其他
(二) 一般公司資產	主管機關核准的法人或組織 5,000 萬元以上	人民幣 1,000 萬元以上	500 萬美元以上
(三) 個人 1. 年收入	近 2 年 ・本人：150 萬元以上 ・本人與配偶：200 萬元以上	人民幣 50 萬元以上	・個人：20 萬美元以上 ・個人與配偶：30 萬美元以上
2. 金融資產	1,500 萬元	人民幣 300 萬元	・兩人財產 100 萬美元以上（不含自用住宅）

6-3 三種投資公司投資對象

對於公司來說，想要在現金增資時找投資人，由於三種投資公司「各有所好」，所以公司宜找對人。

一、創業投資基金

創業投資公司（venture capital firm）旗下會有數支創業投資基金（venture capital fund, 常簡寫為 VC fund）。

㈠ **天使投資人讓公司「站」起來：**天使投資人資金有限，大都只能讓公司度過嬰兒期，即 A 輪募資（Round A financing）。

㈡ **創投基金讓公司「大」起來：**創投公司聚焦在被投資公司的公司成長初期，可以提供公司在兒童期時所需要的資金，即 B 輪募資（Round B financing）。

㈢ **創投公司平均投資金額 300 萬元：**處於公司成長初期的公司比較像的兒童，很容易夭折，因此創投基金經理可能掌管 8 億元基金，分散在 200 個公司，以求分散風險。

二、私下募集股權基金

私下募集股權公司（private equity firm）旗下募集的各「私下募集股權基金」（private placement equity fund, 常簡寫為 PE fund）。

* 私募基金讓被投資公司由兒童期進入青少年期

私募基金聚焦在被投資公司的公司成長中期，簡單的說，即公司股票上櫃前 3 年，這時公司大都即將或已經股票公開發行。私募基金著眼的便是公司「上櫃」（或上市，initial public offering, IPO）的資本利得。

三、共同基金

股票型共同基金最簡單的比喻便是 10 支以上上櫃（市）股票的投資組合（portfolio），跟股票上櫃一樣，須公開募集，且資訊必須透明。

㈠ **被投資公司必須是上櫃（市）公司：**投資在上櫃股票的好處有很多，公司財務透明、有行有市可買可賣。

㈡ **分散風險，持股 10 支股票以上：**共同基金最主要的功能便是「藉由分散持股，以替小額投資人分散風險」，所以單一基金（例如：基金規模破百億元的群益馬拉松基金）、單一公司（例如：台積電）須低於 10%，所以所有基金持股大都在 20 支股票以上。

臺灣股票型基金規模最大群益馬拉松基金持股明細

	公司	比率（%）		公司	比率（%）
1	台積電	8.79	6	聯發科	5.37
2	國巨	7.55	7	環球晶	4.28
3	台塑	7.39	8	國泰金控	4.14
4	中美晶	6.02	9	台燿	3.84
5	微晶	5.57	10	譜瑞 KY	3.81

時間：2018 年 3 月

圖　三種基金的投資規定

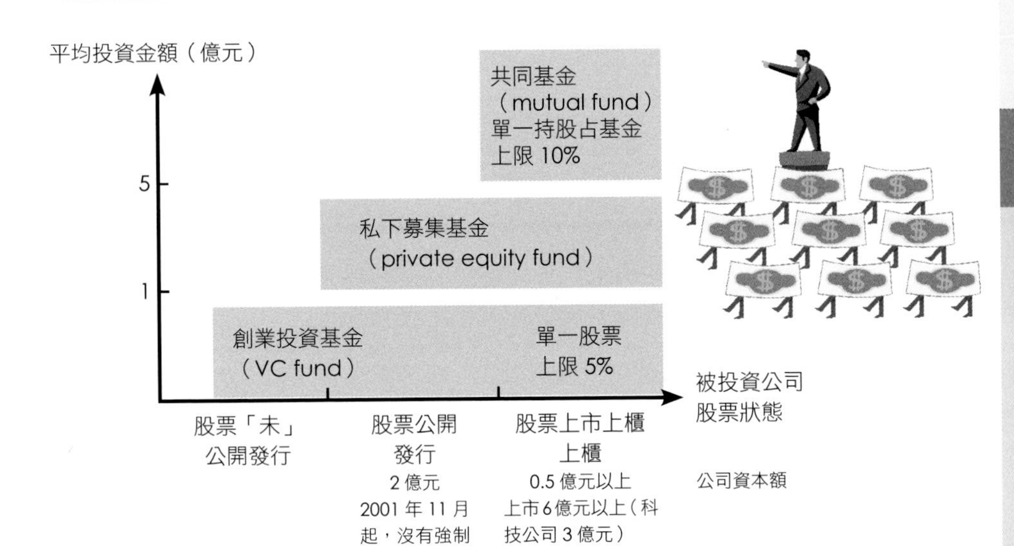

venture capital 相關名詞

- venture: 名詞，冒險
  vt: 冒險、大膽行事
- venture capital
  臺灣譯詞：創業投資，但此基金主要投資於公司成立第 3~5 年，天使投資人才是「創業投資」
  中國大陸：風險投資
- venture capatist
  創投（公司）人士，不宜直譯「風險資本家」，創投人士是拿投資人的錢「在冒險」
- venture capital firm
  創業投資公司，指管理創投基金的公司
- venture capital fund
  創投公司成立的投資基金（fund），以依基金契約投資

6-4 獨角獸公司I：定義與成功條件

許多田徑選手參加世界錦標賽，爭取進軍四年一度奧運的資格。在全球各國創業人士的里程碑可類比世錦賽，可能是成為「獨角獸」公司（unicorn）。由於這階段太重要，所以本書以3單元說明，臺灣的新創公司要能成為獨角獸公司，必須「立足中國大陸，放眼亞洲，胸懷全球」，中國大陸、印尼、印度等人口大國，內需市場夠大，大海大洋才能容得下鯨魚生存，詳見下表第2欄。

一、就近取譬說明獨角獸公司

許多專業觀念用生活經驗來舉例，就會得到筆者治學理念之一「專業（名詞）始終來自生活。」以創投人士俗稱的獨角獸公司的定義來說明如下。

㈠**小鮮肉**：在「韓流」的衝擊下，日韓臺等地吹起「哈韓」潮流，2004年起，日陸臺的影迷喜歡稱南韓男演員「歐巴」（oppa），本意是「哥」、「哥哥們」。2014年中國大陸女影迷把符合3條件（詳見右表一第1、2欄）的南韓男演員稱為「小鮮肉」，臺灣人沿用中國大陸用詞。

㈡**獨角獸公司**：用生活用詞來形容新創公司中的「中國大獨角獸」公司完全吻合。

二、估值10億美元中的估值

同樣的，在獨角獸公司3個條件中的積極條件是公司股票價值10億美元以上，陸港把「股票價值」稱為「估值」，筆者採取本地用詞「股票市值」（stock market value），以優步680億美元為例，計算方式詳見右頁「公司股票價值」小檔案。

三、成為獨角獸公司的必要和充分條件

表　成為獨角獸公司的必要和充分條件

生產因素市場：充分條件	商品市場：必要條件
一、資本 1. 中國大陸國務院證監會對生物科技、雲計算、人工智慧、高端製造四大新興行業獨角獸公司股票上市「即報即審」。 2. 深交所、上交所對獨角獸公司股票上市開設「綠色通道」。 二、技術 1. 高技術含量：例如雲端計算、人工智慧等。 2. 中低技術含量：大都在網路平臺上作些食衣住行的事。 三、企業家精神 中國大陸獨角獸公司創辦人人有近60%曾有多次創業和平臺成長經歷，而且大部分畢業於大陸名校（北京、清華大學）或有留學經歷。	一、全球市場 二、國內市場：陸、美、印度－大市場效果（home market effect） 時：1970年 地：澳大利亞墨爾本市 人：W. M. Corden 事：在一本書中首次提出大市場效果，有助於公司達到規模經濟。

表一　小鮮肉跟獨角獸公司每項條件吻合

項目	韓、陸劇中的小鮮肉	獨角獸公司
1. 時間	小：指年齡輕 ・12~25 歲 ・18~30 歲	「新」創： 公司創業 10 年內
2. 質	鮮：指感情單純	股票未上市
3. 價格	肉： ・陸稱「顏值高」 ・臺稱「英俊」	股票價值 陸港稱「估值」

知識維他命

獨角獸公司（unicorn）小檔案

・時：2013 年 11 月

・地：美國加州

・人：美國 TechCrunch 公司，一說牛仔創投（cowboy venture）公司創辦人 Aileen Lee 女士在部落格上文章，當時 39 家獨角獸公司，每年約增加 4 家。

・事：「獨角獸」在聖經舊約中曾出現此詞，希臘等地皆有此說法，有各種形體，較常見的是有長 1 根角的白馬，有許多醫療用途傳說。後來用於比喻「好的」、稀有的東西。

獨角獸公司是指成立 10 年內、「估計股票市值」（簡稱估值）10 億美元以上，且股票「未」上市。估值 100 億美元稱為 decacorn，「deca」是 10 的意思。根據市調機構 Venture Beat 的統計，在美國加州（尤其在舊金山市），其次在中國大陸，總值約 13,000 億美元。

公司股票價值（company valuation）

公司鑑價：這是當動詞，即評估公司的市場價值

公司股票價值：這當名詞

公司「估」值：這是中國大陸的用詞

例如：書名：斯蒂芬・H・佩因曼，財務報表分析與證券估值，機械工業出版社，2016 年元旦

例如：2016 年 1 月用優步第 8 輪現金增資的股價來作為「市價」

股價×股數＝公司股票價值

4.77 美元× 13.94 億股＝ 680 億美元

6-5 獨角獸公司 II：統計機構與狀況

全球經濟成長率以 2018 年為例，世界銀行說 3%、國際貨幣基金說 3.7%，後者往往高 0.5 個百分點以上。基本資料來自各國的國家統計局，一加工，會有這麼大差距。全球各行業、各金融統計的差異就「人言言殊」了，使用資料前，要判斷資料的來源，了解其編製原理，擇善而從。本單元說明全球獨角獸公司的統計資訊。

一、統計機構

由於獨角獸公司一半在美國（主要在加州），所以有關獨角獸公司的財務報表、估值等的常見市調、雜誌至少三家。

・CB Ins: ghts。

・Crunch Base, 這是由 TechCrunch 分析出來公司。

・Fortune。

・ 國際會計諮詢機構安侯建業（KPMG）的季度報告「創投脈搏」（Venture Pulse）。

二、2018 年情況

全球獨角獸公司的分布

分類	說明
1. 全球	共 252 家
2. 國家／地區	美國 113 家與中國大陸 62 家占家數 80%
	英國 13 家，印度 10 家
臺灣	尚未有

資料來源：CB Insights，2018 年 2 月。

表　獨角獸公司美國兩家的統計機構

公司	成立時間	地址	業務
CB Insights CB: chubby brain, 胖腦子 Insights: 洞見	2009 年創辦之一印裔美人桑瓦爾（Anand Sanwal）2016 年 2 月 24 日推出「獨角獸公司」，股票價值下跌追踪（down round tracker），創辦人之一雪利（Jonathan Sherry）。	美國紐約州紐約市，員工約 100 人。2013 年起，桑瓦爾每週 6 天負責電子郵寄「觀察文」，這種數據部落格在美國很受歡迎。	1.創業投資公司的資料庫。 2.有自行開發軟體預測技術趨勢，例如：2017 年 1 月 11 日推出人工智慧 100 強公司。2017 年 6 月 29 日推出金融科技 250 強公司。每份產業報告售價 4 萬美元起。
投資定位書資料公司 Pitch Book Data Company 公司	2007 年 3 月由 John Gabbet 創立，2016 年 10 月由晨星公司以 2.25 億美元收購。	在美國華盛頓州西雅圖市，員工人數 600 人，2015 年度營收約 3,100萬美元。	提供創投、私募股權、公司收購和合併的交易資料。

資料來源：部分整理自《數位時代》，2016 年 8 月 15 日，源自美國《好奇心日報》

TechCrunch 小檔案

- 成立：2005 年
- 住址：美國加州舊金山市
- 創辦人：麥克 ‧ 阿靈頓（Michael Arrington）
- 業務：新創公司、新創科技的新聞、分析的「雜誌」（Web 2.0 部落格方式），2006 年 6 月 11 日推出
- 子公司：Crunch Base

6-6 獨角獸公司 III：中國大陸狀況

臺灣的政府、媒體 2017 年提出一個「大哉問」，為何臺灣無法誕生一隻「獨角獸」。本單元說明獨角獸公司發展過程（表一），再說明國家分布（表二）。

一、獨角獸公司的發育進程

用動物的發育過程來看「獨角獸公司」，由表一可見，約有 0.3% 公司花 6 年晉級獨角獸，這跟「含金量」的專利只占全球專利數 0.3%（俗稱千分之三）一樣。

二、特寫：中國大陸情況

中國新聞網報導，獨角獸公司被視為新經濟發展的一個重要風向指標，代表著科技轉化為市場應用的活躍程度，它們主要出現在高科技領域，「互聯網」（臺灣稱網際網路）領域尤為活耀。

時：2018 年 3 月 23 日

地：北京市

人：中國大陸科技部

事：公布〈2017 獨角獸企業發展報告〉，詳見下表。

項目	說明
1. 行業	分布於 18 個行業，其中有 56% 的企業集中於電子商務、互聯網金融（占 25.4%，臺灣稱網路金融）、健康、文化娛樂和物流領域。
2. 地區	北京市、上海市與浙江省杭州市、廣東省深圳市占 84%。
3. 公司本身	由平臺型企業（主要是百度、阿里巴巴、騰訊、英文簡稱 BAT）育成或投資產生，例如：騰訊布局美國點評、自如、滴滴出行、威馬汽車、鬥魚、猿輔導、陸金所等企業。
小計	164 家，總市值 6,284 億美元，平均值 38.3 億美元。

三、馬榮的評論

㈠ **想賺快錢：**獨角獸公司主要是平臺服務上（電子商務、交通、網路金融、物流等），技術程度低（俗稱枯萎技術、拓展普遍程度低）。主要是把平臺搭建起來，重點在於後續營運銷售。

㈡ **資本市場不重視慢錢：**人工智慧、新能源汽車、雲端計算、醫療科技、物聯網感測器開發等技術程度高的公司，公司研發期長、較長期間才能獲利，但中國大陸只有 6 家人工智慧的獨角獸公司。（摘自馬榮「中國獨角獸公司爆發，但行業構成令人擔憂」，中國新聞，2018 年 4 月 16 日）

表一　獨角獸公司發展過程

項目	第 0~6 年	第 7~13 年	第 14 年
投入	1. 至少須募資 9,500 萬美元 2.「準」獨角獸公司股票市值 5~10 億美元	成為獨角獸公司，但「估計市值」往往是紙上富貴，稱為「紙上獨角獸公司」（paper unicorns）	產出 1. 被收購或合併 2. 股票上市，例如 美：臉書 陸：阿里巴巴、螞蟻金服、小米 3. 萎縮
市調機構的說法	CB Insights 統計，要想想成長為獨角獸公司平均需花費 6 年	TechCrunch 公司統計，紙上獨角獸公司平均花 7 年才「落袋為安」（套現）	

表二　全球前 10 大獨角獸排名

排名	股票價值	國家	公司	行業
1	680	美	優步（Uber）	線上叫車平臺
2	500	陸	滴滴出行（Didi Chuxing）	同上，2016 年收購中國大陸優步
3	460	陸	小米	硬體研發（2018 年香港上市）
4	293	美	Airbnb	房屋出租平臺
5	212	美	SpaceX	航太運輸業
6	200	美	Palantir Technologies	大數據公司、資料分析技術
7	200	美	WeWork	共享辦公室
8	185	陸	美國大眾點評	本地生活
9	80	陸	今日頭條	文化娛樂
10	123	美	Pinterest	

資料來源：勤業眾聯合會計師事務所，2017.11.22

＊註：螞蟻金服排第二，600 億美元。

6-7 美陸臺創業投資業狀況

表一　美陸臺創業投資業狀況

項目	臺灣	中國大陸	美國 ***
一、投入	2017 年 8 月資料	2016 年 *	2018 年資料
(一) 家數	252 家	2,045 家	2,460（其中創投 1,562，管理公司 888）
(二) 總資金	1,448 億元	人民幣 8,277 億元 占總產值 1.11%	3,330 億美元 占總產值 1.93%
(三) 新募	2015 年資料		2017 年資料
1. 基金數		895 支 **	209 支
2. 基金規模	104.5 億元	人民幣 34,787 億元	324 億美元 （2016 年 511 億美元）
二、投資	2015 年		2017 年
(一) 件數	354 件	4,822 件	8,087 件
(二) 金額	1,22.4 億元 （高點在 2011 年 707 件、182.2 億）	人民幣 2,020 億元 網際網路 406 生物科技／健康 336 資訊 275 電信及加值業務 148 金融 131 五大占 65%	842 億美元 2017 年 軟體 38% 製藥與生技 15% 健康醫療器材 6% 商業服務 5%
三、進場		1,384 件，主要是新股上市	787 件，525 億美元

資料來源：* 中國創業風險投資發展報告，2017.11.1
** 中國大陸清科研究中心
*** 創業投資趨勢觀測系列，〈圖解 2017 年美國創投市場趨勢〉

表二　創業投資公司的分類

大分類	中分類	舉例說明
一、策略投資人（strategic investors）	(一)高科技公司設立 (二)傳統公司設立	詳見 Unit 6-8
二、財務投資人（financial investors）	(一)金融業 1. 金融控股公司旗下 2. 證券公司旗下	俗稱公司創投（corporate VC）

中國大陸最大風險創業投資公司小檔案

時：2016 年 8 月 18 日
地：中國大陸廣東省深圳市前海區
人：國務院直屬特設機構資產監督管理委員會（簡稱國資委）
事：成立中國國有資本風險投資基金

- 出資股東：中國國新控股公司（國資委旗下二家國家資本投資公司，另一是誠通集團）、中國郵政儲蓄銀行、廣東省深圳市投資控公司。
- 目的：貫徹「創新驅動（經濟成長）政策，投資於技術創新、產業升級的公司。
- 2014 年 7 月起，先由中糧集團、國家開發投資公司試點。

中國大陸	美國
科技業（過度集中，恐泡沫化）	集中於軟體、健康醫療產業
獨角獸公司數量飆升	投資回升，金額創新高。

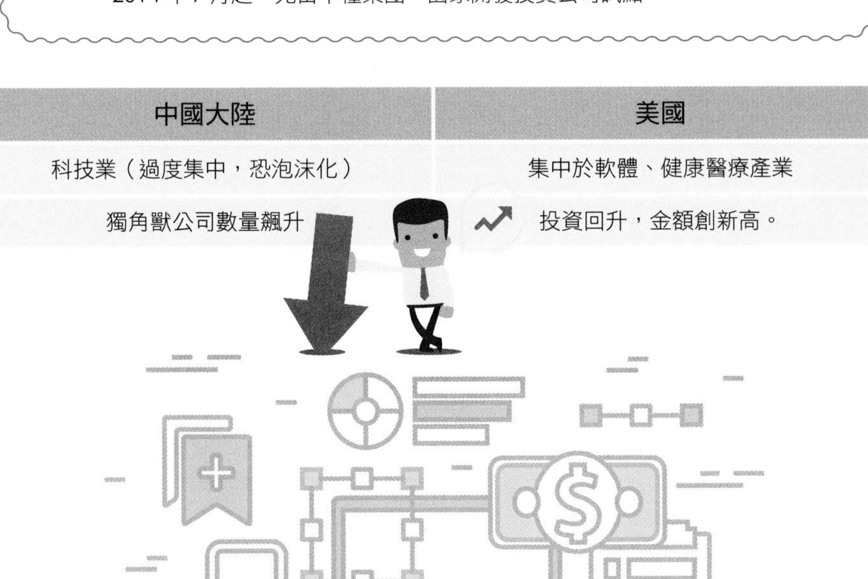

6-8 高科技公司成立創業投資公司

表一 美國FAANG中兩家公司的投資

項目	亞馬遜公司	谷歌公司
時	1998年起，公司成立於1994年	2009年
地	美國華盛頓州西雅圖市	美國加州山景市
人	亞馬遜公司	字母公司旗下谷歌
事	進行100件以上的投資和公司收購併購案，金額90億美元以上，分為二部分： 1. 本業：消費型商務、雲端運算、支付、物流等。 2. 本業以外：通訊等。	成立谷歌創投公司 在美國加州、波士頓市紐約市紐約州、華盛頓州西雅圖市 每年投資1億美元 投資對象與金額：種子階段公司10萬美元、成長期數百萬美元

表二 中國大陸三大網路平臺公司BAT的創投公司

項目	百度（Baidu）	阿里巴巴（Alibaba）	騰訊（Tencent）
時	2016年9, 10月	2008年	2011年
地	北京市	浙江省杭州市	廣東省深圳市
人	百度	阿里巴巴集團控股公司	騰訊控股公司
事	9月成立百度創投公司（Baidu Venture）投資於人工智慧、虛擬實境等公司。 10月成立百度資本公司（Baidu capital）針對網路公司在成長期投資。	成立阿里資本（Alibaba Capital Partners）公司，這是阿里巴巴集團公司的「投資手臂」。 另2015年11月成立阿里巴巴臺灣創業者基金。	投資手機運用（例如：手機遊戲、App）、通訊（以強化QQ等）、電子商務（商流、資金流）公司，例如：2014年初，投資大眾點評，持股20%。

表三　日本高科技公司成立創投公司

項目	松下	索尼
一、成立地點	2017 年 4 月 美國加州矽谷庫帕提諾市	2016 年
二、目標	取得新創公司，進而取得技術點點子。如果能與投資標的建立信賴關係，最終希望能納入松下旗下，並予以培養茁壯。	從被投資公司，了解大環境變化趨勢。「商業環境日趨複雜，需要一邊俯瞰集團不足的部分、一邊找尋投資標的，」負責中長期事業的執行董事御供俊元說。
三、組織	松下創投公司（Panasonic Capital）	索尼創新基金（Sony Innovation Fund）
四、金額 （一）資本額	1 億美元	－
（二）投資案金額	松下對每一個投資案都只投資 2 億到 3 億日圓，投資報酬也只要股息，或出售持股的資本利得。若對方不期待發揮綜合成效，松下總部也不會強求進一步的合作。	索尼的投資目標是認為今後有潛力的產業，例如：關鍵技術和服務的研發。其中人工智慧（AI）和機器人等，是相當競爭的領域。

資料來源：整理自《商業周刊》1549 期，2017 年 7 月，第 66、68 頁。

表四　臺灣高科技公司成立創投公司

項目	鴻海精密	華碩
一、成立	1996 年 9 月 6 日	2017 年 9 月 14 日
二、目標	以鴻海本業相關的中大型公司為投資對象，例如：2014 年 10 月 16 日，鴻揚、源佰科技宣布投資和沛科技（翟本喬創立）	策略投資有意進軍亞洲市場的矽谷新創公司，除財務投資，提供諮詢協助和製造的支援等，並分享通路夥伴，幫助歐美新創團隊的產品與服務能在亞洲市場落地，而華碩則有機會接觸矽谷頂尖技術，形成雙贏。
三、組織	鴻揚創業投資公司	瞄準矽谷新創企業，委託美國創投公司菲諾克斯（Fenox）負責管理。
四、金額 （一）資本額	92.64 億元	5,000 萬美元
（二）其他	公司設在新北市新店區	菲諾克斯矽谷知名創投公司，2011 年成立，創辦人暨執行長 Anis Uzzaman 曾出版《新創聖經》一書，介紹矽谷的創業指南，公司在美國、日本、南韓、印尼等八個國家設有據點，幫助新創公司在北美、亞洲、中東和歐洲實現全球擴張。

資料來源：整理自《經濟日報》，2017 年 9 月 15 日，A5 版，曾仁凱。

6-9 全球（美陸臺）創投公司

以 2017 年例，（runchBase 與 startup Genomp）報告的數據顯示，2017 年全球創投基金投資 1,700 億美元至 3,360 億美元，創 20 年新高。

一、美國創投業狀況

- 時：2018 年 2 月 20 日
- 地：美國加州
- 人：市調公司 PitchBook 與美國創業投資協會
- 事：公布美國創投業觀測報告（Venture Monitor）相關資料。

二、中國大陸風險投業狀況

- 時：2017 年 10 月
- 地：中國大陸北京市
- 人：張俊芳、張明喜，中國科技發展戰略研究副研究員
- 事：在《全球科技經濟瞭望》月刊上，發表〈2016 年中國創業風險投資發展態勢與思考〉一文，其中在表一可見創投基金「退場」報酬率。2016 年近 30%，這是因為被投資公司被併購或股票上市，創投基金只好於售股時結算報酬率。

三、臺灣的創業投資公司

㈠ **行業狀況：**2017 年由於許多法令激勵，金融業旗下創投公司資本額占全行業 27.5%，保險業、證券業居大宗。

㈡ **投資狀況：**以 2017 年為例，早期投資（公司剛成立、一年以下的種子期，到三年以下的創建期等）占當年投資金額 30%，是較少現象。至於創投公司每年「投資金額」2007 年 200 億元，是歷史高點，之後下跌，2017 年約 120 億元，每案平均投資金額 4,000 萬元。

㈢ **最想獲得哪家創投公司青睞？**依序紅杉創投（17.7%）、之初創投（5%）、500 啟動（4.8%）、心元資本（3.9%）、中華開發創投（3.9%）。其他詳見表二。

$ $ $ $ $ $ $ $

表一　中國大陸創業投資公司退場報酬率（%）

年	2010	2011	2012	2013	2014	2015	2016
報酬率	37.82	45.62	44.01	13.85	23.46	32.39	29.69

資料來源：創業投資公會

表二　臺灣創業投資公司的投資人評分

排名	友善程度	專業程度	資金實力	提供附加價值	國際化程度
1	華遠匯資本	紅杉資本	同左	Infinity 創投夥伴	500 Startups
2	大亞創投	500 Startups	中華開發	華遠匯	紅杉資本
3	達盈管理顧問	華遠匯	美商中經合	500 Startups	Infinity 創投夥伴
4	交大天使俱樂部	Cyber Agent 創投	同左	紅杉資本	美商中經合
5	心元資本	同左	華威創投	美商中經合	心元資本

資料來源：《數位時代》，2016.11.18，郭芝蓉。

圖　中國大陸創投發展概況

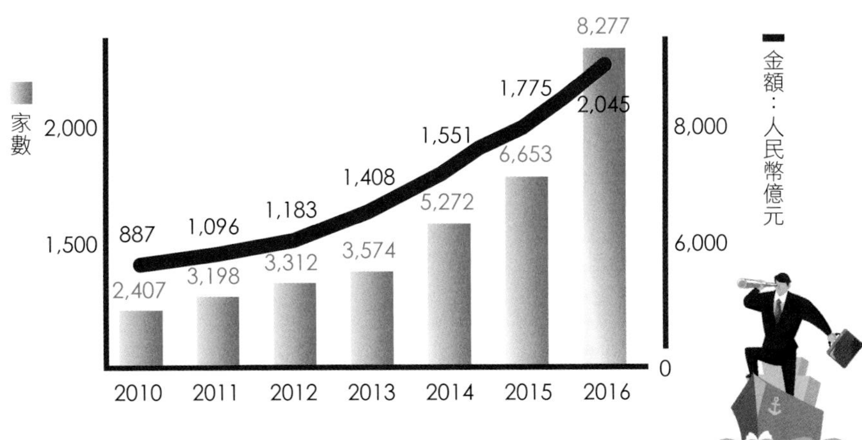

資料來源：歷年《創投脈博》報告。

中國創業風險投資發展報告，主要由科技部、中國科學技術發展戰略研究院編印，147 位人員統計。

MEMO

第 7 章
如何向投資公司募資

7-1 募資說明書必要架構

公司對外的募資說明書（prospect）因內容有未來 5 年預估財務報表（損益表、現金流量表、資產負債表、業主權益變動表），所以在公司股票上市前，大都由公司財務經理負責編製。在上櫃公司時，募資說明書可能由證券公司（承銷商）負責。

一、你給我 5 分鐘，便可弄懂募資說明書

右表綱舉目張的把公司「募資說明書」架構一目了然列出。它包括兩大項。

㈠**營運計畫書**（business plan）：一般公司每年 11 月，產品經理向事業部主管、事業部主管向總經理提報次年的營運計畫書；總經理向董事會提報各事業部的預估營收、淨利。上櫃公司董事會對外自願揭露。由表可見營運計畫書的基本架構，包括四項「可行性分析」（feasibility analysis），涵蓋大學企管系 4 個課程。比較快進入狀況是看三家公司的報告，或是看拙著《服務業管理個案分析》（三版）（全華圖書公司，2018 年 10 月）。

㈡**營運計畫書＋兩項＝募資說明書**。營運計畫書再加上跟投資人權益有關的 2 項即是「募資說明書」。公司內部本來就應該有營運計畫書，再多 2 頁便可成為募資說明書。

二、15 頁即可

由於公司內外部人士時間、耐性有限，以募資說明書來說，建議 15 頁即可，表第一欄各項目皆有本書建議頁數。

㈠**先講結論**：外資證券公司對台積電等「公司報告」（company report）或「投資報告」（investment report, 陸稱投資價值分析報告）的第一句話大抵是「買進，未來一年投資價位 300 元」（buy）。同樣的，任何對外報告（例如：募資說明書）先講結論（例如：投資人 10 年還本）。

㈡**8 分鐘簡報，7 分鐘 Q&A**：公司在對外募資的簡報，依據業務行銷的時間分配，只須口頭報告 8 分鐘，跟投資人問答（Q&A）7 分鐘，這部分可在 15 頁報告之外，額外準備投影片（主要是放在 15 頁報告後的附錄，例如：樂觀、悲觀情況預估 5 年損益表）。

為什麼天使投資人不投資？（Why business angels do not invest?）

時：2018 年 1 月 26 日

地：比利時布魯塞爾市

人：歐洲創業天使網路協會（EBAN），50 國有 150 個組織參加，約 30,000 位天使投資人。

事：在 2016~2017 年在歐洲各地舉辦的投資人訓練課程中所作的問卷調查，不投資前 2 名（失敗風險太高－占 87.5%、股價太高－ 55.1%），其他項目在 11% 以下。

表　募資說明書的必要架構

公司內外	內　容
一、對外部：公司董事會	例如：募資說明書，包括營運計畫書，額外加上第一欄前2項。
(一)現金增資的理由（1頁）	1. 未來5年現金流量表：說明公司為何須要資金、須要多少資金。 2. 其他。
(二)對投資人的報酬（1頁）	從下述5年預估損益表，可回答二個問題。 1. 還本期間：例如8～12年。 2. 平均算術投資報酬率：例如10～12.5%，有些人會用複利報酬率。
(三)對投資人的保障，這是認股協議中載明（1頁）	1. 股票未能上櫃時的股票購回條款。 2. 公司現金增資時，創投基金持股權益保護條款。 3. 其他。
二、公司內部：事業部主管對總經理	稱為營運計畫書（business plan），有人簡稱BP，但本書不如此做。在醫院中的BP是量血壓，在英國BP是指英國石油公司
(一)市場可行性（market feasibility）（3頁）	伍忠賢版「實用SWOT分析」，《策略管理》，三民書局，2002年6月，第313頁，圖10-4。 ・商機（opportunity）：市場潛量，即未來5年產值。 ・威脅（threat）：替代品。 ・優勢（strength）與劣勢（weakness）：這可算出公司產品市占率。例如： 2019年市場商機X公司市占率＝公司預估營收 100億元X 10% ＝ 10億元
(二)行銷策略（market strategy）（3頁）	1. 市場區隔與定位（market segmentation and positioning） 2. 行銷組合（marketing mix或4Ps）
(三)生產可行性（production feasibility）（2頁）	1. 公司總經理：學經歷 2. 公司價值鏈中的核心功能 研發主管：學經歷 技術主管：學經歷 業務主管：學經歷
(四)財務可行性（financial feasibility）	1. 未來5年損益表 2. 未來5年資產負債表

7-2 電梯簡報版的募資說明書

美國電影喜歡播出音樂人士（創業人士）會想方設法把「示範帶」（Demo，詳見右表內下半部）交到唱片公司董事長（或知名製作人）手上，以提高自己創作歌曲被青睞的機會。許多作曲者、歌手都必須經過這一關，可說「一曲（示範帶往往沒有歌詞，只有鋼琴等演奏）定終身」。同樣的，當你想提高公司籌募說明會「被看到的機率」，前面單元 15 頁可能太長了，於是 2010 年起，有些創投人士運用電梯簡報（elevator pitch）的技巧與募資說明書，詳見表。本書稱為「電梯簡報版募資說明書」（elevator pitch prospect）。

一、募資說明書必要架構的基本款

以汽車的配備來舉例說明，許多汽車同一車型有數個車款，從入門款到全部配備的頂級規格。

- 全面配備＝募資說明書必要架構
- 入門款配備＝電梯簡報版的募資說明書

二、產品很有說服力

大部分的公司都有實體商品或服務，「百聞不如一見」（Seeing is believing.），要有具體產品原型的呈現，說服力會很強。如果不方便給產品原型，那麼用手機拍個「產品展示影片」也很必要。

《創業投資聖經》一書小檔案

時：2016 年 9 月 7 日
地：臺灣
人：費爾德（Brad Feld）和孟德森（Jason Mendelson），野人出版社。
事；兩位美國創投公司創辦人、常務董事，以創投公司的經驗，教你如何跟創投公司打交道。

電梯簡報小檔案

- 英文：elevator pitch 和 elevator speech
- 中文：電梯簡報或電梯演講，pitch 指推銷用語
- 時：2017 年 7 月 6 日
- 地：美國
- 人：Martin Luenendonk，Road to Funding 公司總裁
- 事：在《Inside》雜誌《創業募資簡報指南》一書中的一篇文章〈如何撰寫殺手級電梯簡報〉。
- 電梯簡報所需時間：一分鐘內。

表　募資說明書的必要架構——電梯簡報

<table>
<tr><th>公司內外</th><th colspan="3">電梯簡報（* 是原文）</th></tr>
<tr><td colspan="4">一、對外部人士</td></tr>
<tr><td>(一) 現金增資的理由</td><td colspan="3">—</td></tr>
<tr><td>(二) 對投資人的報酬</td><td colspan="3">*How will I benefit investing in your business?</td></tr>
<tr><td colspan="4">二、公司內部</td></tr>
<tr><td>(一) 市場可行性分析</td><td colspan="3">1. 行業的產品／服務（*What do you do?）
2. 優劣勢分析（*What makes you better than others doing it?）</td></tr>
<tr><td>(二) 行銷策略</td><td colspan="3">1. 市場定位（*For whom are you doing it?）
2. 行銷組合中的商品策略（the value proposition）
好的點子要能解決問題；好的產品要能創造價值。</td></tr>
<tr><td>(三) 生產可能性
</td><td colspan="3">經營、管理階層能力（*who are you?）
這有下列補充，即「背後的魔術」（underlying magic），須提供：
1. 產品技術
2. 產品原型（prototype）或最低可見產品（minimum viable product）</td></tr>
<tr><td></td><td>產品
Product</td><td>展示
Demo
（demonstration）

本意：示範、展示
在音樂指試聽帶、示範帶、樣本唱法、樣本歌曲</td><td>影片
Video
電視、錄像、視頻</td></tr>
</table>

7-3 美國紅杉資本公司如何評估投資

上一單元是本書所提的募資說明書的「萬用版」，你上網可以搜尋到許多「創投公司和人士」的投資案審核項目，像汽車出車款的性能比較表針對「有的」打〇等。本單元以全球數一數二的美國加州紅杉資本公司的投資審核要點，印證本書所提募資說明書的正確。

一、資本認證

紅杉資本投資的及格門檻較高，確定被投資公司會賺錢才投資，這跟手機元件／模組公司獲得美國蘋果公司的認證一樣，再找其他投資公司投資就容易了。

二、點石成金

紅杉資本投資獨角獸公司的紀錄在全球創投公司中排前 5 名，這代表紅杉資本投資的公司有較高機率成為獨角獸公司，所以公司股價會較高。

美國紅杉資本公司（Sequoia Capital）小檔案

- 時：1972 年，加州紅杉是世界上的高植物之一，可長到 115 公尺高。
- 地：美國加州矽谷門洛公園市（Menlo Park）沙丘路
- 人：創辦人唐 · 瓦倫坦（Don Valentine, 1932~）有「矽谷創業投資教父」之稱
- 事：號稱全球最大創投公司，旗下有 18 支基金，基金規模 40 億美元，
  1. 有名子公司
     - 2006 年，印度紅杉資本，這是 2006 年收購印度創投公司並改名。
     - 2005 年 9 月，跟中國大陸張帆、沈南鵬，合資創立紅杉資本中國大陸基金。
  2. 著名投資案
     - 蘋果公司；
     - 思科、甲骨文；
     - 雅虎、谷歌、貝寶。以谷歌為例，投資 1,250 萬美元，賺 50 億美元。
  3. 投資 500 家公司，其中 20 家股票上市，100 多家被購併。

「站在風口上，連豬也會飛」小檔案

- 時：2015年2月13日，首次提出。2015年6月2日，SOHO中國舉辦的「潘談會」（註：潘指 SOHO 中國董事長潘石屹）
- 人：雷軍，小米公司董事長
- 事：俗稱「飛豬理論」（flying pig theory），來比喻創業成功。這是「時勢造英雄」的新解，但仍需「英雄」的努力，重點是「關鍵在於花足夠時間研究風向、研究風口」

表 美國紅杉資本公司的審核投資案二重點

紅杉資本公司	審核被投資公司的「**80:20**」原則
一、唐 ・ 瓦倫坦的工作經歷 1959 年起，他在矽谷的飛捷（Fair child 或仙童）國家半導體公司（任期 1967~ 1972 年）擔任業務部經理，在後者任職時，因公司小，必須精挑細選客戶，這訓練他產業分析的能力。 **二、科技是漸進的** 紅杉資本的員工具有下列特質： 1. 不因市場波動而改變投資基本原則 2. 保持好奇心 3. 保持危機意識，別犯太多錯誤，並認識到什麼是我不懂的 4. 勤奮 以莫理茲（Michael Moritz, 1954~, 1982 年加入紅杉資本，後來出任董事長，迄 2012 年 5 月因病卸任）來說：「我們是一群人，非常、非常勤奮的工作，以試圖確定我們投資的下一家小公司能夠變成偉大公司。」 5. 在長期，形成合夥人間的默契和共同進步（這是組織能力）。紅杉資本中國大陸的執行合夥人沈南鵬說：「每個投資決策都是本公司的共同決策，要是投資錯了，所有參與的人皆須負責。」這些特質別家公司很難長期落實。	**一、行業前景（占 80%）** 唐 ・ 瓦倫坦的投資準則，我們白話的說：「投資於時勢下造的英雄，因為這是水到渠成；不要投資於想造時勢的英雄。」詳見左頁小檔案。 「站在風口上，連豬也會飛。」原始說法：「投資於一家有著巨大市場需求的公司，要好過投資於需要創造市場需求的公司。」俗稱「下賭注於賽道」，而不是「賽車手」。另一原因是天才創業人士（例如：蘋果公司創辦人賈伯斯）很少見。 **二、公司因素（占 20%）** 1. 活著才能成長 2006 年 9 月 12 日，在中國大陸演講時，莫理茲說：「衡量新創公司是否成功的標準只有一個：公司活下去。而投資人是否成功的標準，在於出最大努力去幫助新創公司活下去。」 以 2016 年 8 月 5 日在「臺讀」元浦說文的一篇文章，沈南鵬說：「從今以後這 4 類人，我不再投資。」 ・不會訂策略的執行長（董事長或總裁） ・不懂產品的執行長 ・不會管理的（因為空降高階主管的失敗率高） ・不懂財務報表的 2. 紅杉資本重視公司的經營團隊，尤其是經營、管理團隊中彼此互補，例如：谷歌創辦人拉里 ・ 佩奇（Larry Page）喜歡問「為什麼」，布林（Sergey Brin）喜歡「執行」等。 3. 紅杉資本比較喜歡投資「屢敗屢戰」的創業人士，屢敗屢戰的創業人士比較會反省，避免二錯。「一帆風順」的創業人士比較「傲慢」，容易陷入個人主義（或一言堂），而忽略大趨勢、時機、其他人和運氣。

資料來源：中國大陸 MBA 智庫百科「紅杉資本公司」。

7-4 營運計畫書的基本：預估五年損益表

公司募資說明書主要是針對「財務投資人」（financial investors），這些人大都「唯利是圖」，所以募資說明書的第一段摘要便是：「本公司值得投資，8 年還本（或平均年權益報酬率 12.5%），公司預估 5 年損益表最能回答上述結論。

一、假設對了，再往下看

預估公司損益表的關鍵在於預估營收，這來自實用的 SWOT 分析。

三種情況，以可能情況為基調：未來經營環境中的「機會威脅分析」（opportunity threat analysis）主要是求得表一中的產業產值，這分成三種情況（situation 或情境 scenario），詳見表一。

二、預估 5 年損益表

預估營收金額便可依據成本率、費用率比率填入各項成本、費用，重點在「每股盈餘」（earnings per share, EPS）。由每股盈餘乘上本益比可得到股價。

㈠ **比簡式損益表多幾個科目：**公司預估損益表把「營業成本」三個科目「原料、直接人工和製造費用」詳細列出（詳見表二）。由此可判斷原料成本率的高低（跟其他公司比較，可判斷是否合理）。

㈡ **5 年：**如同颱風的路徑圖，大部分會以現在位置，列出未來 5 天的走勢圖，預測區間愈來愈大，超過 5 天很難預測。同樣的，一家新成立公司（加上新產品）的前景「能見度」大約 5 年。

三、投資人要求的權益報酬率

㈠ **必要權益報酬率：**大陸稱「最低資本回報率」，這是指投資人「出資」認股的最低報酬率，及格標準常是：

$$R_e = R_f + 7\%$$

以美國來說

R_f: risk-free rate, 美國 10 年期政府公債殖利率，2018 年約 3.2%。

㈡ **財務投資人很務實：**財務投資人面臨很多選擇，未上市公司的權益報酬率必須在 10% 以上，才有機會跟創投基金經理「面談」，否則募資說明書會「石沉大海」。

表一　編製預估損益表所根據的3大假設

情況	(1) 產業產值（億元）	(2) 公司市占率	(3)=(1)x(2) 公司營收
1. 樂觀情況（optimistic situation）	120	12%	14.4
2. 可能情況（possible situation）	100	10%	10
3. 悲觀情況（pessimistic situation）	80	8%	64

* 可能情況常稱為「基準線」（base line）。在公司年度預算編制時稱為「基線預算」（baseline budget 或 budgeting）

表二　預估五年損益表

單位：萬元

損益表	2019	2020	2021	2022	2023
營收	400	800	1,200	2,000	4,000
・A 產品	400	600	800	1,200	2,400
・B 產品	—	200	400	800	1,600
－營業成本					
・原料	100	200	500		
・直接人工					
・製造費用					
＝毛利					
－營業費用					
・研發費用					
・管理費用					
・行銷費用					
＝稅前淨利	—				
－所得稅費用	—				
＝稅後淨利 (1)	-100	-50	200	400	1,000
(2) 股數（萬股）	10	40	200	200	200
(3)=(1)/(2) 每股盈餘	-10	-1.25	1	2	5

7-5 經營方式

許多創投人士等強調公司經營方式（business model, 俗譯經營模式）的重要性，本書認為經營方式太「玄而又玄」，本質上只是「行銷策略」的美麗包裝罷了。

一、本書作者不採納「經營方式」一詞

行銷學者認為行銷業務管理系統（marketing and sales management system）的第一個模組，也是最重要的地基，是經營方式、是「公司創造價值的方式」，本書認為「價值」就是產品效益帶來營收。

㈠本書認為營收只有 2 個來源

以網路服務公司（例如：谷歌）來說，公司營收來源只有 2 個來源：營運公司、消費者付費，沒付費就沒有營收，只有公益組織才會不收費。

㈡對消費者的收費只有「出售」、「出租」兩種

公司對消費者的收入只有兩種情況，以腳踏車來說：

・巨大機械公司的「捷安特」一輛 9,000 元賣給腳踏車店，再以 10,000 元賣給消費者。

・共享單車公司（YouBike、oBike）採取出租方式向消費者收租金。

二、如果硬要討論經營方式

㈠本書一貫之的分析架構

碰到公司經營，本書一以貫之的分析架構詳見右表。

㈡經營方式 A3 紙報告

1990 年代，日本豐田汽車公司要求所有員工在提報時，皆限於 A3 影印紙大小，所以俗稱「A3 紙報告」（A3 report），內容也固定，主要是問題解決程序（例如：魚骨圖）。同樣的，你上網可看到臺灣著名創投公司的經營方式 A3 紙報告。你用本單元的表，懂的人更多。

全球創業精神暨發展指數（Global Entrepreneurship Index, GEI）

時：2017 年 11 月
地：美國首都華盛頓特區
人：「全球創業精神暨發展機構」（GEDI），2011 年起編製上述指數。
事：對象－ 137 個國家地區（例如香港）

三大類	14 中類
1. 創業企圖心	5 項－產品創新、流程創新、高成長、國際化與創業投資公司資金
2. 創業能力	4 項－機會型創業、技術吸收、人力資產、競爭優勢
3. 創業態度	5 項－機會認知、創業技能、風險承擔、網路連結、文化支持

表一　常見的經營方式

投入：生產因素市場	轉換	產出：商品市場
自然資源、勞工、資本技術結構、企業家精神	三價值結構：組織結構四價值網路：外部價值網路 供貨公司等生產因素來源零售公司買方，內部價值網路，例如：公司接單後設計、生產、出貨。	1.產品服務 價值提案在行銷學中稱為產品效益 2.價值財務 透過資訊流告訴買方效益值與成本，對公司賣方來說，可推估定價營收。

表二　常見的美日公司經營方式典範公司

項目	1950 年代	1960 年代	1970 年代	1980 年代	1990 年代
食	麥當勞	沃爾瑪 量販店		住：家得寶 （Home Deport）	星巴克 電子灣、亞
行	日本： 豐田汽車		聯邦快遞	英特爾	馬遜 西南航空
樂			玩具反斗城	戴爾電腦	網飛

經營方式與營運計畫書小檔案（business model）

- 時：1950 年代，1990 年代走紅
- 地：美國
- 人：Mutaz M. Al-Debei 等 3 人（2008）在美國「Americas Conference on Information Systems」（AMCIS）會議上，發表《在數位事業的新世界定義經營方式》，11 頁的論文，引用次數很高。
- 事：是事業部策略（business strategy）的一部分，主要有三：
  1. 商品／服務（簡稱商品）對顧客的效益，俗稱商品「價值主張」（value proposition）
  2. 行銷策略：市場定位與行銷組合（4Ps）
  3. 收入模型（revenue model）：例如用谷歌試算表（Google Sheet）表示

7-6 創投公司、私募基金被獨角獸公司詐騙

表一　美國兩家詐欺的獨角獸公司基本資料

項目	治療諾公司	漢普頓溪食品公司
公司名稱	Theranos=therapy+diagnosis	漢普頓溪食品（Hampton Creek Foods）
一、成立	2003 年 2 月 3 日	2011 年 12 月 10 日
二、地址	美國加州帕爾奧圖市	美國加州舊金山市
三、創辦人	伊麗莎白・荷姆斯（Elizabeth Holmes, 1984~）美國史丹佛大學肄業（19 歲輟學創業） 2015 年 4 月美國最傑出人士獎得主中最年輕的，有「賈伯斯第二之稱」	泰崔克（Josh Tetrick, 1980~, 美國密西根大學法律學士）、Josh Balk
四、技術與商品 (一) 技術	「愛迪生」（Edison）驗血儀器，靠一、兩滴血可檢驗 10 多種疾病	2013 年發明的人造蛋黃醬在全食食品超市（Whole Foods）上市。標榜無蛋、不殺生、無基改黃豆，口感與味道幾乎跟雞蛋無異。
(二) 宣稱效益	在維生素 D、甲狀腺激素和前列腺癌的檢驗又快又省錢	Just Mayo 發明人泰崔克以植物成分做出全素美乃滋，號稱每瓶 0.933 公斤美乃滋可省下 168 公斤的水。
五、著名投資人	2011 年喬治・舒茲（Jeorge Schultz），尼克森總統的財政部長，擔任過雷根政府國務卿。1989 年獲得雷根總統親頒平民最高榮譽自由勳章，成為公司董事。前國務卿季辛吉以及胡佛研究所的幾位資深政壇同僚（包括前國防部長 William Perry），都先後加入董事會。背景如此雄厚的董事會陣容，賦予公司在募資與研發上所需的權勢與人脈。募資 40 億美元，股票價值 90 億美元。	2014 年初，他向天使投資人誇口，人造蛋黃醬不但同年可創造 1,300 萬美元營收，而且毛利率可望從 15% 激增至 41%。《富比世雜誌》稱「摧毀雞蛋產業的革命者」。股東名單上可見全球首富比爾蓋茲、香港首富李嘉誠等人。2014 年 2 月募資 12 億美元。

資料來源：整理自《經濟日報》，2016 年 11 月 28 日，A9 版，劉雯。

表二　美國兩家詐欺的獨角獸公司詐欺東窗事發

項目	治療諾公司	漢普頓溪食品公司
一、吹哨人 	董事喬治 ‧ 舒茲的孫子、公司員工泰勒 ‧ 舒茲（Tyler Shultz），2013 年 9 月大學畢業後加入公司。2014 年 4 月 11 日，他對公司的一些作法再也看不下去（因為檢驗錯誤會造成醫生誤診），他決定發信給荷姆斯，抱怨公司竄改研究資料，忽略失敗檢驗記錄。荷姆斯自始至終都沒有回覆，而把信轉給總裁巴爾瓦尼。巴爾瓦尼沒把舒茲當一回事。舒茲當天就遞出辭呈，他隨即使用化名向紐約州衛生廳指控檢測結果造假，並在 2015 年初開始向《華爾街日報》記者透露內情。公司控告舒茲違反保密協議規定，對外洩露商業機密。2015 年 10 月《華爾街日報》刊出記者 John Carreyron（曾 2 次獲普立茲獎）的報導，指出該公司 2014 年 200 件檢驗，只有 15 項用自己的研發機器（愛迪生），且檢驗誤差大。此引起主管機關的注意，經過 6 個月調查	2016 年 9 月《彭博商業周刊》：離職員工踢爆，它不僅人造蛋黃醬，也人造業績！以後者來說，2016 年打著查驗品質的名義，派出臨時工前往全國的全時、喜互惠（Safeway）等連鎖超市掃貨。主管交代員工這是一項祕密行動，因此得盡量走自動結帳櫃檯，產品入手後就可隨意處置，「唯獨不能退貨」。泰崔克聞言喊冤，說是驗貨計畫花 7.7 萬美元，離職會計部員工指控掃貨金額全都隱藏在損益表中樣品及內部測試欄。以 2012 年 7 月為例，營收 47 萬美元，但前述欄目的支出 51 萬美元
二、處罰 	2016 年 3 月 28 美國醫保與醫療救助服務中心（CMS）裁罰如下： ‧ 吊銷公司加州實驗室執照 ‧ 荷姆斯和公司總裁 Sunny Balwani 等，2 年的從業禁止 ‧2016 年股票市值 8 億美元	《彭博商業周刊》認為新創公司為了募資，誇大數據尚可寬貸；但是自賣自買的詐欺手法已違法，罪實難赦。 2017 年 7 月全部董事（除了泰崔克）皆辭任。

資料來源：整理自《商業週刊》1510 期，2016 年 10 月，第 118 頁。

7-7 創投公司投資

一、創投公司投資金額因公司成長階段而遞增

以美國紅杉資本公司來說，對被投資公司的投資金額是「一瞑大一吋」

㈠3 級地震是 2 級地震的 10 倍：許多建築物能耐 7 級地震，很難過 8 級地震這關。這是地震分級，8 級地震威力是 7 級地震的 10 倍。

㈡紅杉資本公司每級大 10 倍：由下表可見，以被投資公司 3 個成長階段來說，紅杉資本公司投資金額區間成長 10 倍。主要是跟著被投資公司規模營收而擴大。

二、站在被投資公司的角度

新創公司數次募集資金，依序美國稱為 Series A funding、Series B funding，本書採意譯，有二種 ABC 情況。

㈠英文 ABC，以美國人用詞來說，學生成績單 A 代表中文甲、B 是中文乙，因此美國標準普爾公司的債信評分等級 AAA，在中文可說甲上上，餘同理可推。

㈡英文 ABC，中文 123：有時美國人用 ABC 表示 123。例如：美國人用詞說「今天簡報有三個重點：A、B、C；同樣的 Series A funding 意譯為「第一次現金增資」，以優步來說，「舉債」（包括銀行貸款）不算 funding。

股票上市前募資（Pre-IPO Financing）

公司階段	成立 第 0 年	第 1~2 年	第 3 年起		
1. 募資階段	Angel phase	Seed capital	Round A 或 Series A	Round B 或 Series B	Round C 或 Series C
2. 主要投資人	天使投資人	創投公司尤其是喜歡此公司階段的	創投公司 私下募集股權公司		衍生性商品基金 投資銀行業者 私募股權公司
3. 投資金額	10~50 萬美元	50~200 萬美元	200~1,500 萬美元	700~1,000 萬美元	—

資料來源：* 林子鈞，〈百年創投的失敗名單〉，《科技報橘》（Tech Orange），2017.5.9。

** 陳怡均，《工商時報》，2018.5.7。

表　兩大投資公司後悔沒投資的名單

項目	老牌創投公司 *	美國股神 **
時	2017.5.9	2018.5.5
地	美國加州門洛公園市	美國內布拉斯州奧瑪哈市
人	Bessemer Venture Partners（公司成立於 1911 年）	波克夏・海瑟威公司董事長巴菲特
事	合夥人承認誤判，以致對下列二家公司失手	承認誤判，錯過科技類股許多公司
原因 被「遺珠之憾」的公司	1. 在蘋果公司 1980 年股票上市前，有機會投資 6,000 萬美元，沒投資原因是覺得股價太高。 2. 覺得 Friendster 比較有前途，而臉書沒搞頭。	1. 漏了亞馬遜公司，低估亞馬遜公司會以如此快的速度顛覆零售業和雲端運算業。 2. 漏了谷歌公司，波克夏・海瑟威公司副董事孟格（Charlie Munger）自認「已了解谷歌的經營」。

資料來源：* 林子鈞，〈百年創投的失敗名單〉，《科技報橘》（Tech Orange），2017.5.9。
** 陳怡均，工商時報，2018.5.7。

7-8 創投公司保護其股權的條款

創投公司是「富貴險中求」，由於每個投資案持股比率有限（未達三分之一）無法針對「重大事件」投票時（三分之二出席，二分之一通過）去達到「敗事有餘」的效果。於是美國加州矽谷兩家創投公司提出「認股權證」（warrant, 註：認股權證是 1 年期以上的認購選擇權，call option）的設計，以保護自己的權利。

一、大分類

由右表第二列可見，依「長江後浪推前浪」的原理，若把兩個觀念依時間順序先後作表，「後起之秀」一定會更高更廣。

㈠ SAFE：美國人在替事情取名字時，只要二個字以上，便會設法跟一般用詞一樣，以求方便記憶，以單認股權證（simple agreement of future equity）來說，simple 是額外加的，以湊出「S」AFE。

㈡ **KISS 是 SAFE 的擴大版**：簡單的說，KISS 的權範圍有兩項，即適用於創投公司投資或放款給被投資公司時，多增加「放款」一項。

二、觸發事件

日常生活中有很多觸發事件，例如：汽車警報器的觸發事件包括大聲響（如鞭炮聲）、碰撞等，都會啟動警報聲大作。同樣的，很多契約都有觸發事件（trigger event）條款，以表中的觸發事件三種情況來說，當被投資公司現金增資、被併購或公司解散，創投公司皆可執行認股權證。

三、適可而止

以表中的「履約價格」來說，有 2 個變數「股票價值（cap）、履約折價（discount），又可分為「有、沒有」，這樣 2X2 分成 4 種情況，稱為衍生型。這太複雜了，本文不討論。當中只談到「轉讓條款」（transfer clause）便停了，還有其他數點，因為太深奧，等到要用到時，再上網查便可。

（投資）條件書（term sheet）

- 用途：作為投資契約的草約或了解備忘錄（memorandums of understanding），一般來說，沒有法律約束力。
- 在公司收購與合併情況：意向書（letter of intent）有這味道。
- 主要內容：例如創投公司承諾投資金額、認購股數（尤其是持股比率，有防稀釋條款，在此情況下，股價不是重點）、付款方式及被投資公司的重要資訊。

取自〈Starup 2.0 工程師創業手冊－高科技創業經驗分享〉，2012.9.9。

表　美國創投公司兩種避免持股比率被稀釋之道

項目	SAFE	KISS
一、時	2013 年 12 月 6 日	2014 年 7 月 3 日
二、地	美國加州矽谷山景市	同左
三、人	創投公司 Y Combinator（簡稱 YC, 2005 年 3 月成立）的合夥人 Carolynn Levy	創投公司 500 Startups（2010 年成立）的合夥人 Gregory Raiten
四、事	未來股權買賣協議（Simple Agreement of Future Equity，簡稱 SAFE）	（Keep it Simple Security, KISS）
(一) 權利範圍	沒定履約價格的認股權證（Warrent）	有二型：（轉換）公司型及股權型
(二) 觸發事件	當被投資公司出現三種情況： 1. 股權籌資：即公司以增加公司資本為目的發行特別股。雙方可約定下一投資人注資超過一定金額並取得特別股。 2. 被併購事件：被投資公司發生併購事件，創投公司可於併購前領回約定倍數的投資金額，或轉換為以投資額除以併購價格後的普通股股數。 3. 公司解散事件：創投公司對公司資產分配有優先順位，被投資公司應全額償還。	左述 1, 2, 3 情況
(三) 履約價格	如何計算轉換價格，有 2 個因素： 1. 可取得的股權：創投公司投資額為 10 萬美元，約定公司股票價值最高限度為 500 萬美元，當現金增資事件發生時，公司與下一投資人達成投資協議的內容為「公司股票價值為 1,000 萬美元，以每股 0.909 美元的價格，出資 100 萬美元，共取得 1,100,100 的股數，創投公司得以 0.909/2=0.4545 的價格，把 10 萬美元換底 20,022 的股數。現金增資時，公司股票價值由 500 萬美元增加至 1,000 萬美元，則創投公司投資 10 萬美元，可取得 20 萬美元價值的股數。 2. 轉換折價	同左
(四) 可轉讓	創投公司僅能轉讓給關係企業 （部分摘自《經濟日報》，2017 年 10 月 15 日，A13 版，簡榮宗）	可轉讓給任何人

資料來源：部分整理自美國 *Rubicon*, 2016.12.15。

7-9 美國優步（Uber）公司募資

你搭過優步（Uber）的計程車嗎？在臺灣還是哪裡？許多人對優步的了解都是從生活中的經驗，尤其是電視新聞對各國優步的報導。站在公司經營、財務管理的角度，美國優步科技（Uber Technologies）公司是獨角獸公司中股票價值最高的，約 720 億美元。一家一直在燒錢的公司，虧損累累，至少 11「次」（輪）現金增資、1 次舉債，募資 150 億美元以上。本書花二個單元說明這家全球巨型網路叫車、汽車分享（ride hailing）公司的營運與募資。

一、創業資金

優步 2 位創辦人在成立優步之前，已有創業經驗和創業資金。

㈠ **卡蘭尼克**（Travis Kalanick, 1976~）：他在加州大學洛杉磯分校就讀大學期間創立 Scour 網站（網路上檔案交換服務），1998 年輟學專職創業，2001 年創立 Red Swoosh（個人對個人檔案分享），2007 年以 1,900 萬美元出售。

㈡ **坎普**（Garrett Camp, 1978~）：坎普是加拿大人，卡爾加里（Calgary）大學畢，工作 8 年後，與人合夥創辦 Stumble Upon 網站（網友 230 萬人），2007 年 5 月美國電子商務商場電子灣以 7,500 萬美元收購。

二、優步公司創業源頭

2008 年 11 月某一天，晚上且下雪，在法國巴黎市，卡蘭尼克想去參加一個研討會，卻苦於招不到計程車，於是興起創立「私人汽車」提供計程車服務的想法，如此一來，一般人就不怕招不到計程車了。2009 年 3 月，卡蘭尼克和坎普成立優步後，2010 年 6 月才在舊金山市推出服務，等自己的創業金快燒完了，2010 年末才開始接受天使投資人的投資。

三、募資分三階段

2009~2010 年 6 月，優步 12 次以上募資 150 億美元，可分三階段（在下個單元分別把營業活動與理財活動作表，一一對齊比較）。

㈠ **公司種子階段**：資金來自天使投資人。2009 年 8 月，這 20 萬美元現金增資較奇怪，因金額太小，2010 年 10 月，超級天使投資人投資 125 萬美元也很小。感覺上是優步在測試投資人的反應。

㈡ **成長初期階段**：資金來自創投公司。在成長初期，7 次現金增資，1 次舉債資金主要來自創投公司。

㈢ **成長中期階段**：資金來自私募股權基金。2015 年 8 月以後，優步進入成長中期，需資金額較大，私募股權基金較有力出大錢。

四、財務公開

2017 年 4 月，優步主動公開財報，外界視為 2019 年股票上市前的預備動作。

表一　全球第2~6大股票價值的汽車共享公司（2017.4）

單位：億美元

排名	國家	公司	募資	股票價值
1	陸	滴滴出行	44.3	340
2	印	Ola cabs	11.8	35
3	美	Lyft	10.1	75
4	陸	易到用車	7.9	30
5	新加坡	Grab Taxi	6.8	15

表二　優步的財務主管

單位：億美元

年	2015	2016
財務長	卡利尼克斯（Brent Callinicos）轉任顧問後，財務長一職便從缺。由古普塔（Gautam Gupt 或 Gupta）兼任。2 位創辦人、總裁卡尼克（Travis Kalanik）認為古普塔有世界級財務能力。	5 月 31 日古普塔離任，去另一家新創公司，主管 Prabir Adarkar 暫兼財務長。但外界認為優步需要具備上市公司經驗的財務長帶領走向股票上市。

美國優步（Uber）公司小檔案

成立：2009 年 3 月，臺灣公司稱為宇博數位服務公司（屬於資料處理服務業），2013 年 7 月 31 日營運，2010 年 7 月推出 APP 叫車服務。
住址：美國加州舊金山，創辦人特拉維斯 · 卡蘭尼克（Travis Kalanick，或卡拉尼克）
資本額：160 億美元
董事長：Garrett Camp 總裁：科斯羅薩西（Dara Khosrowshahi, 2017 年 8 月起）
營收：400 億美元（2017 年度）
淨利：-45 億美元（2017 年度）
主要產品：交通網路公司（transportation network company）
主要客戶：全球 65 國，536 個都市
員工數：16,000 人
市值：股票未上市，但市值估計 720 億美元

7-10 美國優步公司營業活動與募資

表一 美國優步公司營業活動與損益狀況

公司年	營業活動	財務狀況（損益表）
一、導入期 2010.10	在美國加州舊金山市推出第 1 版 App UberBlack，適用蘋果與安卓作業系統智慧型手機	由於優步跟司機拆帳（司機拿 75%），拆帳前的計程車收入稱「Gross Booking」。 另 UberPool 營業項目全列為公司收入，再付給司機「勞務」成本。
二、成長初期 2011.5	在美國紐約州紐約市營運	
2011.12	在歐洲法國巴黎市上線，第一次走出美國	
2012.4	・在美國芝加哥市推出計程車服務 ・推出「菁英優步」（Uber X），加入更多車型 ・推出共乘服務	
2012.8	美國對手 Lyft 在加州舊金山市上線	
2013.2	在亞洲新加坡上線	
2013.7	・在亞洲臺北市上線，公司名稱為宇博數位服務公司 ・在中南美洲墨西哥墨西哥市上線 ・在非洲南非約翰尼斯堡上線 ・在美國紐約州紐約市和紐澤西州漢普頓市（渡假城市）推出「優步直昇機」，每趟 3,000 美元	・美印陸成為優步全球支出最大國家 ・2013 年計程車費收入 21 億美元
2013.8	在亞洲印度班加羅爾市上線	
2014.6	在亞洲中國大陸香港上線	2014 年度計程車費收入 29.3 億美元
2014.7	推出適用 Windows 智慧型手機 App	
2014.10	在亞洲中國大陸北京市推出「人民優步」（People's Uber）	
2015.2	在美國匹茲堡市成立自動駕駛汽車研究所	
2015.6	首次從事收購，收購地圖公司 deCarta 亞洲中東約旦的首都安曼市，成為全球第 300 個	
2016.1	在陸 2 個直轄市（北京、重慶）、三省會級都市（南京、武漢、青島）推出「合租」的「人民優步」	2016 年度計程車費收入 200 億美元 營收 65 億美元
2016.6	亞洲東亞的中國大陸雲南省昆明市是陸第 60 個城市有優步的，全球涵蓋 70 餘國、400 多個都市	
2016.8	陸企滴滴出行收購「優步中國大陸」，優步取得滴滴出行公司 18% 股權	考慮出售優步中國大陸後，淨損 28 億美元

表二　美國優步公司的募資融資階段

單位：億美元

年	金額 *	投資人	說明
一、種子階段 2009.8 2010.10	 0.002 0.0125		種子輪 天使輪，甚至稱為超級天使投資人
二、創投公司 2011.2	 0.11 （1 或 A 輪）	美／Benchmark 資金	迄 2017 年 9 月，持股比率 13% 市值 0.6
2011.12	0.37 （2 或 B 輪）	美／高盛證券 Menlo 創投 Bezos Expeditions	有數字 0.32 市值 3.3
2013.8	3.63 （3 或 C 輪）	谷歌創投（2.58）等	有數字 3.61 市值 35
2014.6.6	12 （4 或 D 輪）	—	市值 170
2014.6	6 （5 或 E 輪）	陸／百度	2014.10 在北京市百度跟優步簽投資與策略聯盟協議，市值破 400
2015.1	16	—	舉債
2015.2	10 （6 或 F 輪）	—	2015.5.13 美國富比世評其股票值 500（這必須計程車收入 357、公司營收 71） 2015.5 市值 500
2015.7	10 （7 或 G 輪）	—	
三、私募基金 2015.8	 1	—	—
2015.9	12	—	—
2016.1	20 （8 或 H 輪）	美／摩根士丹利 德／德意志銀行	每股 48.77228 美元 發行 4,306 萬股 總發行 13.94 億股
四、大公司 2018.1.18	 80 12.5	 — 日本軟體銀行	取得 17.5% 股權
小計	9.1245		

資料來源：主要是 Crunchbase。

圖　美國優步的外界推估營收

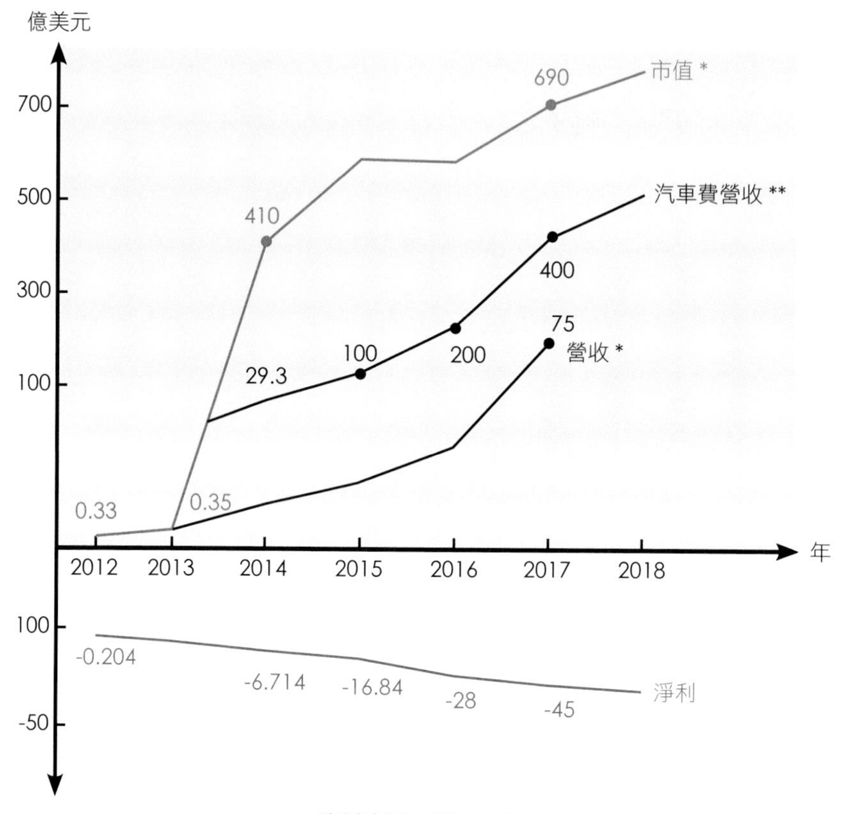

資料來源：**Bloomberg*。

** 汽車費營收，淨利來自 Business Insider。

分解優步的市值：互動分析

時：2018 年 2 月 22 日

地：美國麻州波士頓市

人：Trefis Team（一個社群組織，主要由公司財務長組成）

事：在《富比士雜誌》上發表此文，使用搭車人數（預估成長率）、每位乘客計車費等，以預估計程車費收入、優步營收等。

第 8 章
公司向銀行貸款

8-1 中小企業信用保證基金

8-2 以動產作為貸款擔保品

8-3 銀行貸款利率的決定

8-4 信用評等跟公司債利率間的關係

8-5 信用評等公司

8-1 中小企業信用保證基金

1978年，經濟及能源部透過成立加工出口區（高雄市前鎮、楠梓與臺中市潭子區），透過出口帶動濟起飛。跟古代大軍遠征一樣，「大軍未動，糧草先行」。四宰相、財政部長（即戶部尚書）必須先籌措糧餉，19世紀法國皇帝拿破崙說：「作戰勝利三要素：錢、錢、錢。」講三次以突顯其重要性。三國時代蜀國諸葛亮率兵六出祈山打魏國，因國力有限再加上「蜀道難，難如上青天」，終因糧草不繼，以致功虧一簣。足見「錢」對作戰的重要性。各國政府體會中小企業在取得銀行貸款有其劣勢，想方設法協助，其中較普通採用的是「信用強化」（credit enhancement）機制。

一、中小企業信用保證基金

由右頁小檔案可見，經濟及能源部帶頭設立「財團法人中小企業信用保證基金」（簡稱信保基金）。

㈠**服務對象：**中小企業。中小企業（medium and small business enterprise，簡稱SBE）中的「中」是虛構詞，英文只有「小型公司」一字。這可分為兩個行業，認定標準如下。

・服務業：員工200人以下。

・工業中的製造業：資本額8,000萬元以下。

㈡**信用保證：**由於中小企業信用不佳（主要是損益表中盈餘），信保基金替申貸公司的信用貸款（例如：1,000萬元）中的一半提供保證，即信保基金擔任「連帶保證人」，這至少減輕一半風險，銀行便比較敢放款。由右圖可見，申請信保基金保證，申貸公司、銀行皆可提出。

㈢**最保守銀行的如意算盤：**圖下以最保守銀行的如意算盤舉例，銀行信貸2,000萬元，但保障部位只有1,000萬元，信保基金扛一半倒帳風險。

二、二個著名案子

信保基金協助40萬家公司，以2家代表性公司為例。詳述如右。

三、經營績效

經濟部為協助中小企業以創新與高科技提高競爭力，並鼓勵青年創業，提升其創新發展動能，於2004年1月結合銀行推出「中小企業創新發展專案貸款」及「青年創業及啟動金貸款」，以鼓勵企業投入創新，創造更高經營價值。信保基金至2018年4月共協助40萬家公司取得689萬件融資超過17.09兆元銀行融資，保證金額12.63兆元。

（資料來源：中小企業保證基金網頁中的〈保證績效〉）

表　公司成長階段的財務部功能

兩家信保基金協助公司：

(一) 宏碁公司：1976 年 8 月宏碁（2753）成立，施振榮等十位創辦人財力有限，靠著信保基金支撐，取得銀行信貸，有錢製造「小博士」桌上型電腦，慢慢成為個人電腦的 Acer 品牌。

(二) 果子電影公司：2007 年果子電影公司的導演魏德聖拍攝《海角七號》（票房 5.4 億元），靠政府國片補助款與信保基金保證取得信貸才拮据的拍片出來。2011 年拍攝電影《賽德克・巴萊》（票房 7.2 億元），靠信貸基金保證取得 1 億元，拍片前二成資金無虞。

中小企業信用保證基金

成立：1975 年由政府及金融機構共同捐助，成立非營利性的財團法人。

住址：臺北市中正區羅斯福路一段 6 號 3~5 樓

董事長：蔡憲浩（2016 年 8 月 3 日起）

主要業務：為協助具發展潛力之中小企業及新創事業順利取得融資資金，2015 年信保基金證件數為 382,936 件，協助取得融通資金達 1.3 億元，保證金額 1.2 兆元。

主管機關：經濟部中小企業處有多項針對中小企業的財務協助資源，包括各項輔導計畫或是貸款、創業課程等，可洽詢中心企業處馬上辦服務中心免付費電話 0800-056-476，網址：www.moeasmea.gov.tw。中小企業信用保證基金，免付費電話 0800-089-921，網址：www.smeg.org.tw。

中小企業
信用保證基金

銀行
* 考慮擔保品 50% 時

1. 申請貸款 2,000 萬元

4. 授信

中小企業

8-2 以動產作為貸款擔保品

許多製造業中小企業沒錢買土地，甚至廠房是承租的，向銀行貸款的抵押品「不存在」。退而求其次，只好把機器、存貨、汽車等動產作為抵押品，向銀行申請貸款。由於動產去化不易，銀行比較挑三揀四，因此銀行 27 兆元貸款中，只有 5% 是屬於動產擔保放款，而動產擔保放款又有 95% 是汽車貸款，而且大部分是家庭買車情況。隨著網路（例如：優步 Uber）、文化創業等產業興起，其手上有許多無形資產（例如：影片版權），銀行愈來愈看重「硬不如軟」產業的公司授信業務。2015 年，臺灣的動產抵押貸款辦法改弦更張。

一、動產抵押貸款範圍大

2015 年，行攻院金管會銀行局對公司可「以動產向銀行作為抵押款」，大幅開放給銀行「說了就算」。其發展歷程如下。

㈠ **世界銀行的角度**：世界銀行認為一個健全的動產擔保交易制度，只要銀行認可就行。

㈡ **先修行政命令「動產擔保交易法施行細則」**：動產擔保交易法 1963 年訂定，只有經行政院公告的擔保標的（品類表內產品）才能在登記後被賦予債權的優先權，銀行有此優先權才能在日後企業還不出錢時，保障自己的權益，這樣才願意放款給企業。

㈢ **銀行同業公會的配套措施**：2015 年 5 月 27 日經濟及能源部啟動「動產擔保交易線上登記網站」，讓銀行擔保的融資案得以上網登記，取得債權的優先權。

㈣ **再修法**：2015 年 10 月「動產擔保交易」修正草案行政院審查，引進浮動抵押（floating lien）制度，讓無形資產（例如：未來智慧財產權）、應收帳款等債權，納入本法擔保標的範圍。

二、以國泰世華銀行的「物流金融授信」為例

2015 年 6 月，國泰世華銀行推出「物流金融授信」，首先以國泰人壽跟永聯物流公司合作的倉儲園區內公司為對象，例如：洋酒進口公司、精品公司等。詳見右表。

三、當鋪連棉被也可以典當

新創公司、中小企業或影音文化創意公司，可以拿未來的智慧財產權、應收帳款、應收票據或授權金等債權設定擔保而取得銀行融資，例如：寫一本書之前、拍一部電影之前、研究成果取得專利之前。

圖　動產房地產資產種類

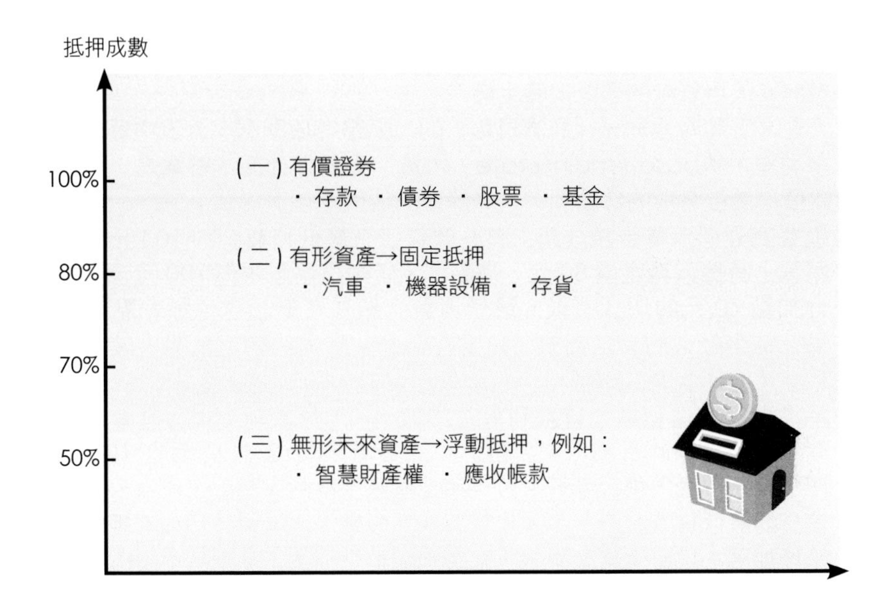

表　國泰世華銀行與物流金融授信業務

項目	說明
資金調度面	1. 存貨擔保融資：利用商品融資，活化倉庫內的待售貨物，取得營運周轉金。 2. 進口貿易融資：依交易模式客製化提供貿易融資服務，靈活調度資金。
現金管理面	客製化網路銀行 代付代收整批服務 帳戶管理（global my B2B）

資料來源：國泰世華銀行

8-3 銀行貸款利率的決定

公司債的利率參考點是以政府公債殖利率作為基準往上加碼。有些銀行會參考臺灣經濟新報對上市（上櫃）公司的「TEJ」信評，作為加碼的依據。

一、基準利率信用貸款的最低消費金額

每天在《工商時報》、《經濟日報》的〈臺幣存放款利率〉表中最右邊一欄是「基準利率」（base lending rate），這究竟是指什麼？答案是：「一年期信用貸款債信最佳客戶的貸款利率，其餘客戶依債信往上加碼」。

㈠ **從餐廳最低消費金額談起：**有些飲料店有最低消費金額 100 元的規定，菜單上有些飲料定價 80 元，你點了，店家還是想收你 100 元，逼得你只好加點 40 元的切片蛋糕。最低消費金額是餐廳想避免顧客點最低價餐點，卻坐好久的合法招式，只要在店外、店內明顯處表明「最低消費金額」（簡稱低消）即可。

㈡ **基準利率式信貸最低貸款利率：**2002 年 11 月以前，銀行掛牌「基本放款利率」（prime rate），但仍私下殺價。2012 年 11 月在中央銀行引導下，合作金庫銀行等五家銀行率先實施基準利率制度，作為公司一年期信貸的最低貸款利率。不准再私下往下殺價，違者會被行政處罰。

㈢ **兩種加碼：**現實生活太複雜，基準利率至少須依下列兩個風險因素調整，以適用其他公司的信貸期間。

- 風險加碼：基準利率是債信最佳客戶所適用的債信利率，其餘客戶依違約風險往上加碼。
- 期間加碼：基準利率是「一年期」信貸利率，縱使是債信最佳的公司之一台積電，當信貸期間拉長為 2 年，可能會比基準利率多 0.1 個百分點的「夜長夢多」期間加碼，這包括預期物價上漲率、變現力溢酬（註：2 年期貸款的收回期間較 1 年期長）。

二、不要太計較利率

臺灣企銀建國分行辦事處鐘志正表示，有些公司太斤斤計較貸款利率是 1.65%還是 1.68%，縱使貸款金額也才差一年 3 萬元，重點要放在貸款金額和跟銀行的長期關係。

商業徵信公司（merchantile enquiry agency）小檔案

美國：鄧白氏（Dun & Bradstreet）
日本：帝國資料銀行公司（Teikoku Databank, TDB）
　　　東京商工調查公司（Tokyo Shoko Research, TSR）
義大利：CRIF 公司，幾乎是全球徵信
臺灣：中華徵信股份公司，2016 年 11 月 18 日，被 CRIF 公司收購

圖一　貸款利率加碼的兩大關鍵因素

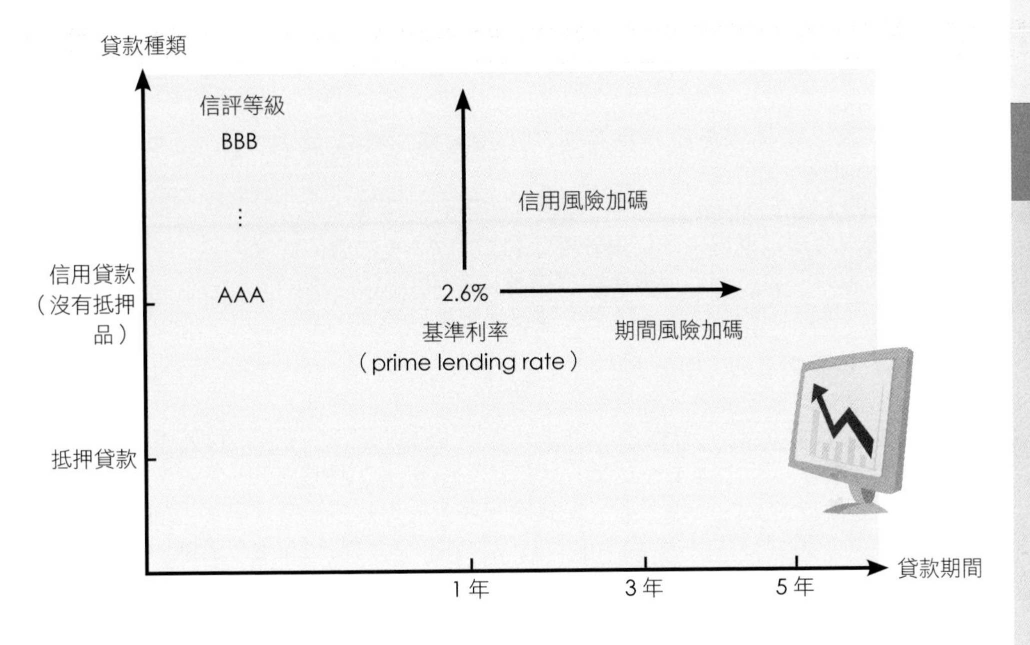

圖二　2018年臺灣一些銀行的基準利率

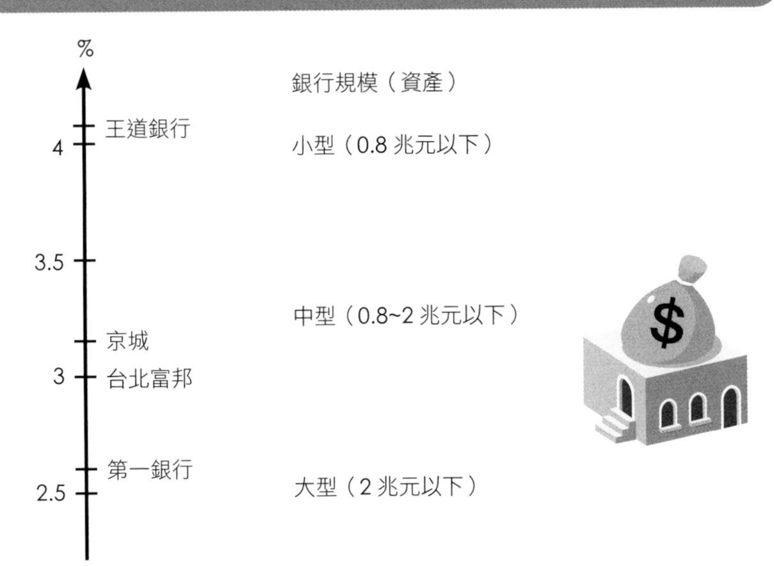

8-4 信用評等跟公司債利率間的關係

電視新聞中有關美國職籃的新聞經常有下列的用詞：

- 小皇帝詹姆士（LeBron R. James）在這場賽中，獨得 38 分，且有「大三元」的傑出表現；
- 華人之光林書豪在這場球賽中，得分雖少（12 分），卻有「double-double」的表現。

同樣的，在工商時報、經濟日報上常有下列的報導：

- 臺灣台積電獲得中華信用評等公司給予 AAA 的債信評等；
- 希臘政府發行的公債被美國標準普爾公司降至垃圾級。

每個行業都有它的行話，說穿了卻沒那麼莫測高深。

一、AAA 就是中文的「甲上上」

念小學一到三年級時，幾乎每天放學後都得寫國語生字本，第二天交給老師改。有些人很努力寫，但常拿「乙上上」，有時拿「乙上」，有人常拿「甲上」，有時會拿「甲上上」。英文「甲乙丙丁」便是「ABCD」，成績「AAA」或「A++」等於中文的「甲上上」，其餘同理可推。知道這道理再加上簡單的英文，便容易記得住信用評等等級了。（「三個」英文稱為 triple，因此 AAA 念成「triple A」，同理 BBB 念成 triple B；以此類推。「二個」英文稱為 double，因此 AA 念成「double A」，同理 BB 念成 double B；以此類推。）

二、BB 甜辣醬

你去「貴族世家」、「我家牛排」等餐廳吃飯，常見的甜辣醬是「BB 牌甜辣醬」，此外，有些人會玩 BB 槍。講這麼多 BB，跟財務管理有什麼關係？

㈠ **投資等級**（investment grade）：由右圖可見，債信 BBB 級以上債券的違約機率 2% 以下，碰到經濟大風大浪才會翻船，正常情況下，投資人可以「安啦！」尤其是債信 AAA 的公司債，可說是「鐵板」，投資人可以放「120 個心」。所以 BBB 級以上公司債稱為投資級債券。

㈡ **投機級**（non-investment grade）：這英文字的本意是「非投資級」，由於有些人（包括我們）不喜歡用「反」、「非」等負面的字，因此有人譯為「投機級」，但「投機」看似有些「走偏門求偏財」的意思，會讓人小小誤會。

- 一分風險，一分報酬：由於 B 級債券平均違約率 2%（景氣好時，機率較低），投資人希望債券發行者利率高一些，以彌補投資人「鋌而走險」，所以此類債券殖利率常在 7% 以上，又有高收益率債券（high-yield bond）之稱。
- 垃圾債券：一旦投機級債券的發行者無法還債（即違約，default），債券成為壁紙，甚至只有當垃圾的分，俗稱「垃圾債券」（junk bond）。遇到此情況俗稱「踩到地雷」，所以又稱「地雷債」。

圖 公司債務信用評等與可能債券利率

	美國標普債信評級		倒帳（或違約）機率	違約風險加碼
投機級（non-investment grade）	CC	垃圾債券（junk bond）	4%	+700bp
	CCC			
	B	高收益債券（high-yield bond）	2%	+500 bp
	BB		1%	+400 bp
投資級（investment grade）	BBB		0.5%	+200 bp
	A		0%	+100 bp
	AA		0%	+50 bp
	AAA	以美國 10 年期政府公債	0%	3%（可視為 Prime Lending Rate）

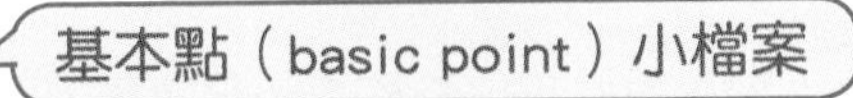

Point：點，百分點，又稱基本點

適用對象：股票、外匯、債券、商品

債券：以利率（殖利率）來說－基本點如下：萬分之一或 0.001%

100bp=100x0.01%=1%

由於公司債面額 10 萬元，且交易金額起跳 300 萬元等，差之毫釐，失之千里，所以利率報價以基本點（即萬分之一或 0.01%）為準。

8-5 信用評等公司

許多網友上網搜尋商品、餐廳、民宿，都會特別著重網友消費後的評語。2012~2014 年，臺灣的食品風暴，人人聞毒色變。許多食品公司把食品送交臺灣檢驗公司（SCG）等，支付檢驗費，請其檢驗後出具檢驗報告，以證明自己的商品「符合標準」。檢驗公司砸大錢買檢驗設備、研發檢驗技術，聘請專業人士，其收入便來自公司。但是卻不會「拿人手軟，吃人嘴軟」。那麼，公司在發行「無擔保公司債」時，如何證明自己的還債能力呢？本單元詳細說明信用評等公司。

一、公說公有理、婆說婆有理

公司跟債券投資人間有資訊不對稱情況，公司自認自己還款能力強，因此公司債票面利率可以低一些（例如：1%）。但投資人之訊息有限，認為公司有一定違約風險，把違約風險加碼（default risk premium）加上來，希望公司債票面利率 3%。以公司債發行規模 10 億元來說，這一個百分點的票面利率差距，一年差 1,000 萬元，公司債 5 年期間便差 5,000 萬元。1860 年起，美國有專攻債信評等的金融服務公司成立，稱為信用評等公司（credit rating），詳見右表。以臺灣來說，上市公司每年支付 30 萬元的信評費用，請信評公司出具信評報告。

二、臺灣的信用評等公司

「聞道有先後，術業有專攻」，在做生意時，有些公司專門提供證明，扮演「公正獨立旁觀第三者的公正角色」。在債券業，信評公司存在的價值在於「準確」的信用評等等級。

㈠ **金融服務公司業務範圍：**美國金融服務公司中以標準普爾公司為例，其主要業務範圍有二，一是編製各類股價指數，其中著名的是美國標準普爾 500 指數（2016 年約 2,000 點）；一是對上市公司進行信用評等。

㈡ **公司名字來自創辦人：**由表可見，美國三大信評公司的名字來自創辦人。例如：1860 年標準（Standard）與普爾（Poor）兩人創辦，臺灣譯為「標準普爾」（正確應是標準與普爾，簡稱普爾），有人譯為「史坦普」。

㈢ **中華信用評等公司：**1997 年，臺灣的財政部基於本土化考量，臺資、標準普爾各出資 50%、設立中華信評公司「AAA-TW」，TW（Taiwan）一眼就看出出自中華信評公司。

三、中國大陸的信評公司

中國大陸約有 7 家信評公司，主要是大公國際、上海新世紀等。（詳見黃玉麗、林佩宜，〈與國際信評機構合作是否改善中國大陸信用評等品質？〉，《兩岸金融季刊》，2016 年 9 月）

圖　債券種類

	賣方			買方
	債券發行人（bond issuer）	債券名稱	債券	債券持有人
公司	(一) 一般公司	公司債（corporate bond）	1. 承銷商	買方（bond holder）
	(二) 金融業	金融債券（financial bond）	2. 自營商	
政府	中央政府	公債（treasury bond, TB）		
	地方政府	地方公債（municipal bond）		

表　美、臺、陸信用評等公司

國家	惠譽（Fitch）	穆迪（Moody's）	標準普爾（Standard-Poor's）
美國	V	V	V
臺灣	V	V	中華信用評等公司
中國大陸	聯合資信（2007年被惠譽收購）	中誠信（2006年慕迪收購）	上海新世紀（技術合作）

標準普爾（Standard & Poor's Financial Services, S&P）公司小檔案

成立：1860年，由普爾（Henry V. Poor）創立
住址：美國紐約州紐約市，母公司麥格羅・西爾（McGraw-Hill）金融公司
主要產品：信用評等、股市指數編製、政府債信評等
員工數：1萬人

美國穆迪信評公司小檔案

成立時間：1909年，美國
創辦人：約翰・穆迪
創辦典故：1913年，穆迪公司的創始人約翰・穆迪開始對鐵路公司債進行評等，後來延伸至金融產品、國家主權評等各種評估

MEMO

第 9 章
股票上櫃上市

9-1 股票上市的好處

電視新聞（含廣告）經常會刊出一些簡單的常識，例如：

- 吃早餐的好處。
- 搭車（含遊覽車）繫安全帶的好處。
- 穿鞋時穿襪子的好處。

在財務管理中，公司股票上市的好處是「顯而易見」的全民普通常識，本書一開始先點出「股票不上市」的各種說法，再以架構方式做表整理股票上市的好處。

一、公司股票不上市的「藉口」，沒有一個站得住腳

每次看到有極少數股票不上市的公司董事長說其理由，詳見表一第一欄，大抵來說，可說「青蛙跳水－噗通（跳水聲音）」，詳見表一第二欄。

有原則必有例外，有幾家營收 100 億元公司，其股票未上市，「葫蘆裡賣什麼膏藥」，留待各位去了解。

- 食：義美、先秦、光泉牧場及旗下萊爾富。
- 衣：機場免稅商店霸主昇恆昌。
- 行：代理德國寶馬汽車的汎德永業集團（資本額 6.97 億元），2017 年 11 月登錄，2018 年 10 月股票上市。

二、公司股票上市的好處

公司股票上市的好處可說人盡皆知，表二的貢獻在於第一欄以公司組織層級來分類。

㈠ **經營階層**：公司治理較佳，對小股東較有保障。

㈡ **管理階層**：管理階層依公司活動分成兩中類：核心、支援活動。在業務、人力資源和財務面，皆「大大好用」。至於有些人去算聯合會計師簽證費、上市維持費等，一年頂多花 100 萬元，小費用卻有數億、百億元效益，這些費用可略而不計。

表一　公司股票不上市的說法與正確說法

公司股票不上市常見說法	正確說法
公司經營權	
1. 公司股票新股上市須釋出 10%，經營階層（董事會）股權被分散。	1. 現金增資後，經營者股權被稀釋，之後可（逢低）買回。臺股歷史上的董事持股上限是國產汽車（2006 年下市），張家第二代持股比率 98%。
2. 公司第二代等可能繼承股權後，把持股賣掉，第一代創辦人的心血外落。	2. 在美國，洛克斐勒 ‧ 福特家族是透過股權信託方式，以確保持股不變。在臺灣台塑集團以長庚醫療基金會等扮演此「百年大計」角色。
3. 股價（尤其是本益比）在股市崩盤時會暴跌，有損股東財富。	3. 一般未上市股票的本益比約 6 倍，上市公司的大盤指數本益比約 16 倍，縱使崩盤時跌到低點也有 8 倍，比未上市時略高，而且崩盤約 8 個月便會觸底反彈。

表二　公司股票上市的好處

組織層級	說　明
一、公司經營	
(一) 公司治理	證交所對公司的公司治理有最低程度要求。
(二) 其他	外界有信用評等公司法人（機構投資人、監督者）。
二、企業功能	
(一) 核心功能	
1. 研發	省略
2. 製造	省略
3. 業務	(1) 股市一年交易 244 天，這些天都有成交，電視、報紙會報導，投資人從股市了解該公司，進而購買該公司產品／服務。 (2) 由於公司報表有聯合會計師兩位會計師簽證，財報可信度 98% 以上，以商店加盟來說，足以取信加盟主「近悅遠來」。
(二) 支援功能	
1. 人力資源管理	中高階主管、重要技術人員要的是「員工認股選擇權」，這是致富的關鍵。連堅持股票不上市的奇美集團（創辦人許文龍）旗下高科技公司（例如：奇美材料公司）股票必須上市，以求吸引人才。
2. 資訊管理	省略
3. 財務管理	(1) 資金成本低：以直接融資（direct financing）取代間接融資（indirect financing，即銀行貸款）少讓銀行賺資金借貸價差。 以發行公司債利率 1.1% 為例，銀行貸款利率約 1.5% 以上 (2) 數量：以股票掛牌為例，可在臺灣第一次掛牌，到海外股市第二、三次掛牌，可以全球募資。這是全球化的一項，如此，向全球股市的投資人募資，資金來源既廣且大，資金充沛。

公司經營	
1. 董事會中至少要有 2 席獨立董事等，董事會人數至少 7 人，開會缺乏效率，以致無法快速反應。 2. 公司機密外洩，主要是指營收、淨利。 3. 公司不缺錢，不需向外募集資金（包括公司債、股票等）。	1. 一般公司一年至少開 4 次例行董事會，臨時董事會須在開會前 7 天通知董事即可，前置時間很短，開會人數一半以上董事出席即可。 2. 公司客戶皆以 A、B、C、D 代碼在年報上說明。股票不上市，外界（例如：銀行）可從稅務簽證、財管了解公司營收淨利，這些皆攤在陽光下。 3. 縱使公司財力雄厚，但站在銀行貸款的利率降低考量，可用直接募資來向銀行殺價。
4. 公司財務必須經過聯合會計師事務所「兩位會計師簽證」（簡稱雙簽），費用較高，且無法作假帳，以致無法逃漏稅。 5. 公司淨利分配無法盡如人意，例如：公司董事長想把全部淨利做公益、做善事，卻受層層限制。	若上會計師公會的網站去查「會計師雙簽費用」很低（舉例 70 萬元），比單簽 20 萬元高不了多少。跟股票上市的好處相比，會計師簽證費多 50、100 萬元是「九牛一毛」。誠實納稅是國民應盡義務，從繳營業稅、公司所得稅等皆是。此外「逃稅」代價很大，包括罰金（應納稅額的 3 倍等）。公司淨利的分配有三項限制： ・提列資本公積 ・董事酬勞，上限是淨利 2% ・員工分紅 ・其他皆可依股東會決議自由分配

9-2 股票上市的全球股市選擇

許多書都採取醫院內外科的劃分方式：「鋸箭法」，體外的部分算「外」科，體內的部分算「內」科。在財務管理也是如此。「財務管理」處理國內，國外部分由「國際財務管理」書來討論。由於全球化（globalization）已在人的生活中滲透（例如：LINE、WeChat、FB、Instagram），公司也是如此，尤其是內需公司也可能在海外股票上市、募資。

一、全景：公司功能全球化

在政治、文化和「經濟全球化」（economic globalization）中，在企業管理中的許多公司功能都全球化。

㈠ **核心活動：**以公司功能中的核心功能來說，生產全球化（production globalization）和市場全球化（market globalization）是常說的公司全球化。

㈡ **支援活動：**支援活動的各項功能也逐漸全球化，1980 年代起，財務全球化（finance globalization）隨著核心活動全球化，逐漸重要。

二、近景：財務、會計全球化

公司的財務全球化有下列兩大步驟。

㈠ **會計全球化：**國際會計準則理事會（IASB）推出的國際財務報告準則（International Financing Reporting Standards, IFRS）是全球公司會計方法的基礎。2005 年起歐盟 25 國採用；2007 年中國大陸、2013 年臺灣上市公司採用。這是會計全球化（accounting globalization）最大一步。

㈡ **財務管理全球化：**由於公司財務報表「書同文」，各國股票交易所更方便審核外國公司的募資額，海外上市、現金增資邁開大步，即財務的全球化（financial globalization）。

三、特寫：財務全球化中的股票上市

如同市場全球化一樣，美陸總產值占全球總產值近四成，成為「全球市場」（world markets）。全球各國股市市值占全球股市市值比重，大抵跟其「總產值」（GDP, 國內生產毛額）占全球總產值比重相近。這對超大型公司來說，會想方設法到美陸股市去上市，可以募集較多資金。

表　美國、中國大陸、新加坡、臺灣股市相關資料

			中國大陸			美國	
國家／地區	臺灣	新加坡	香港	深圳	上海	那斯達克	紐約
上市公司家數	914	750	2,200	2,140	1,425	3,000	2,300
本益比（2018 年 5 月）	14.95	11.66	15.58	27.59	15.16	28	21.54
年周轉率（2017 年）	0.8	0.3	0.5	2.6	1.6	1.3	0.9

資料來源：臺灣證券交易所〈世界主要證券市場明細表〉月報

表一　公司各種全球化

公司活動	說　　明
一、董事會	
二、公司活動 (一)核心活動 1. 研發 2. 生產 3. 業務	1970 年代起 狹義全球化 研發管理全球化（globalization of R&D management） 生產全球化或全球化生產（globalization of production）或在世界各洲設立全球、區域、國家工廠 市場全球化（globalization of market）從國際貿易到在地行銷
(二)支援活動 1. 財務 2. 人力資源 3. 資訊管理 4. 其他	1980 年代起 財務全球化（globalization of finance） 會計全球化（globalization of accounting） 人力資源全球化（globalization of human resource） 資訊管理全球化（globalization of information management）

表二　2018年2月全球主要股票市場

市值：億美元

	價				量	
	指數	本益比（倍）	市值	市值／GDP	上市家數	成交值周轉率（%）
一、美洲中美國紐約	二個股市占全球股市 41.82%					
那斯達克	24103	22.48	23,276	105	2,296	7.6
二、歐洲	17 家占 19.5%					
泛歐	1243	16.53	44,710	141.6	1,243	4.61
倫敦	7056	14.54	43,530	133	2,499	13.9
德國	501	14.47	22,500	49.79	501	6.95
三、亞洲	17 家占 33.5%					
上海	3168	18.29	52,810	36.54	1,410	9.8
深圳	1854	34.5	35,970	28.64	2,102	13.85
香港	30093	15.96	44,910	218.7	2,162	5.1
日本	21454	14.43	22,490	49.79	3,604	9.64
臺灣	10919	15.58	11,250	158.86	914	7.95
新加坡	3428	11.88	8,000	218.7	746	3.1
主要國小計	60 個股市		810,000	占全球股市市值 97%		

9-3 美國股票上市條件

1997 年 10 月 14 日，臺灣的台積電在美國紐約證交所發行「美國存託憑證」（American depositary receipts, ADR）。2014 年 9 月 19 日，中國大陸網路商場霸主阿里巴巴公司，在美國紐約證券交易所初次掛牌上市，掛牌價 68 美元，現金增資 3.2 億股，募資 218 億美元。兩地兩家公司在美國證交所股票上市，了解在美國股市掛牌，似已不是大四《國際財務管理》書的範圍，在財務全球化的大趨勢下，大二《財務管理》書似應擴大視野，考量在美、陸港等股票初次上市。從這角度來看，了解美國兩個股市的股票上市資格似有必要。

一、紐約證交所：全球股市的領頭羊

㈠ **紐約證券交易所（New York Stock Exchange, NYSE）**：基本資料詳見表一第三欄。由表二第三欄可見，紐約證交所對國內股票上市的資格要求。每次有新股上市，上市公司董事長等一群人都得到紐約證交所交易大廳上方的陽臺敲鐘，變成一種儀式。

㈡ **那斯達克（Nasdaq）證券交易所**：那斯達克證券交易所簡單資料詳見表一第二欄。由表二第二欄可見，那斯達克證交所股票上市條件較低，比較像一般國家的股票上櫃。

陸臺公司在美國的二大證交所股票上市情況

證交所	臺灣公司	中國大陸公司
一、紐約證交所	以美國存託憑證方式，二次掛牌有 4 家：台積電、聯華電子、友達、日月光。	約 35 家公司 1. 國營企業：中國石油、中國石化、中國海洋石油（簡稱三油）、中國電信、中國移動（香港）、中國聯通（電信公司）。航空公司：東方、南方。 2. 民營公司：阿里巴巴集團控股公司、中華國際。
二、那斯達克證交所	約 7 家，以半導體公司為主：南茂科技（Chip Moos）、亞太（Asia Pacific）、電線電纜網路服務供應公司和信超媒體。	1. 網路公司：新浪、網易、搜狐、攜程網、盛大網路、百度、財富網路等。 2. 汽車：萬得、中國汽車系統。 3. 其他。

表一　美國兩個股市的基本資料

項目	那斯達克證券交易所	紐約交易所
一、基本資料 1. 成立	1971 年 2 月 4 日	1817 年 3 月 8 日
2. 住址	美國紐約州紐約市 在時報廣場，每次電視新聞、電影拍到美國跨年時，皆會拍到那斯達克的 LED 廣告	美國紐約州紐約市 百老滙大道 18 號，在華爾街南側
代表性指數	那斯達克 100 指數 生物科技指數（Nasdaq Biotechnology Index, NBI）	著名的有道瓊 30 工業指數、標準普爾 500 指數
代表性公司	C: Cisco, 思科 G: Google, 谷歌 I: Intel, 英特爾 M: Microsoft 微軟	F: FAAMG（尖牙） A: Amarzon, 亞馬遜 A: Apple, 蘋果公司 M: Microsoft G: 谷歌，母公司字母
二、交易情況		2016 年
1. 公司家數		400
2. 市值（兆美元）	10.25	22.825（2018.3）
3. 總產值（兆美元）	19.96	19.96
(4)=(2)/(3)	0.5135	1.435
5. 本益比	32.27	20.57
6. 周轉率	1.4231	0.8848
7. 指數	7,400	25,000

表二　美國兩個股市上市的資格

資格	上櫃：那斯達克股市為例	上市：以紐約證交所為例
一、積極資格 (一) 資產負債表		
1. 資產	0.04 億美元	0.75 億美元
2. 資本額	權益 : 0.05 億美元	0.5 億美元
3. 市值	0.01 億美元	1 億美元
(二) 損益表 1. 營收	省略	最近 12 個月 1 億美元以上
2. 稅前淨利	(1) 最近 1 年度；(2) 最近 3 年中 2 年度 0.075 億美元	(1) 近 2 年度每年 200 萬美元以上 (2) 近 3 年皆賺錢且合計 1,000 萬美元以上
二、消極資格 1. 成立	2 年以上	3 年以上
2. 股東人數	300 人以上（不含 100 股以下零股） 持股 100 萬股以上	500 人以上 持股 110 萬股以上
3. 公司治理	符合 Rule 5600 Series	Sarbanes-Oxley
4. 證券公司	造市者 3 家以上	Section 303D 審計委員會

9-4 中國大陸股票上市資格

2014 年 7 月起，臺灣的鴻海集團在中國大陸的「富士康科技集團」旗下子公司，陸續傳出在中國大陸 A 股申請掛牌上市。

- 印刷電路板臻鼎（PCB）－ KY（4958-TW，tw 是 Taiwan 的股票代號簡寫）旗下鵬鼎在深圳證交所申請上市。
- 富士康工業互聯網（Foxconn Industrial Internet, FII）－向上海證交所申請股票上市。

愈來愈多的臺資公司在中國大陸申請股票上市，中國大陸有上海、深圳證交所，股票上市資格相近。2015 年起，陸港股市新股上市金額超越美國股市，成為全球第一大國，愈來愈多國家的（上市）公司聞風而至。

一、三個證券交易所

㈠ **上海證券交易所**：上海證券交易所（Shanghai Stock Exchange, SSE）的資料詳見表一第三欄。

㈡ **廣東省深圳證券交易所**：深圳證券交易所（Shenzhen Stock Exchange, SZSE）資料詳見表一第二欄。

㈢ **香港交易所**：1986 年 4 月 2 日，香港四家證券交易所合併，成立聯合交易所。2000 年控股公司香港交易所成立，下轄股票、期貨交易所與結算公司。

二、股票上市資格

2006 年 5 月 17 日證監會發布「首次公開發行併上市管理辦法」，表二。

臺資公司在中國大陸主板（A 股）新股上市代表公司

時：2018 年 6 月底
地：中國大陸上海市的上海證券交易所
人：富士康工業互聯網公司
事：鴻海精密公司在中國大陸富士康科技集團下的子公司
2018. 年 3 月 3 日通過國務院證監會發行審查委員會的審查，花了 36 天。
2018 年 5 月 11 日取得證監會的核准批文，花了 56 天。
預定募資金額人民幣 272.53 億元，占發行股數 10%，發行價格人民幣 13.8 元左右。

中國大陸國務院證券監督管理委員會小檔案

成立：1992 年 10 月（前身有二，1998 年 4 月合併）
地點：中國大陸北京市
人：證監會，是國務院 9 個直屬
事：事業單位，另各省市政府設證監局

發行	監管
1. 股票發行審核委員會 2. 發行監管部	1. 市場監管部 2. 機構監管部 3. 上市公司監管部

表一　中國大陸滬深兩個股票市場

項目	深圳證交所	上海證交所
一、基本資料		
1. 成立	1990 年 12 月 1 日	1990 年 11 月 26 日
2. 住址	中國大陸廣東省深圳市福田區	中國大陸上海市
3. 代表性指數	深圳成分指數	上海綜合指數，這是中國大陸的代表股價指數
4. 代表性公司	深圳證交所比較像美國那斯達克證交所，大都是省市公營企業、中型民營公司股票上市	上海證交所比較像美國紐約證交所，大都是國營企業上市，股本大、市值大
二、交易情況		
投資人	11,936 萬戶	9,581 萬戶

資料來源；臺灣證券交易所，中國大陸證券市場，相關制度

表二　中國大陸公司股票上市資格

單位：人民幣

項目	積極條件	項目	消極條件
1. 資產負債表 ・資本額	3,000 萬元以上	1. 成立 2. 股東人數	3 年 無規定
2. 損益表 ・營收 ・淨利	3 年累計超過 3 億元 每年皆賺錢且 3 年累計超過 3,000 萬元	3. 公司治理	無，但五種獨立： ・資產完整； ・四種獨立：機構、人員、業務、財務
3 現金流量表 ・營業活動現金流量	3 年累計超過 5,000 萬元	4. 證券公司 5. 現金增資	1 家以上推荐證券公司 上市後股本 5,000 萬元以上，公開發行比率 25%，股本有 4 億元以上、10%

9-5 臺灣股票上市上櫃的條件

臺灣股票市值約 1.13 兆美元，全球第 17 大，跟總產值占全球總產值比重排名一樣，臺灣證交所九成是國內公司，一成公司是海外公司（其中八成是台商公司）。

一、分道而行，終歸併道

由表一可見，臺灣有上櫃（over the counter, OTC）、上市兩個股市，以美國職業籃球、棒球比喻，比較像小聯盟（二軍）、大聯盟（一軍）的差別。當初的設計是「分道」而治，1999 年，金管會證期局（前身為財政部證期會）打算推動合併。

二、股票上櫃上市消極資格

由表二可見，一般公司（註：科技公司除外）股票上櫃、上市的消極資格相近。

三、積極資格

上櫃、上市的積極資格是第二道門檻。

㈠ 記憶口訣：4636

我們畢其功於一役，把上櫃、上市的資本額、獲利能力（稅前權益報酬率）以圖形方式呈現，這樣易懂易記，易記的口訣是「4636」，「46」是 X 軸（資本額），「36」是 Y 軸（稅前權益報酬率）。其中 X 軸中的上櫃資本額 0.5 億元即可，但潛規則大抵是 4 億元。

㈡ 圖形說明

由圖可見，上市積極資格各是上櫃的二倍，即要求較高。

四、不宜上市條件

全球各股市的上市資格皆很容易查得到，很易懂；竅門在於上市審議委員會有張（十大）「不宜上市條件」。

櫃檯買賣中心

申請上「興櫃」

1. 2 家推薦證券公司
2. 董事、大股東（10% 以上）股票集中保管

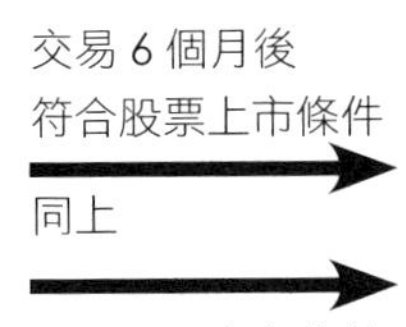

證券交易所、櫃買中心

臺灣證交所
1. 書面審、書面審查報告
2. 上市審議委員會

櫃買中心
1. 書面審、書面審查報告
2. 上櫃審議委員會

表一　臺灣櫃買中心、證券交易所基本資料

項目	證券櫃檯買賣中心	臺灣證券交易所
1. 成立	1994 年 11 月 1 日	1961 年 10 月 23 日
2. 住址	臺北市中正區羅斯福路二段 100 號	臺北市 101 大樓
3. 代表性指數	櫃買指數（TPEX），約 150 點，包括所有上櫃、興櫃股票，633 支上櫃、興櫃 254 支、創櫃 60 支	加權股價指數約 11,000 點，市值約 31 兆元，920 支股票，850 支國內公司，70 支外國公司（KY）
4. 代表性公司	10 大權值股占股市市值 22.44% 環球京站 5.3% 紋帽戰 3.6% 世界先進 3.1% 群聯 1.82%	10 大權值股占股市市值 41.57% 台積電，以股市市值 31 兆元來說，台積電市值約占 20%，其他位如同三星電子在南韓股市。

表二　股票上櫃、上市的消極資格

項目	一般上櫃	一般上市
1. 公司創立時間	滿 2 年	滿 3 年以上
2. 股票公開發行	是	是
3. 股權分散：股東人數	300 人，且占股權 20% 以上	1,000 人以上，且占股權 20% 以上
4. 公司治理	2 席獨立董事，設立薪酬委員會	
5. 證券公司	2 家推薦證券公司或在興櫃市場滿 6 個月	省略
6. 新股上市	500 萬股以上	3,000 萬股以上

圖　股票上櫃上市的積極條件

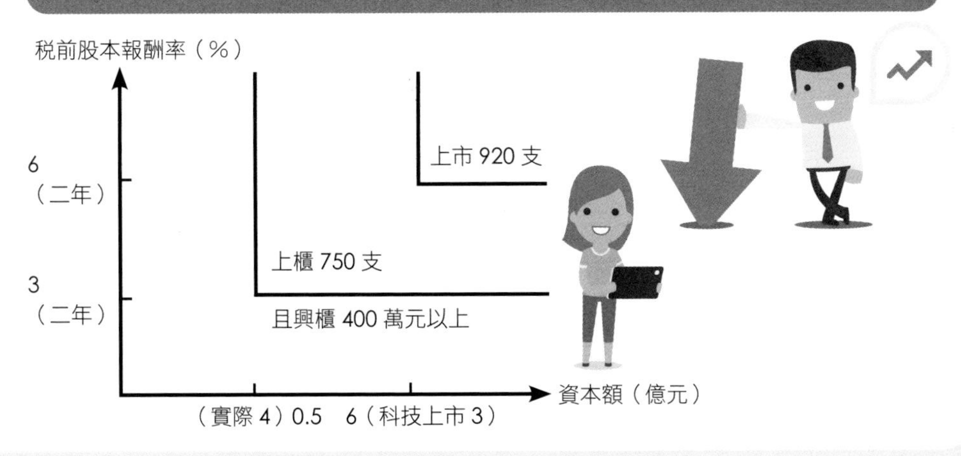

9-6 美陸臺的證券上市主管機關

本單元一次說明美陸臺的證券主管機關。基於篇幅考量，把股票上市相關費用在此說明。

一、股票上市的主管機關

㈠**證券業主管機關**：大部分國家都是財政部的證券交易委員會，或金管會的證期局。

㈡**股票上市審核批准**：證券交易所具有準主管機關身分，針對股票上市、交易等有管理權力。

二、股票上市相關費用

在臺灣，信用卡依刷卡額度至少分三級：普通卡、白金卡、無限卡。普卡年費 1,800 元、無限卡 20,000 元，但皆可透過刷卡金額折抵。很少人會真的繳年費，跟信用卡帶來的許多效益來說，年費微不足道。同樣的，公司申請股票上市，有上市費、每年維持費、詳見表二，跟上市的效益相比，可說九牛一毛，詳見下表。

表　公司股票上市的效益成本分析

項目	股票上市的效益成本
出處	
一、效益	股票上市的資本利得 以資本額 10 億元，每股淨利 3 元為例 上市後的市值 3 元 x1 億股 x16 倍 =48 億元 上市前的市值 3 元 x1 億股 x8 倍 =24 億元
二、成本	股票上市額外支出約 700 萬元，上市後費用如下： 1. 法令遵循成本 ・獨立董事酬勞 ・雙簽會計師財報簽證費 2. 證交所規費

表一　美陸臺證券法令與主管機關

項目	臺灣	中國大陸	美國
一、法令	1968 年證券交易法	1984 年上海市發行股票暫行辦法 1999 年 7 月證券法	1933 年證券法 1934 年證券交易法
二、主管機關	2004 年 7 月 1 日行政院金融監督管理委員會成立，旗下有證期局，其前身為 1960 年 9 月的經濟部證券管理委員會	國務院證券監督管理委員會	1934 年 6 月 6 日成立證券交易委員會，簽於聯邦政府獨立機構
三、上市與交易 1. 發行	以臺灣證券交易所為例 1. 上市一部（二部是針對外國公司） 2. 股票上市	以上海證交所為例 發行上市部	以紐約證券交易所為例 證券交易委員會負責上市資格審核。紐約證交所下有「上市與服務部」
2. 交易 3. 監督	交易部 監視部	交易管理部 市場監察部	執法管理部 市場監察部
4. 公司治理	公司治理部	−	聽證委員會 上市公司（法令）遵循部

表二　美陸臺股票上市上櫃相關費用

項目	臺灣	中國大陸 *	美國 **
一、上市		以上海為例，A 股	以紐約證交所為例 最低 12.5 萬美元，最高 25 萬美元
(一) 初次 1. 基本費 2. 變動費	50 萬元	依股數分 5 級，人民幣 30~65 萬元	5 美元
(二) 每年維持費（annual fee）	10~45 萬元，依股本分成 5 個級距	月費，總面額的 0.001%，最高 15 萬元	每股 0.004 美元 普通股每股 0.00105 美元 其他股 0.00093 美元
二、上櫃		以深圳為例，A 股	以那斯達克股市為例
(一) 初次（entry fees）	10 萬股為單位，分 6 個級距，以第 1 級 3,000 萬股為例，每 10 萬股收 400 元	同上海證交所	1. 申請費 0.5 萬美元 2. 發行費（依股數分 2 股）包含申請費 0~1,500 萬股，5 萬元 1,500 萬股以上，7.5 萬元
(二) 每年維持費	最高 45 萬元	同上海證交所	以國內公司發行為例， 分 3 段： 1,000 萬股以下 3.2 萬美元； 1,000~5,000 萬股 4 萬美元； 5,000 萬股以上 4.5 萬美元。

資料來源：* 臺灣證券交易所，中國大陸證券市場相關制度，2015 年 7 月。
** 臺灣證券交易所，《美國證券市場相關制度》，2017 年 7 月，第 68 ～ 69 頁。

9-7 從幼兒園到大學的多層次資本市場

由資本額來說，股票上櫃公司、上市公司都是大型公司，這對中小企業（詳見表一）來說，在資金方面嗷嗷待哺，正需要打通資金的任督二脈，許多國家的政府都因應環境，由大公司、中公司到小公司，一層一層由大到小建立「多層次資本市場」（multi-level capital market）。

一、美國

美國的股票市場只有「主板」，沒有興櫃板（emerging board）、創櫃板（creative board），原因有二：

(一) 股票上市前（pre-IPO）股權市場健全

從「天使投資人→創投公司→私下募集股權基金」，金額大，對許多「新創公司→小公司→中型公司」提供股權投資。

(二) 許多股市很有彈性

那斯達克證交所對許多型態公司、獲利（甚至虧損）的公司，在新股市審核較有彈性，比較像店頭市場。

二、中國大陸

由表二第三欄可見，中國大陸套用美國職籃職棒的用詞：一軍、小聯盟；在職業聯盟外的三、四軍。

(一) 股票上市

主板（main board）、二板（the second board）都算股票上市。

(二) 股票交易系統

新三板（new third board）、新四板（new fourth board）上的股票皆未上市，這二者都是未上市股票的交易系統。有流通市場，至少讓中小企業有個募資機會，只是對投資人來說，這是個叢林。

三、臺灣

由表二第二欄可見，臺灣行政院金管會證期局逐步建立中小型公司股票募資的市場。

表一　美陸臺對中小、微型公司定義

公司規模	臺灣	中國大陸	美國
一、中小企業	約 38.6 萬家	單位：人民幣	約 2,500 萬家，占公司家數 98%
(一) 服務業	年營收 1 億元 員工數 100 人	1. 批發業：3,000 萬元、100 人。 2. 零售業：1,000 萬元、100 人。 3. 交通運輸、住宿餐飲業：3,000 萬元、400 人。	員工數 500 人以下 另有營收門檻：依標準行業分類碼規定
(二) 工業			
1. 製造業	資本額 8,000 萬元以下	營收 3,000 萬元	
2. 營造業		員工數 600 人	
3. 礦業等	員工 200 人以下		
二、微型企業	約 94.5 萬家，占全部公司 員工數 10 人以下 1、2 占公司家數 97%	以工業來說 資產 3,000 萬元 員工 100 人以下 應納稅額 30 萬元以下	

表二　美陸臺的多層次資本市場

層級	臺灣	中國大陸	美國
一、主板			
(一) 上市	1962 年 集中市場 920 家	(一) 主板（main board）上市 1. 上海，1990.12.19。 2. 深圳，1991.7.3，2004 年 6 月出中小企業版（股數 1 億股以下）	(一) 全國性 證券交易所 紐約 那斯達克 美國
(二) 上櫃	1994 年 櫃檯買賣市場 750 家公司	(二) 創業板（the second board, 二版） 2006.1(或 2009.8) 創業板（creative board）	(二) 地區性 約 4 個，波士頓、費城、太平洋、中西
二、興櫃板	2002 年 興櫃市場，即上市上櫃預備市場 約 258 家公司	(三) 新三板（new three board） 2012.9.20 全國中小企業股份轉讓系統（National Equities Exchange & Quotation, NEEQ）公司掛牌成本約 9 人民幣 120 萬元	
三、創櫃板	1. 2014 年創櫃板約 300 家中小型公司 2. 2013 年創業集資資訊專區	(四) 新四板（new four board） 2012 年 8 月區域性股權交易中心（Regional Equities Exchange）偏重私下募集，由各省市政府管理	未上市 票全國市場 1. OTCDB 2. 美國店頭集團

9-8 新股上櫃的典範：漢來美食公司

運動、餐廳、旅遊是生活中人們聊天的共同話題，以距本書出版時較近的股票上櫃公司中，選漢來美食公司為例說明。

一、全景：百貨公司、飯店內餐廳

百貨公司、飯店內的餐廳是核心商品，主要功能是吸客、留客，許多公司開設店內自有品牌餐廳，口碑、業績做起來，再獨立成公司，對外展店。

漢來集團是以臺灣高雄市為主：

・住：1995 年漢來飯店成立。

・食：漢來美食公司 2003 年成立，先是漢來飯店的餐飲事業部，後來分拆成立漢來美食公司。

二、近景：15 家餐廳品牌、50 家店

漢來美食 15 個餐廳、50 家店，看似複雜，套用「基本→核心→攻擊」的分類方式：

・基本餐廳：漢來海港自助餐占 53%；6 家店－臺北市（敦化、天母）桃園、臺中、高雄等。

・核心餐廳：宴會廳 2 間，占營收 20%；在漢來大飯店、漢來巨蛋全館。

三、漢來美食公司 2017 年 9 月 23 日股票上櫃

漢來美食公司股票上櫃的效益，至少有二。

㈠ **對外**：募集資金以擴大營運。由表可見，漢來美食自認在臺中市占率低，還將繼續展店。這需要現金增資，股票上櫃有助於募資。至於中國大陸展業採取品牌授權方式，以降低經營風險。

㈡ **對內**：留才。漢來美食總經理林淑婷表示，各家餐廳的各店大都由主廚出任店長，店長負責盈虧，責任大；公司給予關鍵員工股票，在公司股票上櫃後，可望在人手難覓的市場中，發揮「留才」的效果，「企業唯有留才，才能留財」。（《工商時報》，2017 年 9 月 27 日，B1 版，姚舜）

	(1) 漢來	(2) 餐飲業*	(3)=(1)/(2) 市占率 (%)	(3) 淨利 （億元）	(4) 股數 （億股）	(5) 每股淨利 =(3)/(4)
2014	21.79	4129	0.528	1.3678	0.2068	5.1
2015	28.96	4241	0.68	1.8135	0.2558	6.13
2016	31.66	4394	0.72	2.452	0.3359	7.3
2017	33.43	4523	0.739	2.66	0.378	7.037

* 資料來源：臺灣經濟及能源部統計處，〈餐廳與飲料業〉。

臺灣漢來美食（1268）公司小檔案

成立：1995 年，2003 年 1 月 9 日、2015 年 12 月 24 日上興櫃、2017 年 9 月 27 日股票在櫃檯買賣中心上櫃，承銷價 150 元，首日收 188 元。
住址：臺灣高雄市前金區成功一路 266 號
資本額：3.78 億元
董事長：賴宗成　　總經理：林淑婷
營收（2017 年）：33.43 億元
淨利（2017 年）：2.66 億元
主要產品：餐食占 89%、飲料 3%（大廳酒廊、咖啡廳）、服務收入 6%、其他 2%
員工數：2,000 人
店數：2017 年 39 家；2018 年 50 家，有 15 家餐廳。（14 家自主、1 家代理）
營收地區：臺灣 96%，中國大陸 4%

圖　漢來美食公司

營收結構 \ 菜系	中式一	中式二	日式	西式	
攻擊型業務占營收 20%	漢來海鮮名人坊：米其林級中餐廳占 3%	福園台菜餐廳 紅陶上海湯包 翠園小館 港式海鮮火鍋	弁慶日本料理餐廳	法式牛排館 龍蝦酒殿、鐵板燒池畔餐廳	糕餅小舖
核心業務占營收 30%	宴會廳占 20% 高雄 2 家店	翠園粵菜、飲茶餐廳 占 7%		義式簡餐 漢來蔬食占 6%	
基本業務占營收 50%				漢來海港歐式自助餐 53%	

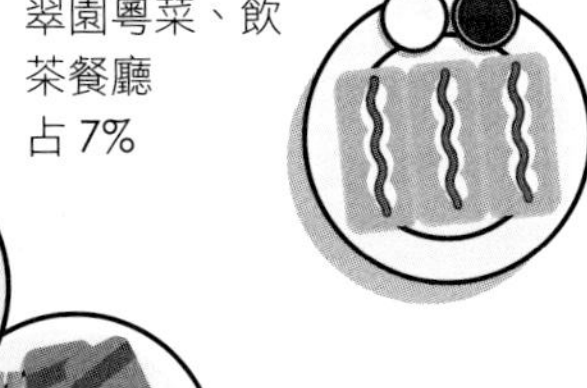

品牌：自有品牌 14 個、1 個代理品牌（名人坊）
區域分布：臺灣、中國大陸（上海市、陝西省、西安市）

9-9 公司股本形成

公司的股本形成（capital formation）是指一家公司的「資本額」形成的過程，至少在公司成長階段中有兩個重要：

- 股票上市時，達到資產負債表中的資本額規定：各國證券交易所針對公司股票上市，在資產負債表方面大都有資本額的及格標準，大部分公司皆希望在股票上市規劃時，提前或如期達到資本額目標。
- 股票上市後，控制資本額以維持每股淨利 3 元以上：一般機構投資人把每股淨利（earnings per share, EPS）3 元以上視為「績優股」（blue chip stock，不宜直譯為藍色籌碼股，簡稱藍籌股，賭場藍色籌碼代表 50 元），這是列入投資名單的獲利能力標準。

宋朝大儒朱熹的詩〈觀書有感〉中有一句話：「問渠哪得清如水，為有源頭活水來。」由右圖可見，把公司的業主權益比成水池，「資本額」是最後且金額最大的水池。

一、淨利與保留淨利

㈠ **淨利**：每年淨利至少分成 3 份：1. 彌補過去虧損；2. 提列 10% 到資本公積（直到資本公積等於資本額）；3. 主管機關相關法律要求提撥特別資本公積。

㈡ **未公配淨利**：公司「未分配淨利」包括兩項：1. 法定淨利公積；2. 未分配淨利。後者以台積電來說，2009 年來大都以現金股利在 6 月經股東大會通過後，8 月發放。

二、資本公積轉增資

由右圖可見，資本公積也可轉增資。

㈠ **資本公積的英文**：至少有 3 個英文名詞，其中「capital accumulation」的簡寫 CA 常用。

㈡ **資本公積的來源**：庫藏股、認股權、股東捐贈。

1. 每年淨利提列 10%，是法定資本公積。
2. 溢價現金增資，「溢價」是指超過面額（10 元）的部分。

三、轉換證券轉換普通股

由圖可見，有三種轉換證券（convertible securities）皆可能轉換成資本額，但占股本形成一成以內。

㈠ **轉換公司債**（convertible bounds, CB）：這是「公司債加認證權證」的組合，俗稱「半債半股」，因股市比重極低，不予討論。

㈡ **轉換特別股**（convertible preferred stock, CPS）：這是「保障收益率卻沒投票權的股票」，因占股市比重極低，不予討論。

㈢ **員工認股權證**（employee stock warrants）：這是公司給關鍵員工的認股權（subcription right），在臺灣對公司股本形成頂多占萬分之一。

圖　公司股本形成的來源（1~5為大致順序）

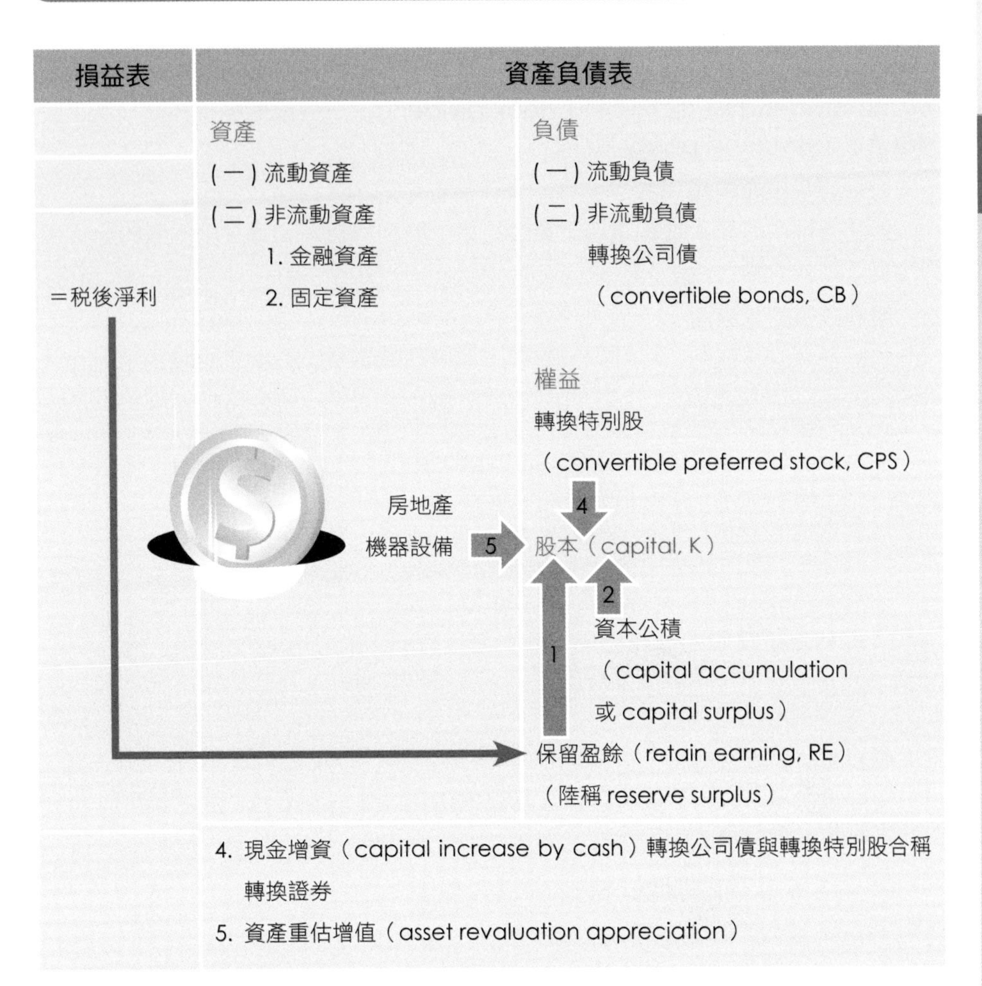

9-10 股利政策相關理論

公司有賺錢，其中一成須提列資本公積（直迄資本公積等於資本額），稱為法定資本公積，再加上其他法令要求者；剩下的淨利便可以拿出來配發現金股利（cash dividend）或股票股利（stock dividend），各配發多少，此稱為「股利政策」（dividend policy）。

一、股利政策相關理論

財務管理中有三大理論議題：資金結構、股利與資本預算，前兩者的分析架構相近，詳見右表。

二、股利政策的實務面

美國沒有股票股利，只有現金股利，臺灣兩者皆有，本處討論股票股利的實務運作。

㈠ **法令要求：**公司章程宜原則性揭露股利政策。行政院金管會證期局的前身財政部證期會 2000 年 1 月 3 日的函，要求上市公司在公司章程中原則性揭露股利政策，再考慮經營環境和公司成長階段。

㈡ **各種股利政策：**股利有現金、股票股利兩種，有人主張「一半一半」的均衡股利政策（balance dividend policy）。簡單的説，所有上市公司淨利 78% 配發現金股利。

㈢ **股利政策跟股本形成掛勾：**外資喜歡每股淨利 3 元以上股票，所以公司的股利政策常是股本形成的一環，透過現金股利，以免股本虛胖，拉低每股淨利到 3 元以下。

三、股利政策的個案分析：台積電

講理論太複雜，由臺股的權值王台積電可見其股利政策極單純，甚至放大説「股本資本」很簡單，由於每年淨利皆在上市公司名列第一，不須現金增資或股票股利增資。

㈠ **2009 年起現金股利：**2009 年起，台積電只配發現金股利。

㈡ **目的：**控制股本在 2,593 億元。2006 年股本 2,583 億元，之後，股本大致固定在這。

股利形式小檔案

- 股票股利（stock dividend），即配發股票當股利，俗稱「股子」，從股子之後再拿到股票股利，這稱為「股孫」，以 1 股配 2 元為例，1,000 股可配到 200 股，這俗稱股「子」。
- 現金股利（cash dividend）：以 2018 年台積電每股現金股利 8 元來説，1,000 股（1 張股票）可拿到 8,000 元，此案在 2018 年 6 月 5 日年度股東常會議決。

表　股利政策相關理論

大分類	中分類	說明
一、股利收關公司股價 	(一)風險考量 時：1967年 地：美國羅徹斯特大學 人：高登（M. Gorden, 1920~2010） 事：在《經濟與統計評論》期刊上發表「股利、淨利與股票價格」，主張股東寧可「今天」多一點現金股利。	俗稱「一鳥在手理論」（a bird in the hand theory），來自美國俚語「一鳥在手，勝過十（或雙）鳥在林」。詳細說，當股東收到較高現金股利支付率，覺得投資風險降低，權益必要報酬率降低，其他（主要指獲利）情況不變下，未來淨現金流量增加，股價上漲。
	(二)股東租稅考量 時：1967年 地：美國 人：費倫（D. E. Farrar）和賽倫（L. L. Selwyn） 事：詳右述	在「兩稅合一」情況下，投資人考量的是資本利得稅與現金股利所得稅「兩害相權取其輕」，左文引用次數300次。2017年摩洛哥Settat兩位教授Riad Lamyaa與Touili karima在「國際經濟、商業和管理」有篇「回顧」租稅對股利政策的論文。
	(三)資訊不對稱 時：1956年 地：美國哈佛大學 人：林特納（John Lintner，1916~1983） 事：當公司董事會預期未來每股淨利會增加，才會提高現金股利水準。	這方面論文如過江之鯽，只舉較多（4,200次）的一篇，發表在〈美國經濟評論〉上名稱「公司淨利在保留淨利、股利稅的分配」。 針對600家上市公司財務經理問卷調查，得到左述結果。
	(四)代理理論 時：1976年 地：美國羅徹斯特大學 人：傑森（M. C. Jensen）和麥克林（W. H. Meckling） 事：公司董事會的利益跟股東不一致	套用俚語「男人有錢就可能做壞事。 「公司手上有很多錢（主要來自保留淨利）」。公司董事會可能做壞事。 1. 過度投資（over-investment），指投資案預估淨現值為負。 2. 掏空公司資產或在職消費。
	(五)行為理論 時：2003年 地：美國哈佛大學 人：貝克（M. Baker）和伍格勒（Jeffrey Wurgler） 事：在「財務」期刊上發表一篇名為「迎合（投資人偏好）的股利相關理論」（A catering Theory of Dividends）	1990年代起，美國公司流行以保留淨利買回庫藏股，股利高支付率的公司減少引起美國學者研究，後來七大工業國都有此現象，學者研究漸多。俗稱「客戶效果」（clientele effect）公司迎合（cater）投資人，投資人喜歡現金股利、高支付率公司股票，公司就跟進。 左述論文引用次數1,300次。
二、股利無關公司股價	M&M 時：1961年 地：美國卡內基梅隆大學 人：莫迪格利安利（F. Modigliani）和米勒（M. H. Miller） 事：在論文「股利政策、成長和公司價值」	俗稱「MM股利無關理論」 假設：1. 完全市場 2. 沒有股票交易成本（指0稅率） 主張：只有公司的資產（經營績效）會影響損益表上淨利，進而影響股價與資金結構（包括股利政策）無關。

9-11 公司減少資本額兩種方式：減資與庫藏股

對於先會騎機車，後來才學會開車的人，能體會開車可以倒車，而機車、腳踏車都作不到。以開車比喻公司資本額，資本額有三種方式以上增資，至少有二種方式減少，本單元說明之。

一、公司減資

公司經由股東大會的通過議案，以減少資本額 10% 以上，把錢依持股比率退還給股東，稱為「減資」（reduction of capital）。

㈠ **公司減少資本的目的**：一般來說，公司減資有二個目的，詳見下圖第一欄。

・虧損及其他：虧損公司減少資本額去抵掉「累積虧損」（負的資本公積、保留淨利），上市櫃公司一年約 30 家。

・現金減資料來源：有淨利公司為了達到「定存概念股」的標準（即一年期定期存款利率 1.07% 的 3 倍），這可說是通用的權益報酬率。

㈡ **現金減資狀況**：2005 年只有 1 家公司現金減資（俗稱瘦身），2017 年 38 家，詳見表一。約占上市上櫃公司的 1.5%，反映出公司缺乏投資機會，其次是股息股東要繳綜所稅，減資退現金則不用。

二、公司買回股票（即庫藏股）

由表二可見，公司動用帳上現金買回股市中流通的股票，放在「財務部」（department of treasure）帳上，此部分股票稱為「庫藏股」（treasury stock）。

㈠ **庫藏股的目的**：由下圖或表二第一欄可見公司實施庫藏股的三個目的，由於幅度限於資本額 10% 以內，董事會多數表決通過即可，一年可多次實施，機動性高。

㈡ **以維護股價的目的來說**：公司面臨市場挑戰或股價偏低時，買回部分股票，在淨利、本益比不變情況下，可拉高每股淨利，進而拉高股價。然而，許多公司現金不足，淪為「口水」護盤，投資人看破手腳，護盤效果低。

目　的		投入	轉換
減資目的： 1. 虧損公司以資本額去彌補累積虧損 2. 有淨利公司維持獲利能力於權益必要報酬率之上	→	股東會議案	1. 減資幅度 10% 以上 表一
庫藏股三個目的： 1. 給轉換證券轉換股票 2. 給員工 3. 護盤或減資	→	董事會決策：2/3 董事出席，1/2 通過	2. 減資幅度 10% 以內 表二

表一　近10年上市上櫃現金減資家數與規模

年度	現金減資家數	減資規模(億元)	最高減資金額(億元)	最大減資幅度(%)
2008	11	275.33	120.00/ 臺灣大	45.2/ 所羅門
2009	7	210.78	191.16/ 中華電	30.0/ 聯鈞
2010	10	162.00	96.97/ 中華電	35.0/ 老爺知
2011	8	262.09	193.94/ 中華電	50.0/ 台星科
2012	12	66.61	27.06/ 福益	81.8/ 福益
2013	14	176.31	66.16/ 國巨	38.0/ 精英
2014	13	242.52	153.95/ 國巨	69.7/ 國巨
2015	15	90.10	16.57/ 智原	39.8/ 晶宏
2016	23	145.70	49.70/ 國建	30.5/ 穩懋
*2017	38	104.56	20.20/ 年興	80.0/ 全銓

* 資料來源：CMoney

表二　公司實施庫藏股的目的

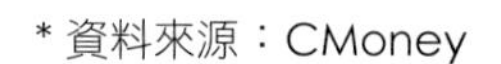

項目	說明	舉　例
一、法源	證券交易法第28條之2：上市上櫃公司買回本公司股份辦法	第一種及第二種情形買回股份，應於買回後3年內轉讓，逾期未轉讓者，視為公司未發行股份，並辦理變更登記，同時應訂定股份轉讓、轉換及認股辦法。按照第三種情形而買回者，則應銷除股份，並應於6個月內辦理變更登記。買回的股票不得質押，未轉讓前不得享有股東權。
二、目的 (一)轉換證券轉換成普通股 1. 轉換公司債 2. 轉換特別股	即不以「現金增資方式」來給轉換證券投資人「股票」，以免「資本額膨脹，造成每股淨利稀釋」。	2016年2月16日台郡（6269）董事會決議實施庫藏股，以作為第四次發行轉換公司債，其股權轉換時所需的股票來源。
(二)員工認股 1. 員工認股權證行使 2. 轉讓給員工	即不以「現金增資方式」來給「員工股票」，以免「資本額膨脹，造成每股淨利稀釋」。	例如：2017年9月14日~11月13日，威剛（3260）宣告實施庫藏股，買回6,000張，買回價格區間54~113.6元，買回的庫藏股轉讓給員工。
(三)維護公司信用及股東權益	俗稱護盤，分為二種情況： 1. 暫時放公司帳上，但不可參與淨利分配與計算每股淨利。 2. 買回股票後，註銷股本，這是減資。	一般庫藏股占股數10%以內，一年約50支，一般來說，有獲利公司實施庫藏股，其平均報酬率會大於大盤報酬率。

MEMO

第 10 章 權益、管理代理問題與解決之道

10-1 全景：從公司治理到完全整合報告

2010 年起，臺灣 99.9% 以上的人用智慧型手機都有三個功能：打電話、拍照、觸控螢幕。就發展史來說，這些功能分三階段：

・1973 年 10 月，美國摩托羅拉公司推出全球第一支無線電話；

・2001 年，美國一家小公司 Lightsurf 推出第一支照相手機；

・2006 年 7 月，美國蘋果公司推出 iPhone，以觸控螢幕取代實體鍵盤。

同樣的，在財務管理中，各國證券交易所對上市（上櫃）公司要求遵守「環境、社會和公司治理（Environmental, Social, Governance, ESG）原則，本單元說明。

一、第一階段（1929-1970 年代）：公司治理以保護小股東

1914-1918 年全球（主要在歐洲）第一次大戰，戰後重建再加上第二次產業革命，1919-1929 年，美國經濟進入「黃金十年」，股市大漲，全民瘋股票投資，連在紐約市華爾街的擦鞋童都一口股票經（註：1927 年俗稱擦鞋童理論，shoeshine boy theory）。1929 年 10 月 24 日，股市泡沫破裂，投資人哀鴻遍野，預估 4 萬人輕生（其中 1.5 萬人跳樓）。1933 年起，美國通過一系列法律（證券法等），重點在透過資訊透明等，以減少公司董事會擁有資訊優勢（即資訊不對稱），致有內線交易機會。1970 年代的股東行動主義（shareholder activism）再一波掀起保護小股東的立法。

二、第二階段（1970 年代起）：環境保護以保障社區

19 世紀，英美開始有環保運動（environmental movement），且陸續通過一些環境保護法。在美國，分水嶺是 1969 年通過環境政策法，1970 年 12 月，設立環境保護署。

環保政策從英美蔓延到全球的地球日（earth day）：

・時：1970 年 4 月 22 日（北半球的春分）

・地：美國

・人：美國 200 萬人，主要是學生

・事：由民主黨籍參議員蓋洛德・尼爾森和哈佛大學法學院學生丹尼斯・海斯（有「地球日之父」之稱）所推動。

愈來愈多國家政府通過環保法，成立環保署（甚至環境資源部），要求公司注重環境保護。

三、第三階段（1980 年起）：企業社會責任

1960 年代起，歐美的全球企業逐漸在海外下單、買料，其中在孟加拉和印度用童工、許多國家血汗工廠（sweatshop）；再加上用極低價向農（例如：香蕉、大豆、咖啡豆）、礦生產者買料，經過媒體報導，掀起企業責任運動（corporate social responsibility movement），1980 年，歐美等國透過立法等以要求公司善盡企業的社會公民責任。

表　公司治理的三大面向

	公司治理（corporate governance）	環境保護（environment）	社會責任（social responsibility）
一、時空背景		(一)1960 年代 1. 濫用農藥、化學肥料，美國國鳥白頭鵰瀕臨絕跡。 2. 汽車廢氣汙染，主要是含鉛汽油。 (二)1980 年代 1. 溫室效應 2. 熱帶雨林濫墾（tropical deforestation） 3. 其他環保（environmental degradation）	1980 年代 (一) 對勞工的人權 公民社會積極人士（civil society activism）大肆批評美國等全球企業（transactional co., TNC）忽視勞工人權 1. 使用童工 2. 血汗工廠（sweatshops） (二) 1. 對原料供應來源公平貿易（fair trade） 2. 對消費者
二、政府措施			
(一) 聯合國		1972 年聯合國設立環境（規劃）署，設在肯亞首都奈洛比市	2000 年 7 月聯合國推動「全球盟約」（Global Compact）計畫，強調人權、勞工標準、環保等九項
(二) 美國	1933 年美國通過證券法等	1969 年通過環境投資法，1970 年 12 月環保署成立	
三、民間			
(一) 運動			公司社會組織（civil society organizations, CSOs）推動立法、政府、市場、公司
(二) 協會		1991 年世界企業承續發展協會	全球永續投資聯盟（GSCA）推動社會責任投資

10-2 從公司治理到企業社會責任

你有沒有聽過「閱聽大眾」（或閱聽人，audience）這個字？這是兩個時期的結果：1906 年收音機問世，收聽大眾（listeners, 簡稱聽眾），1943 年電視問世，看電視的人稱為電視「觀」眾（TV views, 或 viewers）。既聽又看的稱為「觀眾」（audience），臺灣的傳播學者翻譯成「閱」、「聽」大眾。來說明企業管理中的下列演進，詳見右圖（一般均衡架構）。

一、第一階段：1934-1970 年代，資金提供者

由圖可見，1934-1970 年，美國政府對利害關係人的關心聚焦在個體環境中「生產因素」中第三項資金（capital, 用資金去買機器等 capital goods, 資本），這包括資金來源的兩項，這是公司董事會跟資金提供者（capital providers）間的公司治理（corporate governance）問題。

(一) 負債資金來源

主要指向銀行借貸、債券投資。

(二) 權益資金來源

這主要指權益資金來源中的股票投資人（share investors），其中股票有辦理過戶的稱為股東（share holders）。

二、第二階段：1970 年代，社區

到了 1960、1970 年代，全球環境保護逐漸蔚為風潮，許多公司、工廠旁的社區無法忍受工廠汙染（噪音、空氣汙染），紛紛圍廠，要求公司改善（甚至搬遷）。工廠旁的「社區」屬於公司個體環境中生產因素第一項的自然資源（包括土地、水電、空氣等）。

三、第三階段：1980 年代起，勞工、消費者

1980 年代，公司的企業社會責任運動，要求公司同時兼顧三方面人的利益。

- 自然資源供應者：以農工原料供應者來說，例如：對小農應採取「公平貿易」（fair trade）。
- 勞工
- 商品市場

圖　利害關係人範圍比股票投資人廣

投入　轉換　產出

一、總體環境政府管理

政府

二、個體環境

生產因素市場　商品市場
(一) 自然資源
1. 供貨公司（supplier）　2. 社區
(二) 勞工、工會
(三) 資本
1. 債權人：銀行、債券投資人
2. 權益：股票投資人、股東（share holders）
(四) 技術
(五) 企業家精神

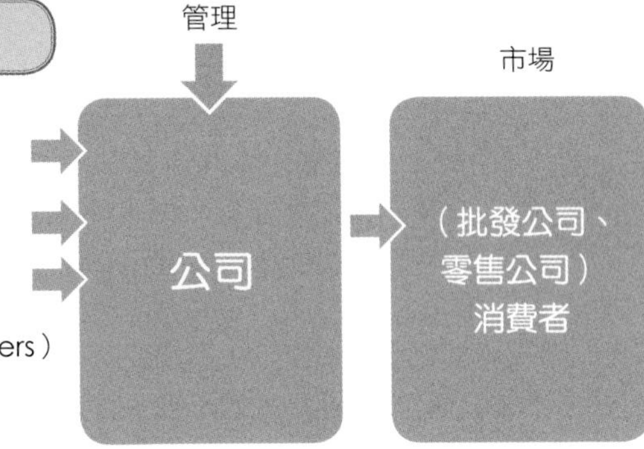

利害關係人相關理論（shareholder theory）

時：1983 年起
地：美國賓州大學華頓商學院
人：佛利曼（Robert Edward Freeman, 1951~），有「利害關係人相關理論之父」之稱
事：1983 年在《加州管理評論》期刊上發表一篇有關
1984 年出版《策略管理：利害關係人途徑》
在企管領域此屬於組織管理、企業倫理。
比較可惜的是，利害關係人沒有唯一的定義。

聯合國有關全球的公司責任的論文

時：2005 年 6 月
地：瑞士日內瓦市
人：Peter Uttling, 聯合國社會發展研究所（UN Research Institute for Social Development, UNRISD, 1963 年成立）副所長
事：在 *Development in Practice* 期刊上論文 *Corporate Responsibility & the Movement of Business*，引用次數 361 次。
另外，聯合國環境規劃署（UNEP）推出 *Show Me the Money: Linking Environment, Social and Governance Issues to Company Value* 報告。

10-3 如何讓股東放心投資

網友上網向網路商店買商品，最怕遭到網路詐騙，付了錢都沒收到貨。更令人啼笑皆非的是收到一個空盒子。有如童話故事中「國王的新衣」，嘲笑你的智商，好讓你寫篇捶心肝的「開箱文」，順便上電視新聞報導。同樣的問題，也出現在公司，當「一人公司」時，股東、董事長同一人，會努力經營公司。但是大部分公司，董事會占股權比重 20%，80% 的股票在外面的股東手上，一旦董事會心懷叵測，就變成 1812 年德國格林兄弟《格林童話》中〈小紅帽〉的大野狼要吃掉老祖母，這便是「代理問題」（agent problem）。

一、股份有限公司

股份有限公司與股票上市集中交易經歷的發展。

全球有各的股份有限公司：15 世紀起，歐洲進入大航海時代，海權國家興起，一般認為是股份有限公司起源於荷蘭。有些經濟學者認為荷蘭人發明「股份有限公司」商業組織制度，藉以整合小錢成大錢，以公司型態經商、開發殖民地，是荷蘭國勢強大的原因。美國哥倫比亞大學校長 Robert N. Bulter（1927~2010）說過，近代最重大的單一發明就是責任有限公司，縱然是蒸汽機及電力，重要度都顯較遜色。

二、股東與董事會利益不一致

在股份有限公司中，由於股權大小，往往把權力分成三種。

㈠ **所有權**：股東們擁有公司的所有權，透過股東大會以決定公司重要決策（主要涉及盈餘分配與選定董事會成員）。

㈡ **經營權**：股東大會選出董事會成員，代表股東以經營公司，俗稱經營階層，主要指兩件事，事業決策與高階管理者（協理迄總經理）任免與監督。

㈢ **管理權**：董事會選定高階者以負責公司「營業運作」（簡稱營運），簡單的說，在經費、人事授權範圍內，管理階層負責管理公司。

三、公司治理面的防弊措施

預防代理問題有「自律」與「他律」兩種途徑。在表中公司防弊措施，主要是公司治理，其中針對管理代理問題，主要是透過內部控制制度，詳見第 16 章。

圖　公司三權分立與公司代理問題的四道防線

——以臺灣台積電為例

防線				
第四道防線	所有權（ownership right）　股東 32 萬人 ・股東會（shareholder meeting）			
	選任 ↓		選任 ↓	
第三道防線	經營權 （management right） 經營董事 3 位 * 董事長劉德音	← 監督 ← 外部控制 簽證會計部	一、獨立董事 6 位 ・薪酬委員會 ・審計委員會 二、董事會祕書 （尚未設立）	
	任命 ↓		↓	
第二道防線	管理權 （administration） 總裁　魏哲家	← 監督	董事會稽核處： 內部稽核處	
第一道防線	事業部主管 ／ 功能部門主管	← 內控	1. 總經理室 2. 會計部	

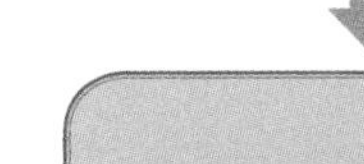

10-4 代理問題與解決之道

代理問題（agent problem）是中文翻譯名詞，本單元淺入深出的說明。

一、代理問題

「代理人」（agent）是相對於「主理人」（principle，可譯為本人），兩個字看似法律名詞。舉例子來說。

從旅行社講起：生活中最常碰到 agent 一字的便是表中的旅行社，旅客是主理人，請旅行社扮演代理人，打點旅遊食宿行樂等事宜。旅行社（泛指領隊、導遊）想賺錢，有些較黑心的旅行社對旅客「吃壞住差」，剝削「主理人」，旅遊糾紛就上網、上電視了。

以上市公司來說，公司經理人 (代理人) 受股東 (主理人) 委託。代股東經營公司，因而形成代理關係，由於兩者之間利益的不一致，產生代理問題。代理問題主要出現在，當代理人出現不道德行為，而損害股東的利益。代理人對股東雖有信託責任，但並不具有強制約束力，故導致代理人違背合約，做出不利於股東的決策或行為。

二、代理問題的種類

由於公司三權分立，因此至少可區分為三種代理問題，即代理人會剝削主理人。

㈠ **負債代理問題**：少數公司董事會賄賂銀行超額貸款等，捲款潛逃國外，1990 年代俗稱「債留臺灣」，此屬於負債代理問題。

㈡ **權益代理問題**：公司董事會成員慷小股東之慨，給自己加薪等自肥，甚至來個關係人交易，俗稱「掏空公司資產」，此屬於權益代理問題，例子詳見 Unit 11-3。

㈢ **管理代理問題**：公司高階管理者貪汙、在職消費等，吃死公司，此屬管理代理問題。

三、代理問題的緣起

在美國，公司（權益）代理問題緣自股權分散，於是所有權、經營權、管理權分離。簡單的說，「校長兼撞鐘」，可以「事必躬親」，就沒有代理問題，由表二可見，分三階段，公司股權逐漸稀釋（站在公司股東角度），政府、股東更須想方設法保護股東的權益，免得被公司董事會剝削。

表一　由旅行「社」（agent）類比公司代理問題

	主理人（principle）	代理人（agent）	代理問題
個人出國	旅客	旅行社（travel agent）	旅行社捲款潛逃 帶團出國，偷斤減兩
公司	股東（尤其是小股東等）	公司董事會	公司董事長掏空公司、自肥

表二　美國公司代理問題的三階段發展

時間	1950 年前	1960~1970 年	1980 年代起
一、上市公司			
(一) 代理問題	所有權 vs. 經營權	經營權 vs. 管理權	所有權 vs. 經營權、管理權
(二) 股權＋結構			
1. 外界股東	小股東	機構投資人持股比率 1960 年 17.2%	機構投資人 1985 年持股 28%，1999 年近 50%
2. 董事會	公司創辦人	公司家族第二代 由總裁執行	董事長也是專職管理人員
二、問題	1929.10.24~1933 年美國股市泡沫破滅，4 萬人輕生	機構投資人逐漸向國會施壓，要求法令更加保護股東	2001 年 12 月安隆案 ~2020 年上市公司財務報表弊端
三、政府解決之道	1933 年證券法 1934 年證券交易法 公開發行公司應定期公布財務報表，且經過會計師簽證	1972 年，證交會在〈會計公告〉中要求公開發行公司應設置審計委員會	2002 年沙賓法案（Sarbanes-Oxley Act）公開發行公司審計委員會職權 1. 選任會計部 2. 負責公司內部控制

資料來源：少部分整理自王秀玲，〈美國證券市場百年發展與啟示〉。

10-5 兩個途徑預防代理問題：公司治理以防止在職消費

「代理問題」來自代理人的「不正」（臺語稱為「歪」）行為，心理學對行為改變的基本作法只有兩招「紅蘿蔔」、「棍子」或「獎」與「罰」。由表一可見，這兩種方法雙管齊下，效果會較強。這兩個途徑在大一管理學書中，有美國企管學者麥克里哥（Douglas McGregor）的 Y、X 理論，也是許多人耳熟能詳的。

一、代理問題的典型：公款吃喝

從政府到公司都有同樣的問題，也就是個人消費、公家買單，在中國大陸稱為「三公」支出，其中一公便是「公款吃喝」，在美國稱為「在職消費」（perquisite）。「在職消費」是變相的吃定公家，因為薪水可能是法定的，且在明處，眾目睽睽，以上市公司董事酬勞來說，須向證交所申報、公布，詳見 Unit 13-3，也就是晾在陽光下。但是私人支出報公帳，卻可以遁形。這給董事長到各級管理者一個巧門，只要在公司授權範圍內，且會計部、稽核部「睜一眼、閉一眼」下，權益代理問題、管理代理問題便在黑暗處，一點一滴的侵蝕公司盈餘，本質上是從股東的皮夾中偷錢，而且跟從嬰兒的手上搶糖果一樣容易。

二、防弊：公司治理

公司藉由內部控制制度、證交所透過外部控制機制，內外夾擊以防止公司董事會、高階管理層「手腳不乾淨」。

㈠ **內部控制**：常見的內部控制大至董事會結構、董事會與總經理間牽制（主要是董事會下轄稽核部、總經理下轄會計部）。

㈡ **外部控制**：外部控制機制包括財報簽證會計師、機構投資人與證券公司（出具投資報告）、信用評等公司和銀行等。

三、美國的執行長不是職位

有些美國公司的董事會只扮演監督者角色，授權總裁去「經營」，此時總裁兼「執行長」（CEO），臺灣的用詞為「總經理制」。但大部分情況下是董事長兼任執行長，臺灣的用詞稱為董事長制。不過，這樣的區分在臺灣意義不大，許多公司把「執行長」誤以為是一個職位，往往指定一位執行副總裁擔任「執行長」。

在職消費的案例

2015 年 6 月，北區國稅局查核 2013 年營利事業所得稅申報案件時，發現甲公司列報高額旅費支出，其中一筆為公司董事長的國外旅費，金額 32 萬元，引起國稅局的注意，查證後發現，這筆旅費支出為旅遊團費，從所附單據明顯看出是私人旅遊的團費支出，根本跟公司的經營業務、主要銷售市場無關，因此核定剔除該筆團費作為公司的「其他費用」支出。（摘自《工商時報》，2015 年 6 月 12 日，A12 版，林淑慧）

表一　預防代理問題的兩個途徑

項目	防止代理人「舞弊」	激勵代理人「興利」
一、學者 (一) 經濟學者 (二) 企管學者 1960 年美國學者麥克里哥（Douglas McGregor）	新制度學派 X 理論（theory X）：比較偏向「人性本惡」	1973 年羅斯的最適薪酬方案（optimal compensation） Y 理論（theory Y）：比較偏向「人性本善」
二、成本效益分析 (1) 性能 (2) 價格 (3) = (1) / (2) 俗稱性價比即 CP 值	貪汙舞弊減少 約束成本（bonding cost） 1. 監督成本（monitoring cost） 2. 即「紅蘿蔔與棍子」中的「棍子」，養貓以防老鼠	淨利更高、進而股價更高 薪資，即「紅蘿蔔」 1. 董事：董事酬勞 2. 高階管理者

表　三種代理問題與防弊措施

代理問題種類	防弊措施	代理人（**agent**）	主理人（**principle**）
一、負債代理問題	公司治理 1. 審計委員會 2. 貸款契約、內含許多限制條款	經營階層（本書指董事會） 1. 跟簽證會計師勾結，簽證不實，即財報造假，以向銀行貸款。 2. 其他	1. 銀行 2. 債券投資人
二、權益代理問題		經營階層 1. 透過關係人交易，以進行「五鬼搬運」。例如：把董事長「溢價」賣給公司 2. 掏空公司資產。 3. 董事酬勞	公司全部股東，尤其是小股東
三、管理階層代理問題	薪酬委員 提名委員會 ・薪酬委員會 ・內部控制制度詳見第 16 章	高階管理階層（尤其指協理迄總經理） 1. 自肥而成肥豬 2. 在職消費（perquisite）；因職位關係的額外收入	經營階層

10-6 董事會對總經理等的約束：管理階層代理問題

你上網查一下臺灣兩大公司總經理是誰。

・營收最大公司的鴻海

・淨利最高的台積電

鴻海董事長郭台銘兼任總經理；台積電董事長張忠謀旗下有兩位總經理。但依行政院金管會對金融業「雙總經理制」的行政命令，實質上兩位總經理皆只有部分總經理的職權，本質上是擔任「執行副總」，公司總經理職權由董事長擁有。本單元聚焦於董事會如何避免管理階層代理問題。

一、董事長不宜兼任總經理

站在內部控制等角度，董事長兼任總經理是不宜的。

㈠ **內部控制的考量**：在董事會直轄財務部情況下，總經理下轄會計部可以在有限範圍內避免董事長「捲款潛逃」。一旦董事長兼任總經理，只要把財務、會計主管都換由自己的人擔任，便可直接把手伸進公司的財務資產中。

㈡ **事業分工**：董事長兩大工作一是「做對（事業組合）決策」；一是「找對總經理」，做好決策需要高瞻遠矚，需要對外參訪、討論、思考，皆需要有時間。總經理大都被日常會議、簽核公文、接見訪客等等雜事纏身，比較沒有時間思考公司三年後的事業（產品）、技術。

二、董事會對總經理的約束

基於「用人唯才」的考量，公司董事會把三分之二的權利授權給總經理，但為了避免「管理階層代理問題」，董事長會適度授權。

㈠ **人事權**：一般來說，一級（副總）、二級（協理）主管的人是由董事會核准，以避免總經理（甚至董事長）要「任用私人」去圖利自己或他人。

㈡ **預算權**：公司對總經理的支出授權有詳細規定，例如：採購支出 500 萬元內、單一合格客戶商業授權額度 1,000 萬元。這是基於風險管理兩大類手段「風險自留」中三中類之一的「損失控制」。也就是縱使總經理想「內神通外鬼」，能掏空公司資產的金額、比率有限，不至於給公司帶來「傷筋斷骨」的傷害。

㈢ **為什麼不談管理階層自肥**：以董事會聘任總經理來說，總經理酬勞由董事會決定，且其應酬費（在政府首長統稱為特支費）有限額，有稽核部查帳，總經理「自肥」的空間非常有限。至於總經理在職權內對經理級以下人員「施恩」、「開賞」，金額有限，且人事部、稽核部皆會上呈董事會，問題不大。

表　董事會對管理階層的授權

組織層級	人事權	經費授權
一、總經理	可任命經理階層	以訂單決策為例：1 億元以內
二、一級主管（副總級）	可任命副理階層	5,000 萬元 ~1 億元
三、二級主管（協理級）	可任命襄理階層	1,000~5,000 萬元
四、三級主管（經理級）	可任命課長階層	1,000 萬元以下

10-7 學者的代理相關理論

學者觀察生活、實務中的現象，亂中有序的整理，進行推論（臆測，speculation）經過實際驗證的假說（hypothesis）稱為「理論」（theory）。本單元說明經濟、財務等領域學者所提出的代理相關理論。

一、經濟學者的代理相關理論

經濟學大抵起源1776年英國的亞當・史密斯著《國家財富論》（簡稱《國富論》）與道德情操論。他認為很難期待公司的董事會以照顧本身財富相同的警覺與態度管理他人的財富，因而在經營公司的過程中，疏忽或慷他人之慨的事，多少難以避免。經濟濟學者對公司代理問題的研究跟時代背景有關，1896年，美國道瓊工業指數推出，1919~1928年因歐戰（第一次世界大戰）戰後復建商機，美國經濟經歷「黃金十年」。但也樂極生悲，1929年10月，股市、房市泡沫破滅，引發「經濟大蕭條」（1929~1933年）。

由右表可見，1932年美國經濟學者中的制度學派（又稱為法律經濟學，law and economics），尤其是新制度學派學者開始關心權益代理問題（equity agent problem）。經濟學者對代理問題的預防之道，大抵只有兩種途徑：

㈠**監督以防弊：**新制度學派學者認為股東會想方設法監督董事會，比須付出監督成本（monitoring cost）。

㈡**激勵以讓代理人自律：**由表可見，1973年經濟學者、套利定價模型發明之一羅斯（Stephen A. Ross, 1944~2017）主張「花小錢賺大錢」，即在政府官員常見的「養廉金」，透過「最適薪酬方案」（optimal compensation scheme），以促進董事會追求股東財富極大的「最佳情況」（first-best optimal）。這篇論文刊登在「美國經濟評論期刊」上，在該刊百年時，曾被選為最影響力前100篇論文之一，足見其地位。

二、財務學者的「代理相關理論」

財務管理學界約起源於1950年代，1976年二位羅徹斯特財務管理學者傑森（Michael C. Jensen, 1939~）與麥克林（William H. Mechkling, 1921~1988），在《財務經濟》期刊上，發表〈公司理論：經營者行為、代理理論與所有權結構〉，全文55頁。提出代理理論（theory of agency），有系統的把之前代理問題整理，放在財管領域。這篇論文簡稱《傑森與麥克林1976》，論文引用次數73,800次，可說是諾貝爾經濟學獎得主關鍵論文的57倍，後續財務學者以上市公司為對象去實際驗證。

三、會計學者在代理問題的切入點

會計學者在1980年代逐漸偏重策略面（例如：卡普蘭的平衡計分卡）、行為面（例如：鑑識會計），其運用方面便是研究代理問題。尤其2000年美國沙賓法案主要涉及公司董事會審計委員會與會計師事務所，直接屬於會計學領域。

表　代理相關理論的主要學者

時間	學者	說明
1932 年	博　萊（Adolf Berle）與　敏　斯（Gardiner Means），美國哥倫比亞大學法學院教授	在《現代公司與私人財產》書中主張公司所有權人（主要是股東）跟董事會的利益可能不一致，因此公司經營可能會偏離股東的利益。股東必須提供誘因（高薪厚利）以激勵董事會。
1973 年	羅　斯（Stephen A. Ross, 1944~2017）美國賓州大學經濟系教授 	《美國經濟評論》（*American Economic Review*）期刊上的論文〈代理的經濟理論：主理問題〉，該刊認為此文為個體經濟學中有關「主理－代理」問題的主心石，此文只有 5 頁，引用次數 13,150 次，以主理人、代理人的效用函數來求解。
1976 年	傑森（M. C. Jensen）與麥克林（William H. Meckling）	代理成本（即漏洞）跟監督成本的抵換關係來說明公司權力分配的最佳決策。

公司代理問題管理的效益與成本

效益（benefit）

代理成本（agent cost）

（一）股東主理人「監督成本（monitoring cost）」

1. 聯合會計師事務所的公司財務報表簽證費，屬於外部控制
2. 董事的股票認股選擇權

（二）董事會（代理人）的約束支出（bounding expenditures）

1. 董事會應付股東的監督所額外的相關支出（例如跟營運無關的表單）。
2. 董事不背信、不瀆職（malfeasance）、不濫權。
3. 延伸，隱含（或機會）成本，即董事承諾不跳槽（縱使公司被收購）。

（三）公司殘差成本（residual losses）

在監督成本、約束支出之外，公司的損失，包括公司（主理人與代理人間）政治鬥爭、權力遊戲、粉飾太平、不合作等。

10-8 美國政府的公司治理政策

許多人都會問：「我們討論臺灣的實務就好了，為什麼要扯到美國呢？」美國是全球第一大經濟國，許多政府治理、企業經營的運作都領先各國，因此成為各國「見賢思齊」的對象，在對上市公司的監理是本單元的重點。

一、全球第一個證券交易所

荷蘭是全球第一個法令中實施股份有限公司制度的國家，公司股東大抵在阿姆斯特丹橋下聚會買賣股票。1817 年，全球第一個證券交易所才在美國紐約市成立，因地點位於華爾街（Wall street），所以又把「華爾街」稱為美國證券業（尤其是俗稱投資銀行業者，investment banking）。

二、1934 年證券管理委員會

美國是民主、自由經濟的國家，尊重市場機制，且企業會透過遊說等方式影響國會立法。在針對上市公司的治理，歷經二次變革。

㈠ 1929 年 10 月 ~1933 年經濟大蕭條：1929 年 10 月美國股市泡沫破滅，逐漸擴大為經濟大蕭條，失業率 25%（1,400 萬人失業），可說是美國人普遍的苦日子。

㈡ 民氣可用：不經一事、不長一智，政府改朝換代，其中之一是提高對股市、銀行等的管理，由右表可見，美國國會在 1933 年通過證券法（Securities Act of 1933），並且依此在 1934 年設立證券交易委員會（SEC），這離 1817 年紐約股市成立已過了 117 年。

三、2002 年沙賓法案

1980 年代，環境保護、消費者保護等多項意識抬頭，在股票市場也一樣。

㈠ 1980 年代茁壯：1980 年代，美國「股東行動主義」（stockholder activism）逐漸興起，其中尤其是機構投資人小股東要求政府、上市公司重視其權益，具體行動是在股東大會中「小蝦米對抗大鯨魚」，甚至對簿公堂。

㈡ 2000 年 12 月 ~2001 年 5 月公司財報弊案：2001 年 3 月 17 日那斯達克股市泡沫破滅，一些巨型公司財報造假、會計師簽證不實的弊案爆發，許多投資人受傷慘重。

㈢ 國會通過沙賓法案：2002 年 7 月 3 日國會通過沙賓法案（Sarbanes-Oxley Act 2002），可說是 1933 年證券交易法的進階版，詳見右表。

四、美國法令對各國的影響

美國科學家牛頓的名言之一：「我站在巨人肩上，所以看得比巨人遠。」許多國家向美國的金融監理制度取經，再加上本土化的考量，以適用各國的風土民情。由右表下半部可見，美國政府的證券法有什麼大變動，臺灣輿論會跟上，行政院、立法院一段期間後會「跟著起舞」。

美陸臺對上市公司的治理法令

項目	臺灣	中國大陸	美國
一、維護股東權益	1960年經濟部證管會、1997年財政部下設證管會、2004年行政院金管會成立改稱證期局。	1992年10月國務院直屬事業單位證券監督管理委員會（註：1998年4月改此名）成立	1993年，證券法下，設立聯邦獨立機構證券交易委員會（SEC），加強規範公司與董事會的責任，尤其強調設立審計委員會。
(一)課查機制與責任	臺灣證交所下設公司治理部，公布上市上櫃公司「公司治理實務守則」	1993年12月29日，公布施行公司法 1999年1月1日實施證券法 2002年1月公布「上市公司治理準則」 2006年1月1日實施公司法、證券法的大修正，尤其第147~153條，公司人員的責任	2010年金融改革與消費者保護法或Dodd-Frank Act 1. 設立消費者金融保護局（CFDA） 2. 致力於公司董事會的專業化、適格化及超然化 3. 保護告密者
(二)股東平等對待	上市上櫃 1.「董事會議事辦法」。 2.「內部控制制度處理準則」。	公司法 第2章（第23~71條）董事會會議制度和工作程序	2002年，投資人保護法（Investor Protection Act）
二、董事會結構與運作	公司治理評鑑，詳見Unit 10-11。為避免重複作業，證交所公司治理中心決議自2015年起整併資訊揭露及公司治理兩項評鑑系統；同時，資訊揭露評鑑系統於2015年公布第12屆評鑑結果後，不再續辦相關作業。 2006年1月11日，證券交易法第14條修正，公開發行公司： 1. 設置審計委員會（由獨立董事組成），以取代監察人。 2. 證交所等得視公司規模、業務性質和其他必要條件，命令公司設置審計委員會。	1. 公司法第4章第77~125條，有限公司的設立和組織機構 2. 2001年8月16日，證監會公布《關於在上市公司建立獨立董事制度的指導意見》	1978年紐約證交所的上市審查準則§303A.06，上市公司必須設立審計委員會，且應由二位（以上）獨立董事組成。 2002年沙賓法（Sarbanes-Oxley Act），證交會下設「上市公司會計監督委員會」（Public Company Accounting Oversight Board, AOB）
三、資訊透明化	2007年起建置資訊揭露評鑑系統，每年對上市櫃公司進行評鑑，主要是以上市櫃公司對於法令規定及對投資人權益攸關的資訊是否揭露予以評鑑。評鑑制度有效強化上市公司對各項揭露指標的重視，並促使公司改善揭露品質，進而提升整體資本市場的資訊透明度。		

10-9 證券主管機關

股票上市的股東人數常在萬人以上，有些小股東或許只持有一張（即 1,000 股）股票。但錢無分大小，買張股票以股票平均價 30 元為例，約需 3 萬元，這往往是市井小民省吃儉用才有錢買進的。上市公司的董事長比股東擁有內部資訊（inside information），在股票投資時，董事擁有資訊優勢，比小股東、投資人贏面更大。為了避免此種「資訊不對稱」情況造成「人為刀俎，我為魚肉」情況，各國政府設立證券主管機關以維持交易公平，本單元說明「證券主管機關」的範圍。

一、中央主管機關行政院金管會

行政院下設一些部（少數稱為會，例如：農委會、金管會）擔任特定產業的中央政府的主管機關。

㈠ **行政院金管會**：2004 年 7 月，行政院金融監督管理委員會成立，成為三大金融業的「監督管理」（簡稱監理）中央政府主管部會。

㈡ **業務主管機關**：金管會下設三個業務局，其中管理證券暨期貨業的是「證券暨期貨管理局」（簡稱證期局）。

㈢ **美中**：媒體上常見美中的證券主管機構，簡單說明於下。

- 美國證券管理委員會：美國並未設立金管會，在聯邦獨立機構證券管理委員會（Securities Exchange Commission, SEC），就跟 FBI、CIA、Fed 一樣，SEC 成為各國政府證券管理機關常見的簡寫。
- 中國大陸國務院證監會：臺灣的金管會下轄三個業務局，中國大陸國務院下直轄三個業務「會」，即「銀」監會、「保」監會、「證」監會。

二、準公家單位

「不怕官，只怕管」，這句俚語貼切道出公司、人民對政府、主管機關的敬畏態度。政府為了專業、彈性等原因，會把權力授權給一些民間「組織」（含公司）去執行，在證期業主要有三個交易所。

㈠ **臺灣證券交易所、櫃檯買賣中心與期貨交易所**：嚴格來說，臺灣有兩個股市，即證券交易所、櫃檯買賣中心。負責上市（櫃）公司股票申請上市，上市後的公司治理、股票交易秩序的推理。

㈡ **四合一**：金管會政策方向是把四個證券交易單位合併。

美陸臺對上市公司社會責任、環保的法令要求

項目	臺灣	中國大陸	美國
一、社會責任			
(一)對勞工	上市上櫃公司「企業社會責任實務守則」	公司法第 45, 109, 143 條 1. 建立勞工跟公司管理階層溝通管道 2. 保護勞工權益	2002 年股東與員工權利復興法(Shareholder and Employee Rights Restoration Acts) 紐約證交所公布「公司責任與上市標準」
(二)消費者	上市上櫃公司「誠信經營守則」	公司法 1. 第 5 條：強調公司的社會責任，確任公司有關人員的誠信準則，促進社會信用制度建設，維護市場經濟秩序和社會公共利益。 2. 第 12 章：法律責任	2002 年公司責任法(Corporate Responsibility Act)
二、環境		部分摘自邱垂泰、鄒建中，《中國大陸(公司法)修正初窺－大陸公司治理問題剖析》，展望與探索，2006 年 10 月	

10-10 金管會與證交所的公司治理

臺灣有 62 萬家公司，其中只有 900 家股票上市（其中 70 家是外國公司），700 家股票上櫃。簡單的說，上市上櫃公司只占 0.26%，可說是少數中的少數。在討論公司治理時，大可「略而不談」，我們卻反向操作，原因如下。

- 臺灣股市散戶（即自然人）400 萬人，這些人對上市公司該如何落實公司治理，多少有些了解，也會依此標準去檢視未上市公司是否令人「放心」投資。
- 「取法其上，僅得其中；取法其中，僅得其下」。證交所對於上市公司在公司治理的要求可說是「高標準」，許多公司也都是「表面」應付（例如：找些「沒有聲音」的學者專家擔任獨立董事）。

一、金管會的公司治理政策

2001 年，行政院金管會（2004 年成立，前身之一是財政部證管會）開始推動公司治理政策，其一要求證交所針對「2002 年以後股票上市的公司，應設立獨立董事」。金管會的公司治理政策是逐年收網。2013 年底，提出「強化公司治理藍圖」五年計畫。

二、證交所與櫃買中心

臺灣有兩個股票市場，各有一個準公務機構扮演主管機關，由表一可見，2014 年 3 月，證交所成立公司治理部，職有專司的負責推動上市公司等的公司治理活動。

㈠ **白話詮釋公司治理、企業社會責任**：2014 年 11 月 20 日，在公司治理論壇中，臺灣證券交易所董事長李述德以「公司治理藍圖未來展望」專題演講。他說，公司治理及企業社會責任，說白一點就是「童叟無欺、誠信經營、顧客至上、價格公道、物超所值」。（《經濟日報》，2014 年 11 月 21 日，B2 版，韓化宇、王淑美）

㈡ **上市（櫃）公司作表率**：2015 年 5 月 27 日，臺灣證交所，主辦「上市公司企業倫理領袖論論壇」，李述德表示，上市櫃 1,700 家公司是企業標竿產業龍頭，企業經營要服務客戶，照顧員工，更要有合理的報酬給股東，且應留心企業社會責任。全世界都在走整合報告，包括公司治理、企業社會報告書及財務報告書，公司在網頁上要如何呈現也很重要。（《工商時報》，2015 年 5 月 28 日，A6 版，呂淑美）

三、證交所推動公司治理的績效

證交所每年評估公司治理法令實施的績效，詳見表二，其中針對公司治理評鑑等難免有「遺珠之憾」。

表一　行政院金管會與證交所的公司治理政策

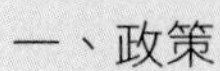

項目	說　明
一、政策	2013年擴大採行電子投票範圍、公告「強化公司治理藍圖」、擴大設置獨立董事及審計委員會範圍等。
二、組織設計	2014年3月1日，證交所成立「公司治理部」跟跨證券周邊單位共同成立「公司治理中心」，雙軌並進。
三、獎勵機制	上市公司去年董事酬勞情形，登在公開資訊觀測站的「公司治理」專區，並加註公司稅後純益、每股純益、股東權益報酬率及實收資本額等資訊供投資人參考。

表二　證交所在公司治理政策的績效

立場	項目	2004~2007年	2011~2013年
一、官方說法	1. 內線交易送檢調	平均每年12.3件	6件
	2. 上市公司董事持股申報違約	每年543件	34件
	3. 上市公司違約率	2012年0.052%	2014年0.042%
二、批評說法	1. 許多遺珠之憾 ・外資持股50%以上者：日月光、聯發科、瑞儀、可成、大立光 ・上櫃的高價股：精華光、網家、群聯、全家 2. 令人質疑的公司入榜─中石化（整理自今周刊，2015年5月18日，第48~49頁）		・以大立光為例，因為七席董事全為自然人，未設置獨立董事，在分數最為吃重的「董事會結構與運作」項目下，很難到高分，可能是該公司該次缺席榜單的主因。 ・聯發科三席監察人與兩席獨立董事並列，還沒有設置功能委員會，所以也無法拿到高分。

資料來源：證交所，2014年11月20日

10-11 公司治理與客觀評量

管理的基本原則是「績效、產出」可衡量，才能管理，在上市上櫃公司治理是由行政院金管會推動，由證交所執行，2015 年公布公司治理評鑑部分結果。

一、證交所的基本功能

證交所的本職之一是扮演股票市場，許多菜市場都設有自治會，基本功能是「不偷斤減兩」的公平交易，即要求每個攤商使用經濟及能源部標準檢驗局檢驗合格的磅秤。同樣的，證交所的基本功能是透過資訊透明度、公司治理評鑑等，讓投資人更加了解公司的本質，讓好壞蘋果現出原形，投資人會買好蘋果、拒買壞蘋果。

二、評量的作用

證交所表示希望經由上市公司評鑑，提供投資人參考、提高市場信心，導引企業推動公司治理，達成資本市場對公司治理文化的提升，及達到獎勵優良公司，創造共利企業價值、促進股東行動主義等。公司治理由自律轉化他律。公司治理評鑑結果有助於證交所實施差異化管理，可作為董事會績效評估及投資人選股參考。

三、評鑑項目

2014 年訂定公司治理的指標時有二派主張，一派是主張像拼裝車一樣把各國的指標組裝進來，另一派主張一定要用國際化指標，此派勝出。評鑑項目每年小改款，分成五大類、權重每年微調，2016 年版共 98 項。

八成來自 OECD 公司治理原則：「公司治理」是舶來品，為了跟國際接軌，證交所的公司治理評鑑項目來自三方面。

- 九成來自經濟合作暨發展組織（OECO，註：35 國）的公司治理原則。
- 一成來自亞洲公司治理協會（ACGA）評鑑、東協公司治理計分；該協會每年 11 月 3 日公布亞洲十餘國的得分。
- 四大類中的第四類「資訊透明度」源自證交所的資訊揭露評鑑，公司治理占 82%、企業社會責任和環保占 18%。

證交所「公司治理評鑑」

起編日期：2015 年 4 月 30 日
編製日期：臺灣證交所
執行機構：證券發展基金會（簡稱證基會）
評鑑對象：上市、上櫃公司，排除上市上櫃未滿一年、變更交易方法、停止買賣、中止上市上櫃、其他經委員通過不予受評之公司。
評鑑頻率：1 年 1 次，每年 1 月 31 日評定，4 月底前公布。
評鑑進程：2015 年公布上市上櫃公司評鑑分數前 20%，2018 年 5 月 2 日公布分成 7 級距：前 5%）、前 6~20%、21~35%、36~51%、51~65%、66~80%、81~100%，上市公司 864 家、上櫃 675 家，幾乎占全部 95%。

投入	轉換	產出
各國股票 1. 上市公司 2. 上櫃公司 依下述編製公司治理報告書	各國 1. 證券交易所及其外圍組織（例如臺灣的證券發展基金會） 2. 證券投資評等公司的公司治理部	1. 實際驗證學者專家 2. 社會責任投資（social responsible investment）

表　公司治理評鑑項目

三重底線	五大項	占比重	項目舉例
一、社會責任 二、環保	利害關係人利益維護與企業社會責任，12 項。	18%	參考國際通用準則指引編製企業社會責任報告書，宜自願取得第三方驗證、永續發展報告等，公司宜與員工簽訂團體協約，提供利害關係人申訴管道、未有環安及勞資違規事件等。
三、財務美國期間 2002 年沙賓法案起 1973 年起 1934 年起證券法	維護股東權益，13 項。即課責機制與責任（accountability & responsibility）	15%	· 股東常會採用逐案票決 · 股東會採行電子投票、未通過臨時動機、提供英文股東會資訊 · 股東會決議發放股息者，公司應於除息基準日起 30 日內發放完畢 · 有效的內控稽核 · 建置舞弊偵防暨申訴機制 · 會計師適任性評 · 公司章程規定董監事選舉全面採候選人提名制度
	股東平等對待，14 項，即公平原則（fairness）	13%	上市公司對涉及公司治理及營運的重大變動訊息，必須立即向公司股東和社會大眾揭露。
	董事會結構與運作，32 項即競爭性原則（rivalrousness）董事的忠實義務（fiduciary duty）	32%	所有上市公司都必須設立董事，公司章程每年至少召開六次董事會，為了讓董事會對公司治理能夠發揮更及時有效的監督功能，設置常態性的薪資報酬委員會、審計委員會等，以及其運作情況，公司董事會成員宜至少包含一位女性董事。
	資訊透明度，21 項，即透明度原則（transparency）	22%	提早公布財務報告、召開二次以上法說會、建置中英文公司網站，中英股東會議事手冊、資料上傳時程、股東常會進行方式、股東常會議事錄揭露事項、年報自願揭露項目及中英文年報上傳時程。

10-12 市場機制：公司治理指數

演員成龍、籃球球員姚明等拍攝保護「瀕臨滅種野生動物」（主要是犀牛）的宣傳詞：「沒有買賣，沒有殺戮。」盜獵者獵犀牛角，看中的便是華人把犀牛角稱為去熱的神奇中藥材。當中醫師以其他中藥材（例如：水牛角）取代犀牛角後，可望有助於減少盜獵。同樣的，證交所希望透過市場機制，指引機構投資人投資公司治理概念股，最直接的方式便是編製公司治理指數、公司治理指數型基金。希望許多上市公司為了成為公司治理模範生，而提升公司治理水準。

一、政策

行政院金管會主委表示，編製「公司治理指數」目的，是希望藉由獎勵方式，吸引四大基金、國外法人投資，帶領其他企業強化公司治理。（《經濟日報》，2014 年 8 月 9 日，A5 版，韓化宇）

二、四個指數

證交所與櫃買中心陸續推出 4 個公司治理相關股票指數，下列兩個較少談到。

- 2010 年 12 月推出臺灣 99 業指數，這是證交所把銳聯資產公司（RA），共同編製，2011 年 7 月獲得勞退基金採用，作為委託投信公司代操股票投資的指標，藉由主動式投資引導資金投資具企業社會責任投資意義的上市公司。
- 2012 年 8 月推出臺灣企業經營 101 指數。臺灣就業 99 指數、臺灣高薪 100 指數，皆屬於企業責任型指數，其報酬率比大盤高 1.5 個百分點以上。

三、高薪 100 指數

臺灣高薪 100 指數為全球首創的指數類型，這個指數的政策背景是 2014 年行政院推動企業給員工加薪的政策，其中之一是立法給符合法令加薪的企業減稅優惠。2014 年 10 月底，勞動部、勞動基金運用局，由 1.22 兆新制勞退基金中支出 300 億元，以「臺灣高薪 100 指數」為投資標的，遴選 5 家投信代操。副局長劉麗如表示根據證交所的資料，臺灣高薪 100 指數的成分股，過去 5 年來報酬率 10%，比大盤報酬率 9.3% 略高。劉麗如表示，企業給予員工高薪應該獲得大家掌聲，而提升勞工福祉也是勞動部重要政策，因此勞動基金以實際行動支持，高薪 100 指數的成分股，鼓勵企業能夠多幫勞工加薪，也善盡企業社會責任。（《經濟日報》，2014 年 10 月 22 日，A2 版，鄭杰）

表　美陸臺在上市公司的公司治理指數的編製

指數	臺灣	美國
時	2016 年 6 月 29 日	2009 年
地	臺北市	
人	臺灣證券交易所	美國
事	發表「公司治理 100 指數」 1. 從上市股票 900 支中挑 100 支，主要是公司治理評鑑結果前 20% 的公司，再加上「（股票周轉率）流動性」、「財務指標」等。 2. 依市場價值加權得「指數」，以 2018 年來說、治理指數 6,100 點。 3. 100 支成分股約有 4 支外國公司，其餘大抵可說是大摩概念股。	發表「道瓊永續指數」（DJ Sustainability Index, DJSI） 1. 地理範圍 7 個 ・世界 ・洲：歐洲、新興國家 ・區域：北美、亞太 ・國家：澳大利亞、南韓 2. 篩選標準 總體環境：環境、社會、經濟 個體環境：產業特定因素、策略、經營

10-13 公司治理學者驗證結果

企業人士從大學教授等的實際研究結果，可收「我站在巨人肩上，所以看得比巨人還遠」的效果。公司治理實證論文如過江之鯽，在本單元摘要說明。

一、公司治理是熱門研究領域

學者對代理問題的實證研究橫跨三個領域。

- 經濟，尤其是個體經濟學。
- 企管，尤其是財管，其次是組織管理，偏重董事會人數、公司總經理（在美國稱為執行長）異動（CEO turnover）。
- 會計。

二、美國麥肯錫公司的美國經驗

根據麥肯錫公司的研究發現，投資治理好的公司，投資人會獲得 20% 的溢酬（premium），「20% 的溢酬」反映的是投資人願付出更高的價格，買這些公司的股票。像是證交所的「高薪指數」掛牌後，四大基金紛紛投資該指數中的成分股。

三、實證研究

實證研究對因變數的衡量方式略有差異，由於研究方法（多變量分析、計量分析）較難，本書不說明。

㈠ **因變數：**「價值」。財管的美國書、實證論文喜歡用「公司價值」（value）來統稱至少兩個觀念。一般須看上下文才知道指的是什麼。

- 獲利：主要指淨利，其次是指營業現金流量。
- 公司股東財富：即公司市值（股價 × 股數），尤其是其中股價。

㈡ **掠奪效果：**學者把董事會對股東的「剝削」稱為「負的掠奪效果」（negative entrenchment effect），以英文來說，「侵害效果」（entrenchment effect）更可達意。

㈢ **自變數：**常見的代理問題的自變數有二大類，分為營運、公司治理，「因變數」（例如：淨利或股票報酬率）。

四、實證結果

針對代理問題的證實研究，缺乏一致結論的原因有二。

㈠ **董事持股比率不易估計：**許多董事的直接、間接持股之餘，還有未揭露持股，常見的以人頭（甚至假外資）身分代之。因此，以一家食品公司來說，董事持股只有 45%，但三位家族成員的董事實際持股 70% 以上。

㈡ **實務太複雜：**影響公司盈餘變數太多，單以股權結構、董事會結構等變數來進行多變量分析，也有方法論的盲點。

美國標普 500 公司公布永續報告比率

- 時：每年 3 月 20 日公布去年結果
- 地：美國紐約州紐約市
- 人：承續研究機構公司（Governance & Accountability Institute Inc., G&A）
- 事：研究追踪
- 美國標準普爾 500 指數成分股的公司
- 發布永續報告書的比率年

	2011	2012	2013	2014	2015	2016	2017
%	20	53	72	75	81	82	85

永續指數評分較高的公司為何股票報酬率高

- 時：2017 年 11 月 29 日
- 地：美國紐約州紐約市曼哈頓區
- 人：Guido Giese, 摩根士丹利證券公司「應用權益研究部」處長
- 事：研究對象－ MSCI ESG Rating 股票
  研究期間－ 2007.1~2017.5，月資料
  研究結果－本書整理於下，最高 20% 得分公司有二項損益表途徑影響股價。

永續指數得分較高公司

公司核心能力高，
所以競爭優勢高，
比同業有「超額淨利」

1. 權益資金必要報酬率較低：因小股東權益有好保障，代理成本較低。
2. 公司特定風險加碼較少，尤其是營運風險低、股價波動較多。

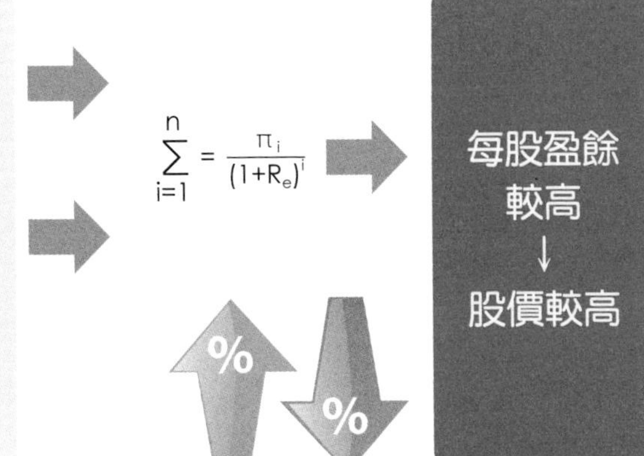

10-14 美陸臺「環保／企業責任／公司治理」的典範公司：蘋果、騰訊與台積電

表　美陸臺民營龍頭公司公司治理作法

項目	臺灣：台積電	陸：騰訊	美國：蘋果
一、股東權益之維護 (一)董事責任	重要公司內部規定* *公司章程 *董事選舉辦法 *董事會議事規則 1. 董事會六大責任 ・策略評估 ・參與重大事務 ・執行長之任免 ・指導 ・監督 ・績效評估	*組織章程 搜尋 2014 年 5 月 14 日修訂的騰訊組織章程 170 頁，規定很仔細，包括董事會一般權利、議事程序、董事的費用及開支 *公司章程	在公司治理方面有 122 頁文件 1. 公司章程（article of incorporation） 2. 公司章程附則（by laws） 3. 公司治理準則（corporate governance guideline） 4. 股票所有權準則（stock ownership guidelines）
(二)平等對待股東	*股東會議事規則 *內線交易防制辦法 另外董事會審計委員相關工作： ・董事與管理者是否有關係人交易可能的利益衝突 ・監督內部稽核處的防止舞弊計畫及舞弊調查報告	詳見組織章程	1. 董事利益衝突準則 2. 利益相關團體（related party）交易政策 年報第 12, 13 項 3. 禁止設質、賣空蘋果公司股票（Prohibition on Hedging, pledging and short selling Apple stock）
二、董事會運作 (一)	4 席內部董事組成營運委員會	公司成立下列委員會 (一)4 席董事，分成 ・執行董事 2 席 ・董事會主席、總裁、一般董事 2 席 (二)投資委員會 (三)大股東 ・最大股東：南非的納斯帕斯（NASPERS）持股比率 31.17%。馬化騰 8.63%。	董事 1 年選 1 次 董事沒有任期限制 8 人（平均年齡 63 歲）中 ・1 人是內部董事，即總裁 ・7 人是其他董事 ・8 人中，7 男 1 女
(二)獨立董事 1. 人數比率	5 席	4 席，2 位陸籍（TLC 董事長李東生、楊紹信）、香港任職的英國人（電信、會計事務所）	每位獨立董事最多只能擔任 5 家上市公司獨立董事 獨立董事年齡須低於 75 歲 2003 年 4 月 20 日，由 4 席增至 6 席
2. 委員會	2002 年成立審計委員會。 審計委員會組織章程規定，由 4 位獨立董事組任並聘任 1 位財務專家。	公司治理委員會（陸稱公司管治委員會），下轄公司祕書	由獨立董事組成下列 4 個委員會（統稱 standing 現範）

2. 委員會（續）	另董事會內部稽核處（18 人）由審計委員會管轄。 另公司內部有檢舉管道、申訴制度。 2003 年成立薪酬委員會 *「薪酬委員會組織章程」	・提名委員會（nomination committee），2012 年 3 月成立 ・審核委員會（audit committee），有審核委員會職權範圍（2015 年 12 月修正） ・薪酬委員會（remuneration committee）	・公司治理委員會，年報第 10 項 ・提名委員會（nominating committee） ・審計與財務委員會（audit and finance committee） ・年報 PA 詳細說明薪酬委員會（compensation committee）年報第 11 項
三、財務資訊揭露	* 針對一些會計和法律事項的申訴（complaint）政策和程序 (一) 質 ・每季辦理法人說明會 ・英文版的年報 ・年度財務報告 (二) 四個財務揭露規定 * 取得或處分資產處理程序 * 資金貸與他人作業程序 * 背書保證作業程序 * 從事衍生性商品交易處理程序	(一)2012 年 4 月，採取「股東溝通政策」，以確保 ・股東 及其他利害關係人 ・普遍的（at large） ・適時（ready） ・及時（timely） ・定期（regular） ・平等（equal） 取得公司重大資訊 (二) 負責單位 ・董事會辦公室（Board of Director's Office） ・投資者關係部（investors relations department）	1. 可疑（questionable）會計、審計事項的報告 2. 依法 依證券交易法（1934 年訂）第 13 條、第 15 條第 42 項（即 d）等規定 
四、企業社會責任	2015 公司公告「企業社會責任報告書」 (一) 對員工：在證交所的公開資訊的自願揭露「不是擔任主管職務的員工與前一年的調薪情形。」 (二) 對消費者：台積電從業行為規範。包括員工（及其眷屬等）不接受上游（供貨公司）、下游（承包商、客戶）的任何利益（主要指賄賂）。 (三) 對政治：台積電的外資持股比率超過 70%（註：約 79%），依法不得進行政治捐獻。	2010 年騰訊成立企業社會責任部 2013~2014 年，在公司內外建立社會責任管理架構 企業社會責任包括 4 方面，第一項是企業經營，其他三項如下： 第三項「社會」，包括三項 (一) 公益慈善的全平臺投入 (二) 推動創新及知識產權法律建議 (三) 行業貢獻及開放合作 1. 企業社會責任第二項：用戶，包括 3 項。 ・傾聽用戶聲、持續改善服務品質 ・誠實對待用戶、保障用戶權益 ・一切以實現用戶價值為前提 2. 從業行為規範（code of conduct, 陸稱操守準則），員工處理對內、對外人事必須 ・誠實（honest） ・尊重（respect） ・有品德（morality）	(一) 通路人員行為準則（channel member code of conduct） 主要是下游，例如： ・運輸公司（carriers） ・經銷商（distributors） ・授權銷售者（authorized resellers） ・服務提供者（service providers） (二) 公司行為政策（business conduct policy） 公司有 4 個原則 1. 誠實 2. 尊敬且有禮 3. 守密 4. 遵守法令 (三) 反賄賂政策（anti-corruption policy）
五、環境	國際標準的遵循 例如：台積電在美國紐約證交所掛牌，必須遵守其 Section 303A 的規定	企業社會責任第四項「環境」 ・環境優先的原則 ・可持續投資的策略 ・對生態持續發展的承諾	公布環境責任報告，約 80 頁，涵蓋五主題

10-15 公司治理的典範：玉山、富邦金控

「上有政策，下有對策。」針對行政院金管會、證交所的上市公司的公司治理政策，上者在法令要求之前，中者配合政策，下者說一動作一動。有些大型公司為了遵詢法令，設立一些二、三級單位，找專人彙整公司內資料，以撰寫相關報告，向證交所等呈報。這部分的行政成本稱為法令遵循成本（compliance cost），本單元以兩家公司治理評鑑的典範為例，說明其是如何做到。

一、玉山金控相關措施

玉山金控總經理黃男州指出，玉山金在法令要求前就已先作，目標要成為「受尊敬的企業」，且一直秉持「沒有最好，只有更好」信念，將朝「更好」邁進，在公司治理方面都是自我要求，在公司治理走得更快、更好。公司治理作得好，對公司經營績效是否有幫助？黃男州認為：「幫助很大，公司治理創造最大價值就是永續經營，品牌形像也較好。」玉山金獲選美國道瓊永續指數成分股，是臺灣金融業中唯一一家。黃男州表示，外資持股玉山金 58%，就是看好玉山金有很大潛力、策略清楚且具體執行，及公司治理作得好。

二、富邦金控相關措施

富邦金控總經理許婉美表示，良好公司治理可提升企業競爭優勢、健全企業文化、提高員工認同感，進而創造股東及各方利害關係人的共同利益。許婉美強調，富邦金以推動社會使命「正向的力量」為出發點，以永續經營為目標，透過健全公司治理架構，以強化董事會職能、落實內稽內控制度、提升資訊透明度、尊重利害關係人權益等措施。許婉美表示，推動公司治理的效益，直接顯示在經營績效上，2014 年稅後盈餘 602 億元是歷史新高，每股盈餘 5.89 元，連 6 年居金控業之首。未來持續追求亮眼獲利表現，會投入更多資源於公司治理。

知識維他命

股東行動主義的情況——小蝦米對抗大鯨魚案例

- 時間：2016 年 4 月 7 日
- 地點：日本
- 絕權投資人：洛柏（Daniel Loeb），他是衍生性商品基金 Third Point 創辦人，也是日本 7&F 大股東
- 公司派：日本 7&F 公司董事長鈴木敏文（1933 年次）
- 事由：鈴木敏文打算撤換旗下子公司 7-ELEVEn 總經理井阪隆一，在 7&F 董事會中提案。洛柏聲稱，鈴木撤換井阪的目的是為讓其子鈴木康弘繼位，井阪適任，鈴木否決洛柏的指責，在董事會投票時，鈴木提案被否決，數小時候宣布退休。（摘修自《經濟日報》，2016 年 4 月 8 日，A8 版，黃智勤）

表　玉山、富邦金融控股公司在公司治理的作法

五大項目	玉山金控	富邦金控
一、維護股東權益	多年來盈餘八成都拿出來分配，股東報酬率不錯，帶動近年來外資持股比率上升至 58% 以上，是金控公司外資持股率最高。	2011 年富邦金率金融業之先，針對股東會中承認案及討論案進行逐案表決。
二、平等對待股東		2012 年建置電子投票平臺
三、董事會運作	玉山公司治理始在法令之前，2004 年引進獨立董事，董事會內設有 5 個功能性委員會，公司治理暨提名委員會，是金融業上市公司第一家設立，另還有企業社會責任委員會也是金融業中少有的。董事會每年都要做自我績效評估，將擴大至董事會底下的 5 個功能委員會。	2012 年富邦金制定「遞延獎金準則」，檢視高階管理者的個人表現與公司營運績效及風險間的關聯性，落實績效獎金與風險連結。
四、資訊透明化	在做的很多事都流程化和制度化，例如：選獨立董事需要的作業更清楚描述、組成董事會或選獨立董事都能有更明確遴選規定。	2015 年 5 月起，出版英文版年報，加強外資的溝通與資訊透明，公司網站及年報強化英文版揭露。
五、利害關係人權益維護及企業社會責任	1. 對玉山銀 近年積極推動「黃金種籽計畫」，2015 年底可達 100 座中小學圖書館的目標，讓偏遠地區學童能有好的閱讀環境。配合此公益活動發行的世界卡，獲得顧客支持。該卡在頂級卡中市占率達 20%。 2 對員工 把公司打造成員工第二個家。	2010 年編製企業社會責任報告書，這是參考國際通用報告編製指引及標準所撰寫，並取得英國標準協會（BSI）2 項相關調查證標準通過。富邦金從各層面善盡企業社會責任，旗下台北富邦銀行在授信或投資上，均把授信標的及投資標的，有善盡環境保護、企業誠信及社會責任等，納入授信或投資的原則。2014 年也入選證交所「臺灣高薪 100 指數」，排名為金融業之首，以實際行動落實對員工的照顧。

資料來源：整理自《工商時報》，2015 年 5 月 15，26 日 3 版，呂淑美。

MEMO

第 11 章

公司資產管理：董事會、總經理

11-1 所有公司的資產負債表

你想知道你的體型在成人中算高、中等、還是袖珍，你可以跟母體比較，尤其是高中、男性服役時皆有量身高、體重，所以母體平均數存在。例如：2016年臺灣成人男性平均身高 174.5 公分、女性 161.5 公分。同樣的，想判斷一家公司的資產配置是否「差不多」，其中一個「普遍」標準便是跟母體比較。

一、國家財富統計

在臺灣，行政院主計總處每年 4 月底公布 2 年前的〈國家財富（national wealth）統計〉。

㈠ **全景**：國家（或全國）

國家財富淨值（或國富淨額）約 200 兆元，「國家」這個詞宜譯為「全國」，因為「國家」易讓人沿用「國家機器」等名詞，而誤以為是指「政府」。

㈡ **近景**：四個部門

以個體經濟角度，國家分成四個「部門」（sector），依其金額大小，依序為家庭（淨資產 117.66 兆元，占全國 58.58%）、民間組織（營利事業與非營利事業 7.73 兆元）和政府（52.39 兆元）。

二、近景：中分類的營利 vs. 公益組織

民間組織依營利性質，二分法分成兩中類。

㈠ 營利組織占 75%。

㈡ 公益組織占 25%。

我們用詞不喜歡用「否」、「非」等負面字，例如：「非營利組織」，本書稱為「公益組織」，淨值比較大的是財團法人中的醫院、大學等。

三、特寫：小分類的一般 vs. 金融業

營利事業約 140 萬家（其中 70 萬家是公司，其他大都為獨資商號）、2017 年營收 40.3 兆元，依行業特性分成兩小類。

㈠ **一般行業**：細分為民營 vs. 公營企業

「非金融業」本書稱為「一般行業」，在股票集中市場是指三大行業「電子（占市值 66%）、傳統產業（占 29%）、金融（占 5%）中的「電子與傳產」。

㈡ **金融業**：銀行、保險與證券期貨業

金融業淨值 0.75 兆元，跟一般行業最大差別是「金融資產」占淨資產 97.4%，長期資產（本名為非金融資產）占 2.6%。

2016 年全國財富統計：各主體簡易資產負債表　　單位：兆元

	小計	政府	企業	家庭	公益團體
(1) 資產	396.01	132.55	195.42	59.4893	59.4893
(2) 負債	195.15	14.89	173.1	7.09	0.0519
(3) 淨值 =(1)-(2)	200.86	117.66	22.32	52.39	7.7346

資料來源：行政院主計總處〈國富統計〉，2018.4.30，* 含非營利團體 7.73。

2016年臺灣的公司資產負債表（淨值）

單位：兆元

資產負債表	一般行業（民、公營）金額%		金融業金額%
一、資產	民營	公營	
(一) 金融資產	32.79	0.39	105.41
1. 國外	12.06	0.04	40.19
2. 國內	20.73	0.35	65.22
(1) 現金	0.2195	—	0.2642
(2) 活期存款	2.641	0.02	1.0478
(3) 定存	3.077	0.1	3.21
(4) 上市櫃股權	3.4857	0.026	5.0809
(5) 其他公司權益	3.8985	0.00189	4.8498
(6) 應收應付款	5.8153	0.1	—
(二) 長期資產	47.34	7.33	2.918
1. 生產性資產	23.316	4.0495	1.0266
(1) 房屋及營建工程	10.2855	2.3273	0.8586
(2) 運輸工具	1.2478	0.1622	—
(3) 機械設備	0.4448	1.2587	0.0878
(4) 智慧財產與動植物	0.9317	—	0.0666
(5) 存貨	4.4063	0.2914	0.0111
2. 非生產性資產	24.0254	3.2835	1.8914
(1) 建地	4.69	0.9651	1.1984
(2) 非建地	18.80	2.2093	0.693
(3) 其他	0.5316	0.1095	—
二、負債	61.71	3.82	107.58
三、淨值	18.42	3.91	0.748

資料來源：行政院主計總處《國家財富統計報告 2016 年年報》，表 4。

11-2 台積電與美國英特爾的資產結構與效率

資產配置（asset allocation）在金融投資是指資金在股票（例如：占60%）、債券（占20%）、商品（占10%）與其他（10%）占的比重。在公司經營，主要指資產負債表中（資金去路）資產成分，本單元從結果資產周轉率談起，以半導業中的臺灣台積電與美國英特爾來比較，詳見表一。

- 營收：英特爾比台積電1.5比1；
- 資產：英特爾比台積電2比1。

一、資產使用效率之一：資產周轉率

以資產周轉率來說，1元可以作多少元的生意（營收）。

㈠英特爾0.524高於台積電0.5024

英特爾是自有品牌晶片公司，要是產能不足，可以外包給晶圓代工公司生產，所以非流動資產中的「房地產、廠房與設備」占資產31.917%（32%）。

㈡可能原因：台積電是晶代工公司，開門做生意，大客戶下單便須能使命必達，所以必須多準備些廠房、設備，即有些是預備產能。以非流動資產中的「房地產、廠房與設備」占資產53%。

二、資產配置大分類：流動 vs. 非流動比重

資產依變現時間分為「流動」（一年內）與「非流動資產」（一年以上），二家公司配置如下。

㈠台積電：44%比56%。

㈡英特爾：31.336%比66.668%。

三、近景：流動資產占比

由表二可見，以流動產占資產比重來說。

㈠台積電44%比英特爾31.336%。

㈡可能原因：台積電「現金與約當現金」占29%。

「現金與約當現金」台積電占29%，可用「滿手現金」來形容，這在各行業來說都算高，現金沒收入、約當現金（定存與債票券）報酬率1%。台積電擁有這麼高比率的「錢」，主因在於支應每年擴廠，但仍綽綽有餘，此項比率從2015年34%大減至2016年29%。

四、近景：非流動資產占比

以非流動資產占資產比重來說，情況如下：

㈠台積電56%比英特爾68.668%。

㈡可能原因：英特爾比台積電高出12個百分點，主要在於：

- 金融資產多：主要是轉投資多。
- 商譽高：主要是合併其他公司所導致的。

表一　2017年台積電與英特爾公司資料比較

項目	臺灣台積電	美國英特爾
英文名稱	TSMC	Intel
成立	1987 年 2 月 21 日	1968 年 7 月 18 日
地點	臺灣新竹市	美國加州聖克拉拉市
行業	半導體業中製造業的晶圓代工	半導體業中晶片設計與製造
董事長	劉德音（2018 年 6 月起）	Andy Bryant
產品	晶片	中央處理器、晶片
營收	9,774 億元	627.61 億美元
資產	20,000 億	1,232 美元
股價	240 元	55 美元
股票市值	6.2232 兆元或 2,074 億美元	2,566 億美元

表二　2017年台積電與英特爾資產結構比較

	台積電		英特爾	
	金額	%	金額	%
O、營收	9,774	0.5004		0.5240
一、資產	19,919	100		100
(一) 流動資產	8,572	43		31.336
1. 現金與約當現金	5,534	27.8		4.906
2. 短期金融投資	959.71	4.82		10.18
3. 應收帳款	1,225	6.86		4.14
4. 存貨	733.8	2.58		4.9
5. 其他		--		7.21
(二) 非流動資產	11,347	57		68.668
1. 金融資產	415.9	2.09		9.615
2. 房地產、廠房與設備	10,625	53.3		31.917
3. 商譽	141.8	--		12.441
4. 無形資產		0.71		8.378
5. 遞延所得稅資產		--		0
6. 其他		--		6.317

$$\text{資產周轉率（asset turnover）} = \frac{\text{營收}}{\text{（年初＋年底）資產／2}} = \frac{\mathbf{9,774}}{\mathbf{(18,865 + 19,919) / 2}} = \mathbf{0.504}$$

11-3 財務資源協助公司「趨吉」、「避險」：從極端氣候與法令談起

人們常會羨慕有錢人「口袋深」（deep pockets），財力雄厚就夠「進可攻」的「用錢賺錢」，「退可守」的可以吃老本、不用喝西北風。本節一開頭先以個人（家庭）為例，公司情況一樣。

一、全球暖化帶來的危機與轉機

全球暖化造成的氣候浩劫，逼得 2015 年 12 月 12 日聯合國 195 個會員國在法國巴黎市通過氣候協議，俗稱「巴黎協定」（Paris Agreement），其中第二條又稱為〈聯合國氣候變遷綱要公約〉。2016 年 11 月 4 日，已有 144 國簽署，列入執行。各國政府通過法律行政命令，節能減碳以達到減緩全球暖化的速度。這對公司來說有雙重涵義。

㈠ **商機**：節能減碳的行業包括替代能源業（太陽能、風力發電）、汽車業中的新能源（電動或氫動力）汽車、能源效率（例如：LED）等遍地黃金。

㈡ **威脅與危機**：許多石化（媒、天然氣）發電業、石化業、石化發熱業（煉鋼）等面臨「不減排就減產能」的政策壓力，面臨生存威脅。

二、如同企業社會責任報告書

如同國際會計準則委員會要求各國證交所，對上市公司要求自願性編製企業社會責任報告書一樣。由右圖第二欄「轉換」可見，金融穩定委員會 2017 年 6 月實施的「氣候相關財務揭露建議書」，會跟企業社會責任報告書或承續發展報告書一樣。必須揭露氣候相關的商機、威脅對財務報表的影響。以提供給利害關係人（主要是投資人、銀行的綠色融資、政府等）了解。

三、機會是給準備好的人

準備好的人才有機會，由作戰談到企業經營。

㈠ **作戰時**：糧草就是「準備好了」

俗語說：「三軍未發，糧草先行」，《孫子兵法》有相關說法。元朝末年群雄並起，朱元璋投奔韓林兒，安徽省老儒朱升告誡朱元璋幾個字「高築牆、廣積糧，緩稱王」。

- 高築牆，退可守。
- 廣積糧，指廣泛的累積軍糧（是士兵吃的；馬吃的草料叫秣）。糧草在軍隊「進可攻，退可守」時都重要。

㈡ **企業經營時**：公司彈性

公司保有「過多資源」（excess resources），攻防皆宜，以備不時之需。

國際會計準則理事會（International Accounting Standards Board, IASB）

年：2001 年
地：英國倫敦市
人：理事會由 14 名理事組成
事：前身為國際會計準則委員會（IASC）。推出國際財務報告準則。

表　氣候相關財務揭露建議書架構

投入		轉換	產出
氣候風險稱為物理性風險 依時間性分為 1. 長期性：例如：全球暖化造成海水上漲，有些國家變成氣候難民。世界銀行（World Bank）表示，自然災害每年迫使大約2,600萬人陷入貧窮。 2. 激烈性	總體環境 1. 科技 2. 政策與法令：巴黎協議，主要是節能減碳 3. 經濟／人口 4. 文化／社會	1. 利害關係人（尤其投資人在管理投資組合風險的需求下）要求企業提供相關管理方式與績效。 2. 金融穩定委員會 2015年成立氣候相關財務揭露專案小組（Task Force on Climate-Related Financial Disclosures, TCFD）	公司要求企業進行情境模擬與壓力測試，分析氣候風險與相關機會可能造成的財務衝擊。 1. 機會 ・資源利用效率 ・再生能源開發 ・創新產品與服務 ・市場 ・營運彈性 2. 風險 3. 公司 ・治理：指企業董事會對氣候相關風險與機會的管理方針、作業辦法與評估機制，以建立完整治理流程。 ・策略：重點在於掌握氣候相關風險與機會，並闡明對企業營運、策略與財務面的衝擊。 ・風險管理：指揭露企業以何方法與流程，進行氣候變遷風險辨識、評估、管理。 ・產出：指標與標的為評估和管理氣候相關風險與機會的成果。

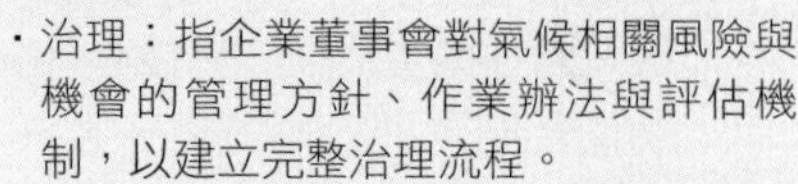

金融穩定委員會（Financial Stability Board, FSB）

時：2009年4月
地：瑞士巴塞爾市
人：以20國集團（G20）為主，24國、6個組織
事：此組織起源1997年7月的亞洲金融風暴，再加上2008年全球金融海嘯。20國集團（19國加歐盟）決定成立此組織，以尋求全球金融穩定。

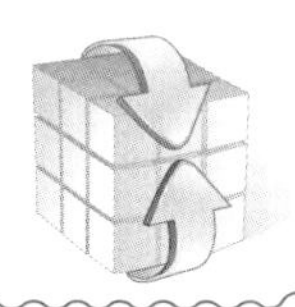

2017年全球天災保險損失

時：2017年12月20日
地：瑞士蘇黎世市
人：瑞士再保險公司（Swiss Re、insurance company）
事：2017年天災與人禍造成的保險理賠1,360億美元，成長率109.2%，比10年均值的580億美元高。瑞士再保評估2017年全球天災造成的經濟損失3,060億美元，死亡或失蹤的人數1.1萬人。
在下半年美國因極端氣候造成的天災，是導致保險損失大幅增加的主要原因。當中包括哈維、艾瑪和瑪莉亞等3個破壞力驚人的颶風，讓2017年成為歷來損失第2大的颶風季。僅次於2005年卡崔納颶風對路易斯安那州紐奧良市的損失、加州連串重大野火災害。這些天災讓保險業面對鉅額理賠金。

（摘修自《工商時報》，2017年12月27日，A7版，鍾志恆）

11-4 公司寬鬆快易通

公司寬鬆（company slack）是指公司有適當「多餘」資產、能力，看似「備而無用」，其實是「有備無患」，本單元說明之。

一、公司寬鬆的定義

在企管系大四「策略管理」書中提到公司的「策略性資源」（strategic resources）有二。

㈠ **有形的**：稱為「資產」（assets），俗稱「硬實力」（hard power），分成「有形」資產、「無形」資產（例如：專利、商標權等）。

㈡ **無形的**：稱為「能力」（capability 或 competence），俗稱「軟實力」（soft power）。

㈢ **策略彈性**：當「策略性資源」有餘裕（excess）時，公司有家底應付商機、危機，都能游刃有餘。由表一可見，我們依組織層級（公司董事會、功能部門）把公司寬鬆分類。

二、公司寬鬆的用途

公司寬鬆有兩個效益。

㈠ **公司寬鬆的投資動機**：俗稱「進可攻」。公司彈性的價值有「進可攻」的功能，如預備產能可接臨時插進的急單（urgent order 或 emergent order）。簡單的說，在沒有委外情況下，產能利用率 95% 應是「上限」，永遠要預留 5% 產能以備「不時之需」，例如：有機臺當機等。

㈡ **公司寬鬆的預防動機**：俗稱「退可守」。「天有不測風雲，人有旦夕禍福。」這句俚語告訴人們要「未雨綢繆」，以公司來說，「退可守」，在下雨天時，公司多餘的資源有如人的脂肪，可讓人在缺食情況下，多撐一段時間。

三、最直白的公司寬鬆：滿手是現金

以公司寬鬆中的財務寬鬆為例，作股票的人一定很熟悉「現金是王」（cash is king），現金在投資時有兩種功能。

㈠ **進可攻**：以美國股神華倫 · 巴菲特（Warren Buffet）來說，旗下的波克夏（Berkshire Hathaway）公司，在 2008 年 9 月金融海嘯時，用公司「現金」下場大買股票等，大撿便宜貨，大賺 300 億美元以上。他稱「在充滿魚的桶裡射魚」。

㈡ **退可守**：美國「彩衣傻瓜」公司（Motley Fool）在 1993 年成立，希望幫投資人提升投資績效，透過網站等免費提供股票新聞、分析報告和投資建議。尤其碰到股市本益比過高時，總會說：「現金為王」。手頭上有現金，公司才可免於「周轉不靈」等。

表一　公司寬鬆中的「多餘」資產

組織層級	說　明
一、董事會	策略彈性（strategic flexibility） 例如：跟其他公司策略聯盟，有盟友相助
二、公司活動 (一) 核心活動 1. 研發 2. 生產 3. 業務	 產品發展彈性（product development flexibility） 彈性工廠（flexible factory） 物流彈性（distribution flexibility） 行銷彈性（marketing flexibility）
(二) 支援活動 1. 人力資源管理 2. 財務管理 3. 資訊管理 4. 其他	 人才彈性，尤其指「儲備中高階幕僚」，以備公司意外快速擴充時有將可用 財務寬鬆（financial slack） 例如：閒置電腦處理器（idle CPU）

表二　現金是王

一、進可攻投資動機	有股神之稱的美國波克夏・海瑟威公司董事長華倫・巴菲特強調「人棄我取」的趁股災時逢低買進。
二、退可守預防動機	時：1988 年 地：瑞典哥德堡 人：例如 Pehr G. Gyllenhammar，瑞典富豪汽車公司董事長 事：1987 年 10 月 19 日（週一）美股重挫，事後原因不詳，但美國景氣多頭漸衰（經濟成長率 1984 年 7.2% 到 1987 年 3.2%），手上擁有現金有下列好處 (一) 對公司 可避免公司 ・發行現金增資股 ・破產：例如應收帳款過大，以致周轉不靈 (二) 對家庭 可避免「抵押品被沒收」（foreclosures）

11-5 財務寬鬆的定義

公司寬鬆中的財務寬鬆（financial slack）是本書的重點，在本單元中先說明其定義，詳見表一，表中各個字典、學者大都是「瞎子摸象」。本書看「全隻象」，表中都是財務寬鬆的定義，這在拙著《財務管理》（三民書局，2002 年 9 月，表 6-18）已見雛形。

一、現金流量表角度

以現金流量表來說，只考慮一年並不準，因為「財務能力」如同財富一般，是日積月累的。

㈠**倍數**：這比較像流動比率，以「營業現金流量淨額」為基礎，去計算「現金流量／現金股利比」，以 2017 年台積電為例，約 3.2255 倍。即要支出 1 元現金股利，台積電有 3.2255 元營業現金流量淨額撐著。

㈡**差額（減法）**：自由現金流量。另一種計算方式是用減法，俗稱「自由（營業）現金流量」（free cash flow），常見的出處有二，其一詳見右頁小檔案。

二、資產負債表角度

由資產負債表右邊資金來源，搭配左邊資產，大抵可看出公司財務寬鬆的金額。

㈠**資產負債表左右邊**：流動（或速動）比率：例如比產業平均高的流動、速動比率的流動、速動資產就是財務寬鬆。

㈡**資產負債表右邊**：預留舉債空間。這分為兩種情況，

- 現在負債比率：此時未動支信用額度金額是財務寬鬆。
- 舉債空間：當公司負債比率可達 50%，而實際 20%，以資產 100 億元之下，還可再舉債 30 億元。

㈢**資產負債表右邊**：權益面。保留盈餘（不包括待分配現金股利）和資本公積俗稱公司儲蓄（business savings）。美國聯邦準備銀行以「公司儲蓄占總產值」比率，來看全體公司的財務（例如：投資）潛力等，例如：日 19.4%、南韓 14.8%、陸 14.3%。

財務彈性的價值

時：2008 年 10 月

地：英國英格蘭華威郡考文垂市

人：英國華威（Warwich）大學商學院 Andrea Gamba 和美國馬里蘭大學 A. J. Triantis

事：在「財務」期刊上論文「財務彈性的價值」，引用次數 522 次

表　財務寬鬆的衡量方式

流量／存量	字典／學者	衡量指標
一、增量（或流量）：現金流量表	中國大陸 MBA 智庫（或百度百科稱「財務彈性」	財務彈性＝現金流量－必要現金流量，其中「必要現金流量」有三個目的。
二、存量資產負債表	投資百科（Investopidia）公司，號稱全球最大的網路財務教育公司	時：2002 年 6 月 地：美國 人：Charles J. Hadlock 美國密西根大學與 C. M. Jemes（佛羅里達大學） 事：發表在「財務」期刊上的論文「銀行提供財務寬鬆」，引用次數 2,375 次
(一) 流動資產	少數學者	1. 多餘的流動比率 2. 多餘的速動比率
(二) 資金結構	低負債比率	以預留舉債空間
(三) 高自有資金比率	2012 年 Farlex 財務字典公司儲蓄會「反映」在現金流量表上	公司儲蓄（company savings）主要指資本公積、保留盈餘以便在外界或因公司因素帶來的外部募資困難時，手上有錢。

自由現金流量小檔案（free cash flow）

時：1986 年
地：美國伊利諾州埃文斯頓市
人：巴波特（Alfred Rapparport）西北大學教授
事：自由現金流量＝營業現金「淨」流量－必要資本支出－現金股利，詳見下圖

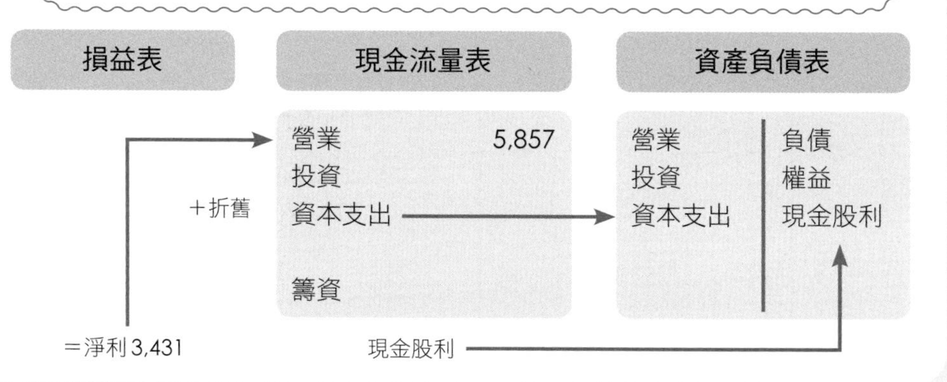

11-6 台積電財務寬鬆衡量

2017 年 5 月起，報刊每季皆喜歡報導美國蘋果公司帳上現金 2,568 億美元起，以全球各國總產值來說，排 41 名，是名副其實的富可敵國。以 2,600 億美元來說，在全球各公司股票市值排名第 13 名，領先寶鹼（P&G）、沃爾瑪（Wal-Mart）等。外界猜測蘋果公司帳上為什麼擁有這麼多現金？一是伺機而動準備從事併購其他公司；一是儲糧以備寒冬。

一、流量（增量）：現金流量表角度

從流量表角度來看，有比率、差額兩種分析方式，看營業現金流量能扛得住資產負債表的 2 件事，詳見下表，以台積電為例。

二、存量：資產負債表

由右表可見，從流動資產、未動支舉債空間和公司淨儲蓄，跟駱駝一樣，公司共有 3 道資產負債表方面的防線，則務寬鬆，以台積電為例。

・已知

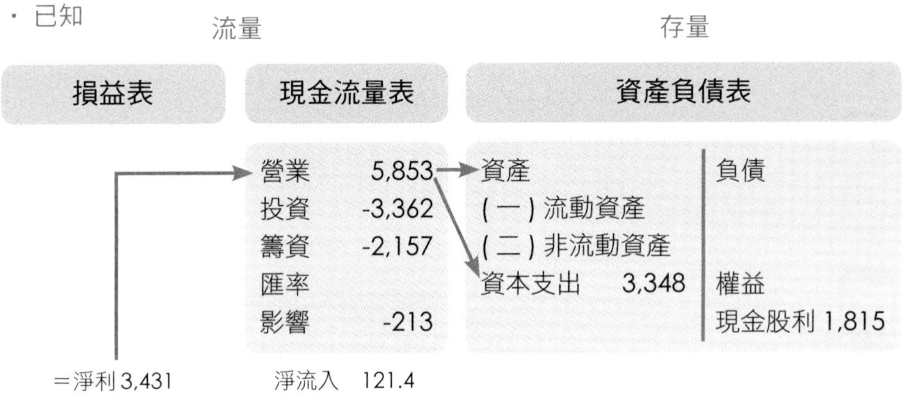

流量　　　　　　　　　　存量

損益表	現金流量表		資產負債表		
	營業	5,853	資產		負債
	投資	-3,362	(一) 流動資產		
	籌資	-2,157	(二) 非流動資產		
	匯率		資本支出	3,348	權益
	影響	-213			現金股利 1,815
=淨利 3,431	淨流入	121.4			

	(一) 現金流量表	(二) 資產面：資本支出或再投資，俗稱「資本購置比率」	(三) 權益面：現金股利，俗稱現金股利保障倍數
1. 金額	營業活動（流入）＋投資活動流出＋籌資活動流出＋匯率變動影響 = 5,853 億元－ 3,362 億元 － 2,157 億元－ 213 億元 = 121 億元	營業現金流量－資本支出 = 5,853 億元－ 3,348 億元 = 2,505 億元	營業現金流量－現金股利 = 5,853 億元 － 1,815 億元 = 4,038 億元
2. 比率	$\frac{營業活動現金}{投資活動流出＋籌資活動流出}$ $= \frac{5,853 億元}{3,362 億元 + 2,157 億元}$ = 1.06 倍＞ 1 倍	$\frac{營業現金流量}{資本支出}$ $= \frac{5,853 億元}{3,348 億元}$ = 1.75 倍	$\frac{營業現金流量}{現金股利}$ $= \frac{5,853 億元}{1,815 億元}$ = 3,225 倍

表　駱駝、台積電三道防線

項目	第 1 道	第 2 道	第 3 道
一、駱駝	一次可以喝下 100 公升的水，放在三個胃中的第一個，然後再輸到血液中。	駝峰儲存的是脂肪，號稱 40 公升，約占全身脂肪的 20%。	血液中的紅血球呈凹槽橢圓狀，缺水時也可流動，最高紀錄可以 50 天不喝水、體重從 450 公斤減到 300 公斤。
二、台積電	流動資產 寬鬆	未動支銀行貸款額度	公司儲蓄＝資本公積＋保留盈餘－待分配現金股利
(一) 金額	＝速動資產－流動負債 ＝ 6,559 億元 － 3,587 億元 ＝ 2,972 億元	＝（同業負債比率－公司負債比率）X 資產 ＝ (0.4156-0.2)X2 兆元 ＝ 4,312 億元	＝ 563 億元＋ 12,334 億元－ 2,074 億元 ＝ 10,823 億元
(二) 比率	速動比率＝速動資產／流動負債 $= \frac{6,559}{3,587}$ ＝ 1.829 倍	未動支舉債比率＝ $= \frac{4,156}{7412}$ ＝ 56%	公司淨儲蓄率＝公司淨儲蓄／資產 $= \frac{10,823}{19,919}$ ＝ 54%

11-7 公司財務寬鬆的目的專論：盈餘管理

當你用數位相機或手機拍照，你選擇「修圖」（變年輕、變瘦），其實你就跟公司「盈餘管理」一樣，讓照片好看。有些人去醫療美容診所美容整形，這是「玩真的」。本單元聚焦在公司財務彈性在盈餘管理的運用。

一、盈餘管理的定義

由右頁可見，盈餘管理分拆成兩個名詞，用租稅規劃中的兩個相近名詞舉例。

㈠**盈餘管理類比為「避稅」**：「盈餘管理」（earning management）直白的說，是公司透過人為方法去影響損益表上淨利的「數量」與品質，詳見右圖第三欄。

㈡**盈餘操縱類比為「逃稅」**：盈餘操縱（earning manipulation）有時跟盈餘管理交叉運用，有些情況是跟財務報導造假（cook the books 或 financial fraud）的案例相連。

二、盈餘管理的目的

公司董事會進行盈餘管理，美臺的動機差異頗大，因美國所有權跟經營權分離，在臺灣，七成以上的上市公司是家族公司。

㈠**大公無私的目的**；七成以上的上市公司進行盈餘管理，董事會大都是「為公」，例如：為了達到每股淨利 3 元的外資「績優股」標準。

㈡**代理理論**；代理理論學者認為一些公司董事會透過人為方法，讓淨利好看些，以保住自己的職位，或者多些認股選擇權。

三、五種盈餘管理方式

由損益表科目順序說明。

㈠**改變交易時間**：這是汽車公司業務代表的老招，汽車 12 月下單，公司開發票，明年 1 月才出貨。

㈡**變更會計政策**：例如大一會計學中說的「廠房與機器設備」由快速折舊法改為直線折舊法。

㈢**更動「裁決性應計數」**（discretionary accruls,DAC）：公司董事會操之在己的去砍研發費、廣告費，淨利就跟著上來，這是把「應計數」（accruals）擴大解釋。

㈣**營業外收入**：出售轉投資股票或非營利外房地產，賺點「營業外收入」（即橫財），透過財務淨利以補營業淨利的不足。

外資重視的「每股盈餘」是指每股「營業淨利」，如此便不會考慮營業外收入。

㈤**其他**：例如租賃等。

＝

盈餘（earning）＋管理（management）或操縱（manipulation）

盈餘管理文獻

時：1968 年秋季
地：美國伊利諾州芝加哥市
人：美國芝加哥大學教授 Ray Ball 與西澳大利亞大學教授 Philip Brown
事：發表在《會計研究》期刊，論文名稱《會計損益數字的實證評價》，119 頁，可說是會計學界首篇研究公司淨利跟股價間關係的文章，論文引用次數 8,035 次。

圖　公司盈餘管理的目標與手段

投入	轉換	產出
資產負債表	損益表	每股盈餘

投入：資產負債表

資產	負債
（一）流動資產	
存貨	
（二）非流動資產	資產
長期金融投資	
固定資產	
營業用	
非營業用	

轉換：損益表

營收
－營業成本
　原料
　直接人工
　製造費用
廠房、設備折舊

＝毛利
－研發費用
－管理費用
－行銷費用、廣告費用
＝營業淨利
＋營業外收入
－營業外支出

＝稅前淨利
－所得稅費用
＝淨利

（營業用→廠房、設備折舊；資產→營業外收入；非營業用→營業外支出；損益表→每股盈餘）

產出：每股盈餘

一、數量
1. 外資標準：3 元
2. 銀行標準：股東權益報酬率 10%以上
3. 證交所標準：淨值 5 元以上

二、品質
1. 每股盈餘波動性不要太大，例如：3~6 元

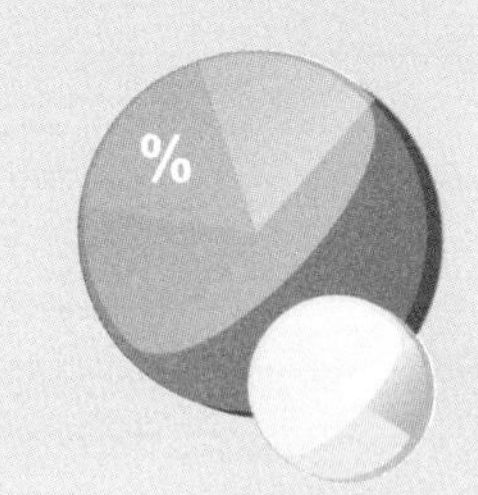

MEMO

第 12 章
資產管理：財務部

12-1 董事長與財務長不能犯的四個財務大錯

在清朝小說《紅樓夢》中有兩大主軸，一是賈寶玉，一是王熙鳳（賈家榮國府的實際當家人）。在「聰明累」的內容裡：「機關算盡太聰明，反算了卿卿性命。」以此形容王熙鳳精明能幹但工於心計，極盡權術機變。在現實生活中，王熙鳳的劇情在一些公司董事長、財務長身上「附上」，不知不覺中成為「金錢至上」的「勢利人士」。本單元舉出四個不能犯的財務方面錯誤，以台積電財務報表數字來說明。

一、第一爛的的董事長：追求股價極高

「個體經濟－公司經營管理－財務管理」這個一脈相傳的學問，在公司經營時，前提假設公司董事會的最重要目標如下。

- 個體經濟：假設公司追求淨利極大化。
- 公司經營、財務管理：以上市公司為例，公司追求（每股）淨利極大，在已知股數、本益比情況下，此將使股票市值極大化，俗稱「股東財富極大化」（shareholder wealth maximization）。

尤其當公司董事、總裁的主要收入跟股價連結（stock-price linked compensation）時，這些人更有動機去做「淨利管理」。最短視近利的作法是設定一個權益報酬率或淨利率（例如：15%），把低於此的事業部或「成本中心」外包。此種「冷酷」經營的結果，會換來高階主管甚至全部員工的冷淡回應，後遺症更大，詳見右表第三欄。

二、財務長不能犯的第一個錯：延後付款

許多財務管理的教科書詳細說明公司以支票付款，收票人存入支票，除非是開票人所開同縣市、同一銀行（例如：臺灣）的帳戶，否則需要透過臺灣票據交換所去交換，T+2 日才會入帳。如此公司至少賺到 2 個營業日的資金「浮游量」（float），錢入銀行帳上，甚至可拿去做票券附買回，小賺點利息，詳見表第二欄。聯華食品公司李開源董事長要求財務長需站在員工、供貨公司立場設想。

以台積電支付員工薪水為例，以媒體薪資轉帳來說，5 日付款、每月 140 億元，假設一年碰到 4 次 5 日是例假日，要是延到 7 日才付款，公司約可賺到 25.57 萬元利息。26 萬元對年淨利 3,600 億元的公司是數十億分之一，小到不存在。碰到付款時，要替對方想，以員工薪資來說，員工需要 4 萬元薪水去繳房屋貸款等，對維持生活很重要。5 日碰到例假日，那就 4 日付款，絕不能延至 7 日。

三、財務長不能犯的第二個錯：堅持「0」存貨

跟前述支付「應付帳款」一樣，有些公司「盲從」日本豐田汽車的原物料、成品「0 庫存管理」（zero inventory management），主張省點存貨資金利息等。由右表可見存貨資金積壓利息，只是停工待料 1 天的損失比可說九牛一毛。

四、財務長不能犯的第三個錯：太緊的「應收帳款」政策

「應收帳款」是公司行銷組合中「定價」策略之一，賒銷有很多原因。只有「刀筆小吏」型的財務長才會想訂很高的應收帳款利率，想「沒魚蝦嘛好，加減賺」。應收帳款等商業授信「天期」、「利率」宜以營業部為主，作為跟對手競爭武器之一。

表　董事會與財務長不能犯的四個財務錯誤

公司層級	錯誤觀念－資產負債表	本書看法－以 **2018** 年台積電為例
一、董事會	資產負債表右邊（權益） 股價＝每股淨利 x 本益比 　＝ 14.5 元 x17 倍 =246.5 如果把「低毛利率」廠關掉，每股淨利增加 0.1 元市值，增加 0.1 元 x17 倍 x259.3 億元 ＝ 440 億元	因小失大的代價（機會成本）： 各事業部、各工廠高階主管擔心成為「下一個待宰羔羊」，於是紛紛跳槽等，以致每股淨利減少 1 元 1 元 x17 倍 x259.3 億元 ＝ 4,400 億元
二、財務長	資產負債表（負債面） 以應付員工薪水與獎金為例 例如：每月 5 日發薪水，5 日碰到例假日（如週六）所以延到 7 日才發獎金，把這錢拿去做 3 天的票券附買回交易 140 億元 x1%x4 次 /12 月 x1/365 ＝ 25.57 萬元	因小失大的代價（機會成本）： 員工因遲領「薪水與獎金」的消極「偷懶」以表抗議 10,000 億元 x0.1% ＝ 10 億元
三、財務部授信處（組）主管	資產負債表左邊（流動資產管理） (一) 應收帳款 應收帳款資金成本 1,100 億元 x1.5%=16.5 億元 (二) 存貨 盲從日本豐田汽車的「零庫存政策」（Zero Inventory Policy） 庫存的資金成本 900 億元 x1.5%=13.5 億元	因小失大的代價： 因應收帳款授信條件太嚴，「排擠」1% 營收 10,000 億元 x1%=100 億元 因小失大： 停工待料的機會成本，假設一年一次停工待料減少的淨利 10,000 億元 x36%x1/365=9.863 億元

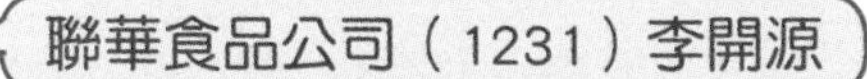

公司成立：1970 年，由李國衡創立，1995 年 11 月 2 日股票上市
公司住址；臺北市大同區迪化街一段 148 號
現職：聯華食品公司董事長
學歷：美國大學進修，臺灣中原大學學士
名言：公司持續前進，相信努力並盡到職責就有前途。（摘自 ET today 財經新聞雲，2016 年 1 月 7 日，李孟璇）

12-2 營運資金管理：以鴻海與台積電為例

2017年9月8日聯邦銀行（2878）董事會決議辦理現金增資（甲種特別股）20億元，以充實營運資金、提升資本適足率。這則新聞有個關鍵字：「充實營運資金」。這在財務部來說，每天例行工作便是確保營運資金維持在適當水準。本單元說明什麼是「營運資金」、多少是「適當水準」。

一、營運資金的定義

㈠**營運資金定義**：筆者喜歡用 Excel 試算表上「加減乘除」的方式去記公式，由表一第一欄可見營運資金（working capital）的定義。

㈡**營運資金本意是「淨流動資產」**：在用詞節約的原則下，營運資金的本意是「淨流動資產」（net current asset）。

二、營運資金的適當水準

數字管理的精神之一是要有「適當水準」以利管理。

㈠**營運資金的適當水準「不好訂」**：以表一來說，台積電淨流動資產5,165億元，約是聯華電子的10倍，這是因為營收「規模」6.55比1。

㈡**流動比率1.2~1.8倍**：既然營運資金金額不易訂出一個適當值，腦筋轉一下，由表一第一欄可見，流動資產除以流動負債，稱為流動比率（current ratio）。以流動比率1.6倍來說，表示有1元流動負債要付，公司有1.6元流動資產撐著，即有多「60%」的流動資產當「預備金」（reserve fund）。

三、營運資金「管理政策」

有些書把公司營運資金政策（working capital management policy）分成三種狀態，詳見表二。並做個表說明狀況下的優缺點，我們只說明其適用時機。

㈠**保守政策**：像表一中的台積電。當流動比率大於2倍時，此時帳上有很多「現金與約當現金」（註：比較不會是應收帳款或存貨），現金沒有報酬率、約當現金（例如：一年期定存）報酬率1%以下，這些「閒錢」太多不利於淨利。2014年以來，台積電流動比率皆在2倍以上，應該是準備好現金以待大投資、大賺。

㈡**適當政策**：英文教科書認為流動比率宜落在1.2~1.8倍，表一中的聯華電子、鴻海皆如此。大體來說，由於教科書如此說，所以絕大部分上市（櫃）公司皆照表操課。

㈢**冒險政策**：以鴻海來說，2015年流動比率1.1倍，偏低。少數公司甚至低於1，流動資產很容易無法支付流動負債，出現「周轉不靈」（in a financial strait），支票跳票（check bounded）的結果，往往是骨牌效應。

表一　營運資金定義、流動比率與三家公司2017年情況

單位：億元

資產負債表	鴻海	聯華電子	台積電
(1) 流動資產（current asset）	27,461	1,391	8,752
(2) 流動負債（current debt）	20,225	881	3,587
(3)=(1)-(2) 營運資金（working capital）	7,236	510	5,165
(4)=(1)/(2) 流動比率（current ratio）或稱營運資金比率（working capital ratio）	1.358 倍	1.579 倍	2.44 倍

表二　營運資金管理政策

政策	冒險	適當	保守
1. 金額	負營運資金（net working capital）	正營運資金	正營運資金
2. 流動比率（CR）	CR < 1.2 倍	1.2 倍 < CR <1.8 倍	CR >1.8 倍

資產負債表

資產

流動資產
- 應收帳款管理（A/R management）
- 存貨管理（inventory management）

負債

流動負債
- 應付帳款管理（A/P management）

12-3 現金與救命錢水準的決定

公司、家庭在決定現金的分配時，只是金額大小有差，原理一樣，而且很簡單。每次談到公司的帳上（公司內保險箱、銀行的支票存款和活期存款）該有多少錢，所有書都花了頁數介紹「鮑模模型」（Baumol model, 詳見右頁小檔案）。公職考試喜歡考計算題，但本書不打算這麼做，原因是連臺灣現金與約當現金金額數一數二的公司，都不照這做，因為這公式「不實用」。

一、三種貨幣需求動機

本單元一開頭的三個問題，在總體經濟學之父凱恩斯於 1936 年的巨著《一般理論》中，稱為流動性偏好（liquidity preference），包括三項。

(一) **交易動機**（transaction motive）：以個人來說，「開門七件事」都需花錢買東西。

(二) **預防動機**（precautionary motive）：在個人稱為「救命錢」，在公司稱為「第一」、「第二」預備金，留著以備「人有旦夕禍福，天有不測風雲」。

(三) **投資動機**（investment motive）：這是指「以錢賺錢」，賺取財務淨利（financial profit）。

二、家庭現金管理

以臺北市的一個雙薪四口家庭為例，平均月收入（扣完稅後的可支配所得）10 萬元，三個資金水池由上到下說明：

(一) **上水池**：交易動機。家庭存 8 萬元在銀行活儲帳戶，可以 3 種方式支付 8 萬元生活費用，帳上扣款（水電瓦斯）、轉帳、現金（含悠遊卡儲值）。

(二) **中水池**：預防動機。以失業為例，假設重新找工作 6 個月，且沒有失業保險給付，存 6 個月生活費在定期儲蓄存款，以免失業時「喝西北風」。

(三) **下水池**：投資動機。任何多出來的錢，可說是「閒錢」，可以「長期使用」去買績優股、股票型基金，長期（五年以上）每年穩穩賺 7% 以上報酬率。

三、公司現金管理

公司現金收入、支出各有行業特性，不像上班族那麼固定。底下以現金收入行業（例如：統一超商）為例。

(一) **交易動機**：1.5 天支出金額的現金量。以平均日支出 100 萬元來說，銀行支票與活期存款帳留 1.5 天的錢（150 萬元）；其中 50 萬元是預備金。

(二) **預防動機** :1 個月支出金額。這 3,000 萬元放在票券附買回交易（RP）、債券或貨幣市場基金上，賺個 0.6% 的年利率，賺 2 個營業日可變成現金且保值。

(三) **投資動機**：閒錢。圖中是由高往低處三個水池，由小、中、到大，「現金流入」先滿足第 1 個水池，滿了後流到第 2 個水池；多餘錢擺第 3 個水池。

圖　家庭與公司的現金的分配

經濟學、貨幣銀行學中凱恩斯（John Keynes）的貨幣需求三個動機：	家庭 以一家四口月、支出 8 萬元為例。	公司 以上市公司一個月支出 3,000 萬元為例，一天約 100 萬元。
交易動機（transaction motive）	收入 → 一個月生活費 8 萬元活儲	營收 → 1.5 天支出 150 萬元，銀行支票存款、活期存款
預防動機（precautionary motive）	8 萬元 x6 個月天期定期儲蓄存款	一個月支出 3,000 萬元，放在票券附買回、債券基金
投資動機（investment motive）	股票、股票型基金	例如：3.7 億元股票、股票型基金

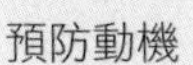

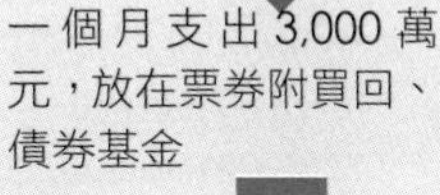

台積電「現金與約當現金」結構（**2017** 年明細）

一、現金 68.81%
　（一）零用金 —
　（二）支票與活期 0.085%
　（三）定期存款 68.725%
二、約當現金 31.19%

經濟訂購量與鮑模模型（economic order quantity, EOQ）

時：1952 年
地：美國紐約州紐約市
人：鮑模（William Baumol, 1922~2017），美國紐約大學經濟系教授
事：這個公式源自公司的工廠「生產管理」，該「訂多少原料」（又稱經濟訂購量）等，從 1913 年便有學者（例如：F. W. Harris）在論文中討論。1953 年，鮑模把經濟訂購量用在公司的現金持有量的決定，論文名稱「交易的現金需求：存貨理論模型」發表在《經濟學季刊》（*Quarterly Journal of Economics, QJE*）上，引用次數近 3,000 次。

12-4 商業授信的考量

你在自助餐廳、小吃店消費，會看到牆上掛個牌子「小本經營，請先付款」。但是公司做生意，大抵會讓一些債信評價好的熟客「掛帳」，在賣方公司資產負債表上便是「應收帳款」（accounts receivable, A/R）或應收票據（notes receivable）。問題來了，收現對賣方比較有保障，為什麼要讓熟客欠款呢？這至少有兩種情況，詳見右表。

一、方便帳務管理

你家有沒有訂羊奶、養樂多、報紙？送貨員每個月會結一次帳，出對帳單、發票，來向你收款。這種「每月結帳」（俗稱月結）的收款方式，賣方圖的是帳務處理方便，反正金額不大，買方不會為了這一個月 500 元的小錢而連夜搬家。同樣的，當買方是公司時，也會出現一個月結一次帳的情況。

二、借你錢買我的商品

賣方讓買方賒帳，等於賣方借錢給買方買自己的商品，這對資金有限的買方有大幫助，可以先售貨再還進貨貨款，對剛起步的公司來說，可用小額資金做生意。賒帳對資金雄厚的買方沒多大吸引力。

三、賣方公司的融資

當賣方缺錢時，針對買方公司的兩種賒欠方式，皆有機會找到金融機構予以「貼換成現金」（簡稱貼現）。

㈠ **應收帳款情況**：當買方公司跟賣方有簽約、且買方公司債信評價佳時，賣方可以憑買賣契約、賣方公司開立的統一發票（即證明有出貨）。向租賃公司申請應收帳款賣斷（factoring）。此例等於賣方把「應收帳款」的權利「賣斷」給中租迪和租賃公司。中租迪和賺帳務管理費、貼現利率（例如：4%）。中租迪和的決策關鍵，在於對買方公司已經過徵信合格，一個月後，中租迪和收得到貨款。

㈡ **遠期支票情況**：當買方公司開遠期支票（180 天內）時，賣方持此「客戶支票」（簡稱客票）向往來銀行請求「客票貼現」，當銀行審核此客戶債信良好時，會接受賣方公司的客票貼現申請。「客票貼現」（notes discounted）的本質跟應收帳款賣斷相似，只是遠期支票本身是票據，開票人員受票據法規範，執票人（此例是賣方）受票據法保障一定權益。

票據融資（Notes Financing）

票據（notes）：包括本票、匯票。

融資資格：該公司須先取得銀行的授信額度，另外開票人須在本票上背書（或匯票時承諾付款，簡稱承兌）。

賣方（seller）　　買方（buyer）

一、銀行扮演金融中介

單位：兆元

存款人（depositors）→ 存款 37.5 → 銀行 → 放款 27.5 → 借款人（borrowers）

存款利息（R_d: 0.565%）　　放款利息（R_e=1.92%）

二、應收票據／應收帳款融資

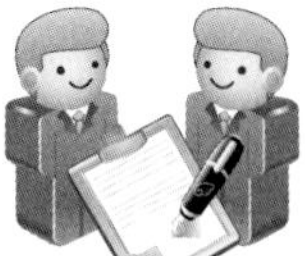

客戶

以蘋果公司為例 → 遠期支票 → 台積電 → 客戶遠期支票 → 銀行

貼現

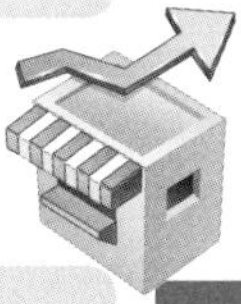

同上 → 賒帳 → 台積電 → 應收帳款 → 中租迪和公司

應收帳款買斷（factoring）

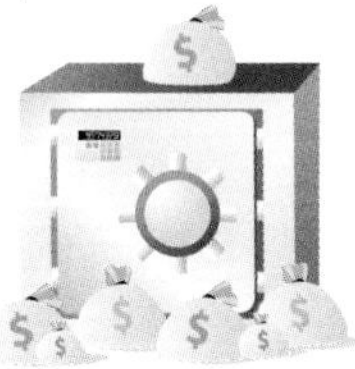

今天（8月1日）　　遠天期支票到期日（9月30日）

折現（discount）

到期

俗稱貼換成現金（簡稱貼現）

99 萬 6,712 元

100 萬元

(1-2%xT/365)

即金融機構收 3,288 元的貼現息

此例 T=60 天（算頭不算尾）

12-5 商業授信的程序

商業授信的本質是賣方公司擔任「銀行」，給予買方「信用」（即賒帳），授信是銀行的專長，公司財務部等扮演公司內部銀行（in-house bank）角色。由這角度來看，大學財管系、金融系等，為什麼把《貨幣銀行學》列為必修的學分課，便很清楚。

一、董事會決定授信政策

「商業授信」、「背書保證」等扛債的事，都是由董事會決定，董事會決定公司授信政策（詳見右表第三欄），作為財務部等部的作業準則。

㈠ **授信金額**：針對超過授權總經理、業務副總的信用額度，且在授信辦法的授權額度，以表中第二欄可見，舉例 5,000 萬元迄 1 億元的授信申請案，董事會有權審核批准。基於風險管理考量，董事會對單一客戶（是指同一集團）的授信金額是有上限的，以銀行來說，針對同一借款戶只能占銀行放款金額的 5%。

㈡ **授信期間**：債信評價佳的客戶，賒帳天期可以長一些，例如：「月結 30 天」，即下個月月初結帳，客戶開 1 個月期的「遠期」支票。簡單的說，欠 2 個月，以 1 個月買貨 1 億元為例，共欠 2 個月，再加上本月叫貨的 1 億元，共賒欠 2 億元。財務部每個月會做一份「帳齡分析表」（應收帳款期間），主要判斷點為：當加權平均帳齡由 38 天往 45 天等拉長，應小心是否客戶端短期償債能力變差，以致請求授信期間拉長。

二、授信審核

㈠ **商業授信的申請**：只要是公司的買方，都可向公司財務部申請商業授信。申請文件向財務部索取，財務部會先把申請函請業務部會簽，業務部的承辦業務代表有機會表達意見，終究他是最了解該客戶的人。一些集團企業（例如台聚集團）採取中央集權方式，由集團設立授信審查部，審查子公司的客戶授信申請案。國泰世華銀行也如此做，考量點有符合經濟規模（即徵信成本較低、時效快）而且比較公正。

㈡ **聯合徵信中心**：由於有金融聯合徵信中心，任何個人、公司可以去申請個人信用紀錄，以調出過去一段期間對銀行的還款紀錄，提供利害關係人參考。由於人、公司的信用紀錄隨時變動，因此客戶申請授信時，其銀行往來證明宜以 15 日內為限。至於國外客戶則需設法證明其債信，有標普的信評公司信評 BBB 級以上，則可以不用提供其他證明。

㈢ **授信審核人員來源**：大公司的授信審核由一個處負責，主管職級為經理，員工有可能一半來自各銀行總行審查部或分行的企金業務人員，授信審查經驗比較豐富，而且銀行業人脈廣，有些訊息可以互通。

表　公司對客戶商業授信作業規定

組織層級	單一客戶授信金額	其他授信政策
一、董事會	1 億元	1. 授信對象 2. 授信區域：例如臺灣、中國大陸、東南亞等 3. 授信抵押等
二、總經理	5,000 萬元	業務副總不適合有授信授權金額，以排除內神通外鬼情況。但業務部可向總經理提示動用授信授權。
三、財務長	2,000 萬元	
四、財務部下授信審查處	無	負責授信審核。為了避免內神通外鬼等情況，授信人員與主管沒有授信金額權限。

台聚公司財務處主管職掌

資產	負債
(一) 流動資產	融資規劃調度
1. 資金管理	
2. 授信管理作業	
3. 執行延期貨款催收	
(二) 非流動資產	權益
1. 產物保險	辦理各項股務相關事宜
2. 長期投資作業	

金融聯合徵信中心

成立：1975 年
住址：臺北市重慶南路一段 2 號 10 樓
名稱：財團法人金融聯合徵信中心，簡稱聯徵中心
服務對象：銀行、票券公司、發卡機構
服務內容：民眾或企業向銀行申請貸款或信用卡，銀行可透過聯徵中心查詢借款或辦卡者的信用資料。例如：貸款有無如期償還、刷卡消費是否按期繳納等，作為銀行核准的參考。會員機構會定期報送客戶的負債面資料給聯徵中心，是全國唯一的個人、公司跟銀行往來的信用資料庫。至於客戶收入面資料，得靠金融機構自己去做徵信。隨著數位金融 3.0 時代來到，2015 年底推出網際網路信用報告服務，讓民眾透過自然人憑證，在網路或手機上，即時又安全的取得信用報告。

12-6 三重授信審核指標

個人向銀行申請信用貸款，所需具備的文件大都只有身分證、銀行存摺封面與內頁 6 個月薪資轉帳紀錄，最快兩小時內照會，兩天撥款；網路申貸對舊客戶 30 分鐘核貸。公司的授信審核指標比較廣，會要求客戶提供過去三年的損益表、資產負債表。本單元介紹三種常見的審核方式。

一、財務報表分析

在財務管理的延伸課程「財務報表分析」中，其中針對公司的短期償債能力的衡量方式詳見右表。

㈠「流動」資產與「流動」負債：請問「流動資產跟流動負債這兩個名字的相似點在哪？」答案是「流動」（current）。這是指「一個月內」的，至於英文字 current 更是生活用辭，是指水「流」；再加上「電」，變成是電流（electronic current）。

㈡「流」動與「速」動：請問「流動跟速動兩個名詞的相似點在哪？」答案是「動」。「速」比「流」的速度更快，「速」動資產是流動資產中跑的速度比較快的，即扣掉存貨、預付款。

二、人品指標

在貨幣銀行學中，銀行針對授信申請案的審核，5C 指標中之一是董事長「品格」（Character）。前資誠會計師事務所所長、財金教育推廣協會理事長薛明玲，很強調財務分析外的品格指標。在本單元的右頁小欄中舉例說明。

三、商業授信的進階版：賽仕電腦的風險分析軟體

銀行、零售公司針對自然人的授信，由於自然人交易頻率高，有較多資料可分析，在進行顧客關係管理（CRM）時，常使用德國賽仕電腦（SAS）的軟體，去分析顧客的價值信用風險等。

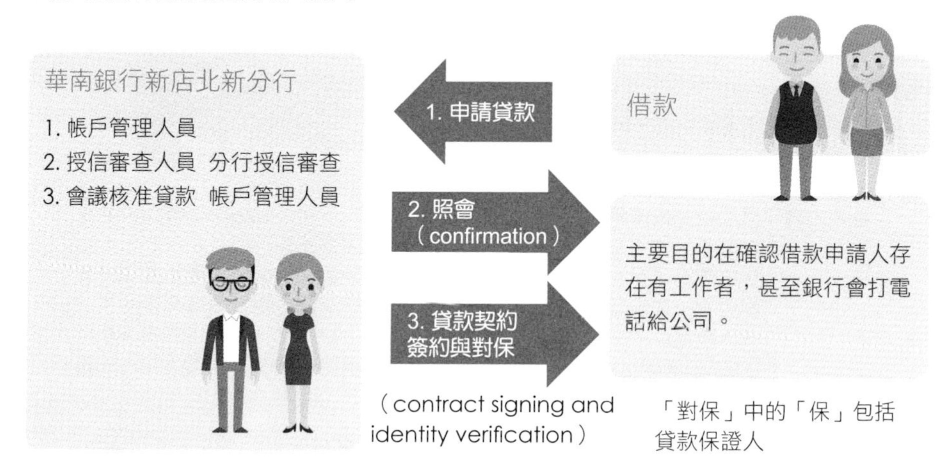

表　公司短期償債能力衡量方式

比率	公式		說明	
流動比率（current ratio）	流動資產指資產負債表上「短期」資產的現金、定存、存貨、預付款等。	>1.4	15÷10	=1.5 >1.4
速動比率（acid ratio）	「速」動資產＝流動資產 －存貨 －預付款	>1	12÷10	=1.2 >1 流動負債指資產負債表上右邊「負債」中的流動負債中的 1 個月內到期負債。

速動比率

英文 acid ratio 或 liquid ratio 或 quick ratio

$$公式=\frac{現金+證券+應收帳款}{流動負債}\geqq 1$$

「現金等」：現金與約當現金（cash and cash equivalent）

現金：包括零用金、銀行存款（包括定期存款）

約當現金：是指 3 個月內到期的貨幣市場工具、基金

「證券」：marketable securities，是指「有行有市」的證券

人品徵信

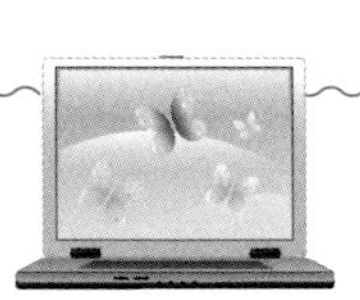

電視台：57 臺（東森財經台）

日期：2015 年 5 月 16 日 17：20 ～ 17：32

節目：進擊的臺灣

對象：吳燈財（1965 年次），彰化縣花壇鄉人。銷售海灘鞋，內銷量 10 萬雙以上，屏東縣墾丁市占率 6 成以上。1987 年創業，1991 年被中盤商倒帳 2,000 萬元。事後他體會這些惡性倒帳者，大都養情婦、喝花酒，花費大，所以才會惡意跳票。吳燈財東山再起後，對中盤、零售商買賣，必須符合三條件：對父母孝順、照顧員工妻小、不養小三與不喝花酒。

12-7 商業授信：美國通用電氣資融公司

以美國通用電氣資融公司為例，把商業授信部門獨立成子公司經營的情況不多。在臺灣，較明顯的是裕隆集團旗下的裕融，顧客向裕隆汽車、裕隆日產汽車、中華汽車，可向裕融（全名裕隆資融）辦理汽車貸款。全球「製造業融資」較明顯的是美國通用電氣（GE, 俗譯奇異）與旗下的通用電氣資融（GE Capital, 俗譯奇異資融）公司，本單元說明之。

一、通用電氣公司

美國通用電氣公司主要賣工業產品。因此跟百姓生活較少接觸，以前偶爾談到是因其傳奇董事長傑克 · 威爾許（Jack Welch, 任期 1989~2001 年）把公司由平凡企業（A）提升到 A+ 企業。

二、通用電氣資融公司

通用電氣的飛機引擎，醫療器材（例如：核磁共振機），單價都很高。有些公司短期付不出錢來，通用電器只好在 1980 年代成立通用電氣資融公司，提供客戶購貨的融資。

㈠ **融資公司基金來源：**資融、租賃公司跟銀行搶客戶，負債資金主要來源有二：長期的靠發行公司債（有可能母公司保證），短期的靠金融業同業拆款。

㈡ **融資方式：**通用電氣資融的經營範圍還包括飛機租賃，甚至漸「不務正業」，還跨入對私募權益放款等業務，以子公司方式經營。

三、通用電氣資融公司大瘦身

2008 年底以來，通用電氣資融公司上新聞的原因，大都跟其他影子銀行（shadow bank）類似。

㈠ **2008~2009 年要求紓困：**在 2008 年 9 月 15 日金融海嘯，債券市場萎縮。美國通用電氣資融公司周轉不靈，由聯邦存款保險公司提供 1,400 億元的擔保。即原本是影子銀行的，也因此被政府管理。

㈡ **多德－弗蘭克法案：**2011 年的多德－佛蘭克法案（Dodd Frank Act），賦予財政部等對影子銀行監管權，授予其對大型金融機構強制分割、重組或分拆資產的權限。

在巴塞爾協定第三版的相關指標，通用電氣資融公司許多都不及格，因此必須改善。方式之一是「減少風險資產」。2009~2014 年，公司出售 1,000 億美元的「放款資產」。2014 年通用電氣單家盈餘 28 億美元，但合併（主要併入通用電氣資融）報表虧損 136 億美元。基於「棄車保帥」的考量，2015~2017 年通用電氣資融大幅出售資產。

第 13 章
財務報表分析

13-1 財務報表分析的目的與方法

財務報表分析是許多人的罩門，抱怨財務比率分析公式多不易懂不好記，本章一開始，先就近取譬，許多人每天都在作各種分析，你已熟到本能反應。同樣，本章能讓你對財務比率快易通。

- 許多人隨時會瞄一下手機的電源還剩多少，電動汽車車主也一樣，有里程焦慮症。
- 高血壓患者每天二次量血壓脈博，糖尿病患者每天量血糖。
- 汽車駕駛經常看儀表板的溫度計，至於油箱有油表指針。

一、財務報表分析的架構

財務報表分析可以拆解成兩個名詞，套用「投入→轉換→產出」的架構可以了解。

㈠**投入**：財務報表（financial statement）。由右圖第一欄可見，四個財務報表占使用率 95% 以上的只有損益表、資產負債表。權益變動表用不到。

㈡**轉換**：分析（analysis）。由圖第二欄可見，分析方法分成兩大類，兩個會計科目（財務比率分析、結構分析）、（損益表）單一會計科目。

㈢**產出**：財務分析結果。財務報表分析的用途分成公司外部、內部人士兩種。

二、近景：財務比率分析的用途

以證交所公布的六大類、22 個財務比率為財務比率的最大公約數，公司內外部人士用這些比率值來判斷公司六類能力。

㈠**公司內部人士**：公司董事會、總經理、各事業部主管（副總）、財務主管關心的指標不同，詳見表第三欄。

㈡**公司外部人士**：公司外部人士以本公司對買方公司來說，當在核准買方公司賒購時，便須了解其償債能力等。

三、近景：單一會計科目的用途

（損益表）單一會計科目能做的事有限，大部分：

㈠**抓趨勢**：長到五年、短到一年內的三個月，尤其是向上、向下的「轉捩點」（turning point）。

㈡**抓結構**：以損益表的結構分析來說，可看出成本率、費用率與獲利率（毛利率、營業淨利率、淨利率）的變化。

圖 財務報表分析的方法與目的

投入	轉換	產出
財務報表（financial statement）	分析（analysis）	結果、目的、用途
1. 主要：（綜合）損益表 2. 次要：資產負債表 3. 再次要：現金流量表 4. 少用：股東權益變動表	以一或二個報表的兩個會計科目相除，得到財務比率稱為財務比率分析（financial ratio analysis）六大類 22 個比率	(一) 公司外部 以（商業）授信來說 1. 償債能力 2. 公司倒閉 (二) 公司內人士 1. 償債能力 2. 經營能力 3. 管理能力 4. 其他
	以損益表為主 1. 結構分析：以營收為 100%，去求各項成本率、費用率、獲利率（毛利率、營業淨利率、淨利率） 2. 單一科目，例如：營收 (1) 趨勢分析 (2) 跟同業對手比	以股票投資的基本分析為例 區分公司營收為積極成長、成長股，稱為業績股

《圖解財務報表分析》書

時：2017 年 9 月
地：臺灣；另中國大陸
人：伍忠賢
事：由五南圖書公司旗下書泉出版社出版，2018 年簡體字版由廣東省廣州市廣東財經出版公司出版

13-2 財務分析大分類Ⅰ：單一會計科目趨勢分析

在電視新聞中看到節目主持人或上市公司發言人（大部分是財務副總），用一張圖把營收、獲利能力、股價，分析五年走勢。只看單一（財務報表）科目的趨勢分析，或是跟「棋逢敵手」的對手相比，這種作法極簡單，且有現成資料（例如：聚亨網、Money）可抓，而看圖說話往往能「唬唬」生風，只是上下震盪的原因必須對產業、公司有些了解。本單元以台積電為例，說明常用的單一會計科目趨勢分析；限於篇幅，跟晶圓代工第二名格羅方德或第四名的聯華電子相比，留給讀者們當習題。

一、作圖技巧

由（圖一）可見，一般是這樣呈現才好看。

㈠柱狀圖：金額。

㈡線圖：變動率。「變動率」（change ratio）以線圖方式呈現，變動率若有負的，即營收衰退。

二、損益表：營收

營收是公司淨利的引擎，營收成長，淨利比較會水漲船高。

㈠金額：最好每年都成長。

㈡變動率

- 一年
- 六年趨勢

㈢投資人以月為單位來抓業績成長股：股票投資人用慧眼獨具挑出業績成長股（revenue growth stock）是以月營收為準。

- 以「年增率」（year-on-year percentage, YOY）為主。
- 三個月看「趨勢」，成長率 20% 以上算「積極成長」、10~20% 算成長股。

三、損益表：淨利

㈠金額：最好每年都成長。

㈡變動率

- 一年
- 六年平均

四、資產負債表：資本額

（圖二）淨利除以股數便得到每股淨利，所以在圖三中，我們呈現資本額。

㈠金額：連漲

2006 年起，台積電把資本額「連漲」，所以 2013 年起，每年金額都是 2,593 億元。

㈡變動率 0%：由於金額不變，所以變動率 0%。

㈢每股淨利：由於每股淨利中的分母「資本額」不變，股數不變；只要分子淨利增加，每股淨利水漲船高。

圖一　台積電六年營收與成長率

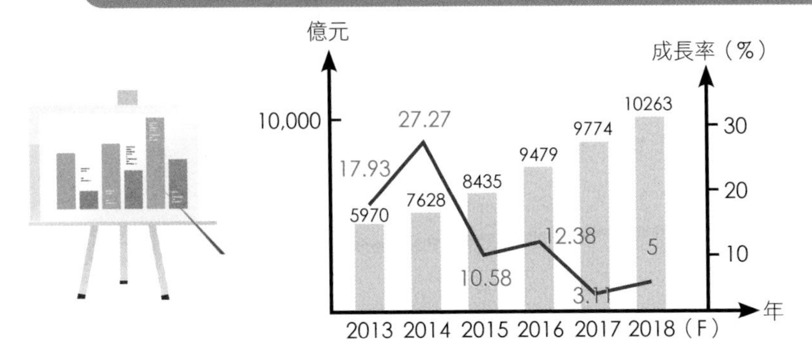

圖二　台積電六年淨利與成長率

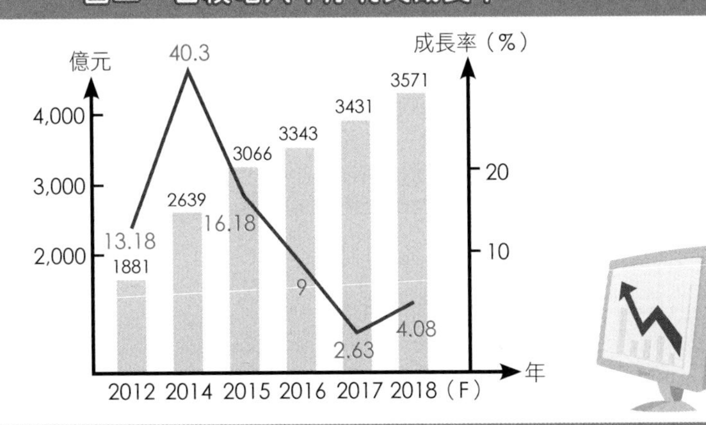

圖三　台積電六年資本額與成長率

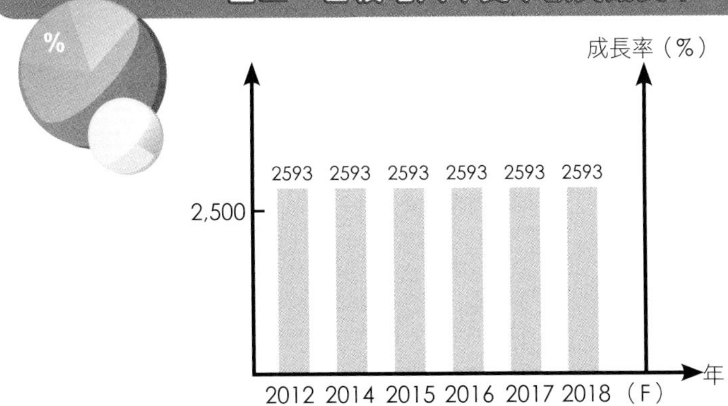

註：2012 年資本額 2,592 億元，所以 2013 年資本額成長 0.0385%，但幅度太小，可以略而不顧。

資料來源：《財訊雙周刊》，2010 年 11 月 11 日，第 223 頁。

13-3 財務分析大分類 II：結構分析

單一會計科目的趨勢分析比較可能「以管窺天」，犯了「瞎子摸象」的錯誤，於是有鳥瞰以見林的作法，在財務分析方法稱為「結構分析」，本單元以台積電損益表為例；限於篇幅，資產負債表結構分析，讓讀者們自行推導。

一、結構分析

損益表「結構分析中的結構分析」可拆成兩個名詞來了解。

㈠**結構**（structure）

大部分專有名詞的結構皆指百分比（%），以 2018 年臺灣 2,360 萬人來說：

・性別結構：男女比為 49.75 比 50.25，或 99 比 100。

・年齡結構：14 歲以下 13.1%、15~64 歲 72.9%、65 歲以上 14%。

㈡**分析**

・單年結構（或成分）分析。

・五年趨勢分析。

㈢又名「共同比分析」（common size analysis）。

二、損益表結構分析

由表一可見台積電損益比結構分析。

㈠**貼心作法：**作營收金額列在上半部

我們習慣把損益表結構分析時，把營收金額列在上半部，只要乘上成本率便可以得到營業成本金額。

㈡**損益表結構分析**

損益表上以營收作 100%，接著可計算出：

・成本率、費用率，可以單獨進行趨勢分析。

・三種獲利率，詳見下述。

三、損益率三率分析

損益表上的結構分析三率分析，如右圖。毛利率 50% 左右、營業淨利率 39% 左右、純益率 35% 左右，大抵呈微幅上升。

四、帶你走出語意叢林

人們進來叢林，在沒有指南針情況，很容易繞圈子或迷路。同樣的，學者以語意叢林來形容各種名詞相近或各國（各地）用詞「名異」實同，詳見表二。

㈠在損益表上獲利科目加上「率」即可

我們作學問以「簡約」為原則，一事不煩二主，例如：毛利的比率稱為「毛利率」，那同理可推，營業淨利「率」、淨利率。

㈡不要湊熱鬧了：少數書把「稅前淨利除以營收」稱為「盈利率」，你知道有這回事就好，不要記，否則會搞混了。

表一　台積電五年損益表結構分析

單位：%

結構	2013	2014	2015	2016	2017	2018
一、營收金額（億元）	5,970	7,628	8,435	9,479	9,774	10,263
二、結構						
(1) 營收	100	100	100	100	100	同左
(2) 成本率	52.9	50.5	51.3	49.9	49.1	
(3) = (1) - (2)	47.1	49.5	48.7	50.1	50.9	
(4) 費用率	12	10.7	10.8	10.2	11.4	
(5) = (3) - (4) 營業淨利率	35.1	38.8	37.9	39.9	39.5	
(6) 淨利率	31.5	34.6	36.3	35.3	34.8	

圖　台積電損益表三率趨勢

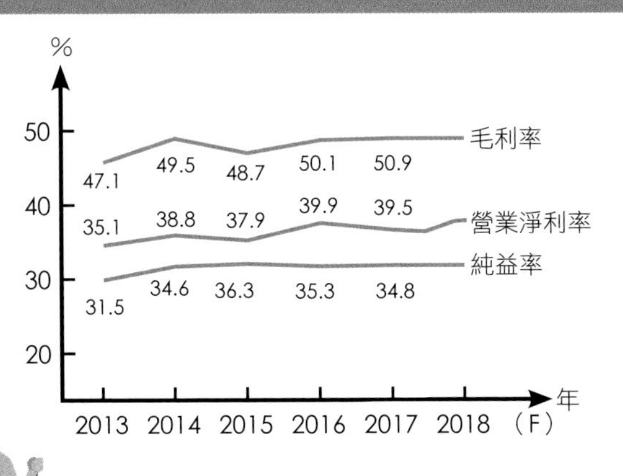

表二　損益表上的三率

損益表	占營收比重 / 本書用詞	慣用詞
毛利（gross profit）	毛利率（gross margin 或 gross profit margin）	毛利率
營業淨利（income from operation）	營業淨利率（operating income margin）	營益率
淨利（net income）	淨利率（net margin 或 net income margin 或 net income to sales）	

13-4 公式好好記 I：四類財務比率

常公布的財報比率有六類，但常用的有四類（詳見右表第一欄），限於表篇幅，有二類（現金流量，槓桿程度）暫省略。把四大類財務比率作表，會發現可以依分子、分母所根據的財務數字來源分成兩類：

一、資產負債表為準

由右表可見，第一、二類財務比率的數字主要來自資產負債表。

㈠ **第一類財務結構**：由表第三欄可見，財務結構主要指公司資產中有多少是「借來的」。

㈡ **第二類償債能力」**：共有以下兩種償債能力：

- 資產負債表方面：流動，速動比率。
- 損益表方面：利息保障倍數。

二、損益表加資產負債表

由表第二欄可見，有兩類財務比率的數字，分子來自損益表，分母來自資產負債表。

㈠ 第三類經營能力。

㈡ 第四類獲利能力。

表　公司各層級各自負責的財務比率

公司層級	六大類 *	22 類比率
一、董事會	(六) 槓桿度	營運槓桿度 財務槓桿度
	(一) 財務結構 %	負債占資產比率 長期資金占固定資產比率
	(四) 之 2 之 6	股東權益報酬率（%） 每股盈餘（元）（追溯後）
二、總經理與事業部主管、功能部門主管（例如：業務部）	(三) 經營能力	應收款項周轉率（次） 平均收現日數 存貨周轉率（次） 應付款項周轉率（次） 平均銷貨日數 固定資產周轉率（次） 總資產周轉率（次）
	(四) 獲利能力之 1 之 2 之 4 之 5	資產報酬率（%） 占實收資本比率 %： 營業利益、稅前純益 純益率（%）
三、財務部	(二) 償債能力	流動比率 速動比率 利息保障倍數
	(五) 現金流量	現金流量比率（%） 現金流量允當比率（%） 現金再投資比率（%）

表　四類財務比率公式的性質

（之1、之2依邏輯順序排列）

一類「財務結構」	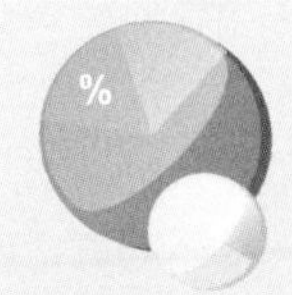	之1. 負債比率 $=\frac{負債}{資產}<0.5x$ 之2. 長期資金占固定資產比率 $=\frac{長期負債+權益}{固定資產}>1x$
二類「償債能力」 	之3. 利息保障倍數 ＝息前稅前淨利／利息 > 4x 	之1. 流動比率 $=\frac{流動資產}{流動負債}>1.4x$ 之2. 速動比率 $=\frac{速動資產}{流動負債}>1x$ 速動資產 ＝流動資產 －存貨 －預付「款」(或費用)
三類「經營能力」 分母皆須加「平均」，例如：「平均」資產	之1. 應收款項周轉率 $=\frac{營收}{應收款項}$ 之3. 存貨周轉率 $=\frac{營業成本}{存貨}$ 之5. 應付款項周轉率 $=\frac{營業成本}{應付款項}$ 之6. 固定資產周轉率 $=\frac{營收}{固定資產}$ 之7. 資產周轉率 $=\frac{營收}{平均資產}$	之2. 平均收現天數 $=\frac{365}{應收款項周轉率}$ 之4. 平均銷貨天數 $=\frac{365}{存貨周轉率}$
四類「獲利能力」 分母皆須加「平均」例如：「平均」權益，但純益率不用	之5. 純益率 $=\frac{淨利}{營收}$ 之1. 資產報酬率 (ROA) $=\frac{淨利+利息\times(1-稅率)}{平均資產}$ 之6. 每股盈餘 $=\frac{淨利-特別股股息}{平均流通股數}>2.3$ 元 之2. (股東) 權益報酬率 (ROE) $=\frac{淨利}{平均權益}$	註：可記「淨利率」  註：可記「淨利」/ 流通股數

* 為了簡化公式起見，三、四類中分母來自資產負債表的科目，例如：4之2的「權益報酬率」的分母是指「平均」權益，年初加年底金額除2

13-5 公式好好記 II：比率與倍數

「財務管理」、經濟學門看似公式多如牛毛，但是「萬變不離其宗」，大部分都是數學運算「加減乘除」中的「除」法運用。

一、AB 比

所有相除的式子，常可以表示成「AB 比」或「AB 比率」，詳見右頁公式。

㈠ **分子放上面，分母放下面**：當你聽到「AB 比」時，立刻去找到 A 項數字放在除式上面（或稱分子），B 項數字放在除式下面（或稱分母），以數字例子來說，有人體內血液 4.615 公斤，體重 60 公斤，體內血液占 7.7%（或十三分之一）。

㈡ **少數例外，則必也正名**：只有極少數情況，往往一開始的人弄錯了，後來的人將錯就錯，以致以訛傳訛；所以我們必也正名。

例如：貨幣銀行學中，常見的是本國銀行的「放存」款比率，以 2018 年來說「放款」24.5 兆元，「存款」32.15 兆元，放存款比率 0.74，即銀行吸收 100 元存款，約 74 元被放款出去。另一個例子是「效益成本分析」（benefit cost analysis）。

㈢ **比率跟「倍」正好相反**：「除法」的結果，如果大於 1 則稱為「倍」，小於 1 則稱為「比率」。

- 比率（或率）：在表中第二欄是「比率」。
- 倍：在表中第三欄是「比率」的倒數，稱為倍。

二、存款利率

2014 年臺灣家庭「淨資產」（資產減負債）110 兆元中有 15% 擺在定期「儲蓄」存款，另「現金與活期存款」占 12%，公司「淨資產」擺在定期存款。

㈠ **存款利率** 1.1%：由右表可見，一年期定存利率 1.1% 是結果，代表你存 100 元，在固定利率 1.1% 情況下，滿一年，銀行會給你 1.1 元的利息。白話的說「投資 100 元，一年賺 1.1 元」。

㈡ **存款「本益比」**：存款 100 元、一年利息 1.1 元，二者一除，約 90（或 91）倍，也就是單利情況 91 年才能還本，這算很長了。

三、股票的益本比、本益比：以台積電為例

「益本比」、「本益比」，這兩個詞有什麼差別？大部分的人會說益本跟本益兩個字反過來，下文以 2017 年台積電為例。

㈠ **股利殖利率** 5% ：假如你 2018 年 1 月 2 日，以 220 元買台積電「1」股，不考慮交易成本（手續費），假如 7 月台積電配發股息（假設現金股息）8 元，那麼股利殖利率 3.636%。

㈡ **本益比** 20 **倍**：如果台積電歷史每股盈餘 10 元，則台積電本益比為 20 倍，也就是在單利情況下，你花 200 元買股，每年領 10 元，要 20 年還本。

四、性價比

$$\text{AB 比（率）}=\frac{\text{A 分子}}{\text{B 分母}}=\frac{\text{7.8 公斤}}{\text{60 公斤}}=0.13\%$$

表　比率與倍數的作法

項目	比率	倍(數)
本質	報酬率 (Rate of return, R)	還本期間 (pay-back period)
1. 一年期定存利率	$\frac{1.10\text{ 元}}{100\text{ 元}}=1.1\%$	$\frac{100\text{ 元}}{1.1\text{ 元}}=90.9X$
2. 股票	益本比 (Earnings Price Ratio, EPR) $=\frac{E}{Ps}$	本益比 (Price Earning Ratio, PER) $=\frac{Ps}{E}$
台積電	$\frac{10\text{ 元}}{200\text{ 元}}=5\%$	$\frac{200\text{ 元}}{10\text{ 元}}=20$ 倍
性價比 (PC 值)	$=\frac{170\text{ 匹馬力}}{85\text{ 萬元}}$ = 2 (馬力 / 萬元)	$=\frac{85\text{ 萬元}}{170\text{ 匹馬力}}$ = 0.5 (萬元 / 馬力)

性價比（Performance Cost Ratio, PC 值）

2010 年起，臺灣流行起「性價比」這個詞，但不容易找到可以精確衡量的例子，本處以日本豐田汽車冠美麗 2,000cc 車款為例。

1. 性價比：由上表中可見，你花 85 萬元買 170 匹馬力，等於 1 萬元買 2 匹馬力，如果他牌 1 萬元 1.8 匹馬力，那看起來，冠美麗的性價比較高；假設你針對「性能」方面僅考慮「馬力」。
2. 英文字順序弄反了：性價比的英文字（CP 值，c：cost，p：performance）是故意弄錯的，正確情況是「PC」值，但 PC 這個簡寫已經被「個人電腦」占掉了。

如果硬拗 CP 的話，可用 Capability Price Ratio。

13-6 台積電與聯電的權益報酬率：杜邦方程式的運用

在比較分析時，宜找「大細漢差不多」的公司，本單元是第一次進行比較分析，跟台積電相比的該晶圓代工業中第二名格羅方德，但它在新加坡股票上市，臺灣人較熟的還是全球晶圓代工第四的聯華電子。所以以臺灣晶圓雙雄來對照。先看表中，平均來說，台積電權益報酬率是聯電的四倍，本單元以杜邦方程式來分析。

一、純益率

由右表中晶圓雙雄的純益率可見，台積電與聯電權益報酬率四比一，幾乎九成以上原因是因為 2017 年台積電純益率是聯電的 6.8 倍。原因來自下列損益表的過程。

㈠ **客單價高**：台積電技術能力高，能接高規格訂單（例如：2017 年蘋果公司 iPhone 8s 的 A11 晶片），定價能力高，例如：12 吋晶圓 1,900 美元，對手打八折接單。

㈡ **營業成本相差很大**：成本率 50% 比 79.45%。

㈢ **毛利率差很大**：50% 比 20.55%。

㈣ **營業費用率相近**：10% 比 15%。

㈤ **純益率**：34% 比 2.61%。

二、資產周轉率

由右表可見，台積電的資產周轉率比聯電高。

・ 台積電 100 元資產可做到 57 元生意 (營收)；

・ 聯電 100 元資產可做到 41 元生意。

這原因也很簡單，台積電接到大客戶大單多，產能利用率（俗稱稼動率）高（常在 90% 以上）。聯電並沒在公司網站上揭露產能利用率，但就過去數字來看，常比台積電少 5 個百分點；即產能利用率低，資產周轉率也就低。

三、權益倍數

晶圓代工雙雄的權益倍數相近，以其倒數「自有資金比率」來說，這兩家公司在資金結構「差很大」，台積電財務結構較「穩健」。

㈠ **以自有資金比率來說**：台積電自有資金比率 74%、聯電 45%，兩家差很大；所以聯電用「較少的自有資金」大拚營收，權益倍數自然高。

㈡ **換成負債比率來說**：台積電負債比率 26%、聯電 54%，兩家公司「差很大」。

表　台積電與聯電的杜邦方程式

年	2013	2014	2015	2016
一、台積電				
(1) 純益率	31.34%	36.13%	36.52%	34%
(2) 資產周轉率	0.47	0.51	0.73	0.57
(3) 權益倍數	1.49	1.43	0.79	1.32
(4) 權益報酬率 = (1)x(2)x(3)	23.52%	26.36%	21.08%	25.60%
二、聯電				
(1) 純益率	9.78%	8.2%	8.68%	2.61%
(2) 資產周轉率	0.42	0.45	0.49	0.41
(3) 權益倍數	1.39	1.39	1.01	3.505
(4) 權益報酬率 = (1)x(2)x(3)	6.16%	5.66%	6%	3.75%

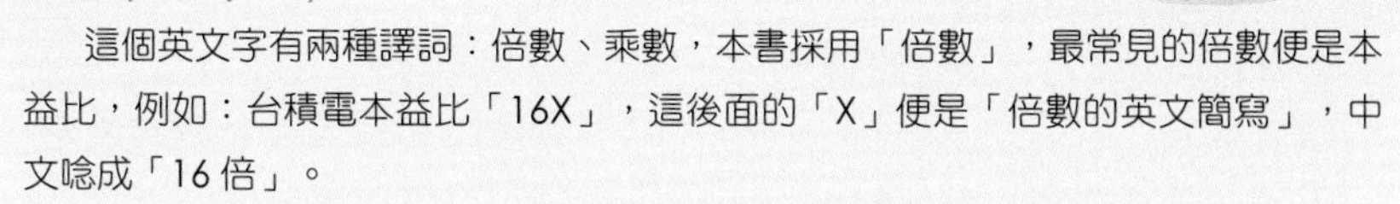

倍數 (multiplier)

這個英文字有兩種譯詞：倍數、乘數，本書採用「倍數」，最常見的倍數便是本益比，例如：台積電本益比「16X」，這後面的「X」便是「倍數的英文簡寫」，中文唸成「16 倍」。

權益倍數是自有資金比率的倒數，公司資產 100 億元中的資金來源分成兩項：

- 負債 40 億元，負債除以資產稱為負債比率，此例 0.4 倍。
- 權益 60 億元，權益除以資產稱為「自有資金比率」，此例 0.6 倍。

杜邦方程式（Dupont Equation）

時：1912 年
地：美國德拉瓦州威爾明頓市
人：布朗（Donaldson Brown），杜邦公司業務主管之一
事：為了了解驅動權益報酬率的各項力量，把其拆成三項。他先用，而其他同事有樣學樣，1920 年全公司採用，由於杜邦公司大，1920 年代，其他公司跟著用。

13-7 三種獲利能力與股價

給我二家同業相似公司的 2 個獲利能力數字，我可以告訴你，哪家公司總經理、董事會比較優秀（例如：A、B、C 級）。此外，獲利能力指標中「每股淨利」即公司股價正相關，這些是股東、股票投資人最關心的事。

一、資產報酬率

在第 2 章說明資金成本時，已說明公司的決策準則是「資產報酬率大於資金成本」，這樣才有賺。

㈠資產報酬率的本質：衡量總經理運用資產的效率

公司總經理在既定的資產來源（負債與權益），妥善配置資產，儘量「一塊錢當好幾塊錢用」，如此資產報酬率才會高。

㈡台積電的資產報酬率 19%。

二、權益報酬率

站在股東角度，關心的是權益報酬率。

台積電權益報酬率及格標準 20%。

台積電前董事長張忠謀（任期 1985~2018.6）認為「一流國際企業的及格標準 20%，只有 2 年全球經濟衰退：2001（台積電 5.37%）、2009 年（18.3%）未達標，非戰之罪。

三、產出：每股淨利→股價

每股淨利乘上本益比決定股價。

㈠每股淨利（earnings per share, EPS）：每股淨利可說是所有股票投資人的最基本常識，即「淨利（扣除特別股息）」除以股數。

㈡本益比（price earning ratio）：本益比是你花了多少「本錢」買股票，公司替你賺多少利益（每股淨利），這是「還本期間法」的觀念。

㈢台積電股價：由圖二可見台積電股價 2017 年突破 200 元，每股淨利、本益比（14 倍）皆有貢獻。

圖一　資產報酬率與權益報酬率

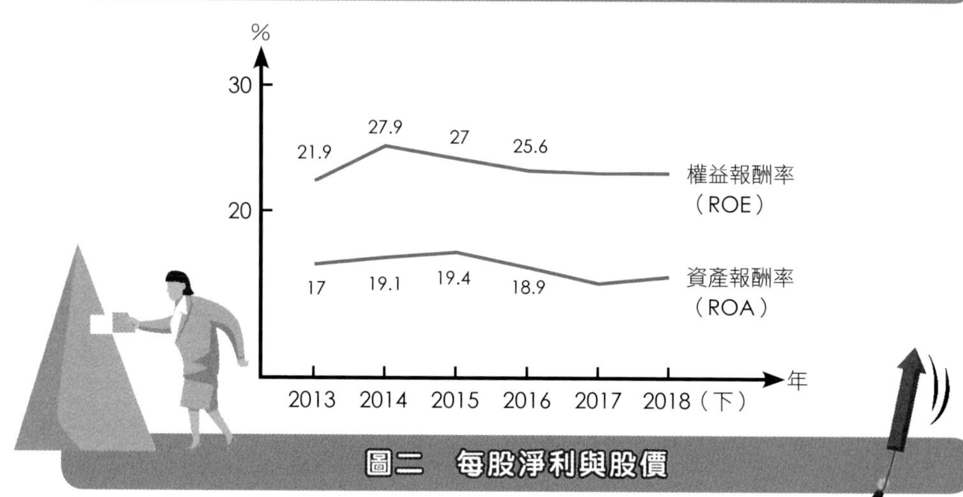

圖二　每股淨利與股價

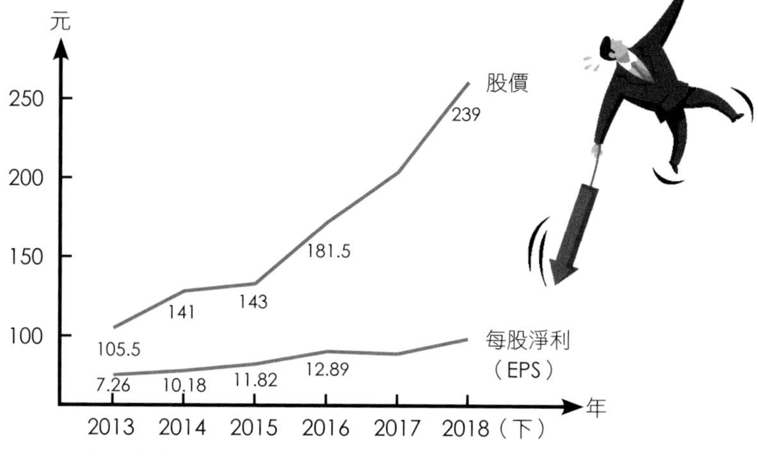

・股價是年底收盤價　　本益比（倍）　14.53　13.85　12.1　14.08

表　益本比與本益比

項目	益本比（earning price ratio）	本益比（price earning ratio, PER）
一、公式	EPS/P0 P0 代表你買股的股價	P0/EPS
二、本質	投資報酬率	還本期間（單利情況）
三、以台積電為例	13 元 /230 元 =5.65%	230/13 元 =17.7 倍

13-8 償債能力快易通：以台積電為例

俚語說「一文錢逼死英雄好漢」，唐朝開國元老秦瓊曾因阮囊羞澀只好賣馬，北宋末年（水滸傳）書中的殿帥廳制使「青面獸」楊志也因缺盤纏，只好賣刀。馬與刀都是當時軍人等人物的必備工具、武器，可見迫於無奈，只好忍痛出售。第二類財務比率償債能力有三個指標，本章詳細說明。

一、償債能力

債權人最關心債務人的償債能力，以確保債權的安全。公司（債務人）也戰戰兢兢以維持償債能力在及格水準以上。

㈠ **償債能力的衡量**：跟人的血壓一樣，當出現低血壓情況時，人很容易暈倒、中風；同樣的，公司償債能力有兩個層面的衡量方式。

㈡ **英文**：償債能力（solvency）的英文字在臺灣不常用，常見於外幣貸款、債券發行時，針對公司「無法償債」（insolvency）時，這涉及債權人的權利、債務人的義務。

二、償債能力的比率分類

以人吃食物為例，每日攝取熱量大於消耗熱量，才能維持身體運作所需；3 天入不敷出，身體會轉而向脂肪、肌肉套取熱量，約 14 天以上沒進食，便有死亡之虞。以此來看公司償債能力，詳見右表。

三、損益表方面：利息保障倍數

損益表代表公司當期（季、半年、年）的賺錢能力，正常營運情況下，要付利息應該是綽綽有餘。由右表可見，只需兩個損益表上會計科目就可計算「利息保障倍數」。2017 年台積電支付 33 億元利息，損益表上有 3,860 億元的「稅前淨利＋利息」來還。換句話說，要還 1 元利息，有 117 元的「稅前淨利＋利息」撐著。

四、資產負債表方面：流動、速動比率

要是公司損益表有虧損，公司償債能力的第二道防線便是資產負債表，廣義為「資產大於負債」；狹義的標準有二：流動比率大於 1.4 倍、速動比率大於 1 倍。

㈠ **流動比率大於 1.4 倍，相對「安啦」**：台積電 3.52 倍，要付 1 元流動負債，有 3.52 元的流動資產撐著，大於 1.4 倍的安全門檻甚多。

㈡ **速動比率大於 1 倍，幾乎「安啦」**：當流動比率小於 1.4 倍時，才會再看速動比率，這跟醫生用聽診器初步檢查一樣，有異樣，再照 X 光、超音波、核磁共振等進一步檢查。台積電速動比率 3.2 倍，要付 1 元流動負債有 3.2 元「速」動資產撐著。

表　償債能力的分類

對象	流量	存量
一、人體	人體體重每公斤每日須 300~400 大卡熱量。以 70 公斤男性來說，需 2,100~2,800 大卡	人體累積 7.700 大卡多餘熱量才能增加人體重 1 公斤。
二、公司	損益表 利息 稅前淨利 利息保障倍數（倍） $=\frac{\text{所得稅及利息費用前純益}}{\text{利息}}$ * 本書計算方式 $=\frac{\text{稅前淨利}+\text{利息}}{\text{利息}}$	資產負債表 資產：流動資產・速動資產；負債：流動負債 流動比率 $=\frac{\text{流動資產}}{\text{流動負債}}$ 速動比率 $=\frac{\text{速動資產}}{\text{流動負債}}$ $=\frac{\text{流動資產—存款—預付款}}{\text{流動負債}}$ 分子又稱「速」動資產
三、台積電 2017 年情況（年底數字）	＝ 120 倍 $=\frac{3{,}961\text{ 億元}+33.3\text{ 億元}}{33.3\text{ 億元}}$	1. 流動比率 $=\frac{8{,}572\text{ 億元}}{8{,}572\text{ 億元}}=2{,}39\text{ 億}$ 2. 速動比率 $=\frac{8{,}572\text{ 億元}—1{,}211\text{ 億元}—73\text{ 億元}}{358\text{ 億元}}$ ＝ 1.846 億

13-9 流動比率：以台積電為例

資產負債表方面的償債能力最常見的是「流動比率」，乍看不知道「流動」是什麼？看了資產負債表後，不需提示，許多人會推理出流動比率的公式。

一、流動比率的涵義

大部分「比率」、「倍數」的涵義都是分子是分母的幾 %、幾倍，依流動比率及格標準 1.4 倍來說，稱為流動「倍數」更貼切。流動「倍數」1.4 倍是指一年要還負債 1 元，公司流動資產有 1.4 元，顯示流動資產夠還流動負債。

二、流動比率的衡量

流動比率的公式可能是所有財務比率公式中最容易懂的，因為從資產負債表一眼就可以看到下列：

㈠ **分子**：流動資產

資產中分為流動、非流動資產，這是依資產的「耐用」年限來分。

㈡ **分母**：流動負債

負債分成流動、非流動負債，也是依負債的到期年限來分。

㈢ **及格標準 1.4 倍**

流動比率及格就好，也有人說最低及格水準為 2 倍。

㈣ **英文名詞**

流動比率、流動資產與流動負債的交集是「流動」，其英文字 current 很常用，可參見右頁。

三、趨勢分析

要是你知道台積電是臺灣淨利最高公司、現金與約當現金第二高，由於財務部強調營運資金穩健，所以流動比率略高。

由右表可見，以流動比率 1.4 倍作為及格標準， 2013 年台積電流動比率「略高於及格標準」主因在於「流動負債」中有 47% 是「應付工程及設備款」（例如：2013 年 900 億元）。2014 年，「應付工程及設備款」大減（270 億元），只占流動負債 13%。流動資產成長率大於流動負債成長率，所以流動比率達 3.1 倍。

四、台積電與聯電比較

由表可見，台積電流動比率是聯電的 1.68 倍。

$$2016\text{ 年台積電流動比率}=\frac{\text{流動資產}}{\text{流動負債}}=256.95\%=\frac{8{,}177.3\text{ 億元}}{3{,}182.4\text{ 億元}}$$

$$2017\text{ 年台積電流動比率}=\frac{\text{流動資產}}{\text{流動負債}}=238.97\%=\frac{8{,}572\text{ 億元}}{3{,}587\text{ 億元}}$$

流動比率公式

$$流動比率 = \frac{流動資產}{流動負債}$$

$$current\_ratio = \frac{current\_asset}{current\_debt}$$

舉例：$2 倍 = \frac{30 億元}{15 億元}$，「倍」可寫成 X

資產負債表

單位：億元

資產 100
流動資產 30
速動資產　現金
　金融資產
　應收帳款
　存貨
預付款項
其他
非流動資產

負債 40
流動負債 15

非流動負債 25
業主權益 60

「流動」小檔案

- current　adj. 流動的，現在的　EX: current account 活期存款
- currency　n. 水流，電流
　n. 貨幣（紙幣）　EX: hard currency 硬幣

台積電與聯電的流動比率

單位：%

年	2012	2013	2014	2015	2016	2017
台積電	168.60	188.90	311.70	351.86	256.95	238.97
聯華電子	199.47	184.21	201.35	196.53	153	158

MEMO

第 14 章 公司的付款方式及內部控制制度

14-1 公司的三種付款方式

每個人出門皮夾（或錢包）中會帶些現金，一般都是一、二千元，吃午餐、買飲料用；至於付個二、三萬元，可能透過信用卡或自動櫃員機轉帳，交易明細單還可留下來做轉帳證明。公司付款比個人複雜多了，原因是個人是「自己說了就算」，但是公司的付款金額往往很大。

一、小額支出：員工墊款到請款

員工外出搭計程車，據經主管簽章後，便可向公司（或事業部）財務部出納科領到車程車資。公司總務處常有買文具等小額支出。財務部出納科的出納人員會在公司開了像銀行的櫃檯，稱為「出納窗戶」，出納小姐抽屜內往往有 2 萬元的千元、百元鈔，以因應每天同仁的現金支出。出納科長座位旁邊有個小保險箱，裡面擺了 20 萬元，可以夠一週的現金支出。

二、小額支出：商務信用卡

員工墊款再向公司請款方式，僅適用於數百元等在地消費，一旦碰到數萬元的商務宴客、出差差旅（尤其是機票、旅館）支出，一般公司皆會申請商務信用卡（簡稱商務卡），由員工向主管申請，使用後持刷卡單據報銷。至少員工不會有「將在外，君命有所不受」，把卡片刷爆而捲「物」潛逃。以 2015 年 10 月，花旗銀行及萬事達國際信用卡組織與雄獅旅行社攜手合作，推出「無實體商務信用卡帳戶」。

商務卡使用處

公司可以先選定特定的旅行社（機票）、飯店（住宿）等，此情況下商務卡才可使用，以避免持卡人誤用、濫用。「無實體商務信用卡帳戶」支援 100 種幣別的訂單付款，透過多種幣別的運用，最長更可以把付款期延長至交易 38 天之後。

三、中額支出：支票

在銀行的網路銀行業務等電子付款方式既快且便宜情況下，有些公司還是開支票付款給供貨公司，其中有以下考量。

拖延付款日期：由右表可見，寄支票需要郵寄時間，供貨公司收到支票後，往往存進自己往來銀行，跨行與跨地區都有支票交換時間。總的來說，以 100 萬元支票，約可拖一週才真正出帳。

表　個人與公司三種支出方式比較

	優點	個人	公司
一、銀行			
1. 電匯			V
2. 金資轉帳		提款機（ATM）提款卡轉帳	V
二、銀行支票	1. 當地本銀行可立即入帳 2. 外縣市即期支票須託收，T+2 日入帳	99% 以上個人不會申請銀行支票本	V
三、現金	—	—	小額，稱為零用金

表　公司的公司治理、內部控制與風險管理差別

組織層級	公司經營、財務管理課題	台積電公司組織設計
一、董事會經營階層 vs. 股東	公司治理 （corporate governance）	1. 董事會由獨立董事組成 (1) 提名委員會 (2) 薪酬委員會 (3) 審計委員會 2. 法令遵循部與公司祕書
二、董事會與管理階層	內部控制制度 （internal control systems）	
(一) 內部稽核觸	1. 內部稽核 （internal auditing）	1. 董事會下設稽核處，代表董事會監督管理階層的品德、操守。
(二) 總經理跟各部門	2. 內部經營分析 3. 會計部	2. 公司成立會計部以管帳
三、風險管理	風險管理 （enterprise risk management, ERM）	(一) 董事會 1. 經營董事 組成風險管理委員會 2. 獨立董事們 審計委員會
(一) 董事會對管理階層		(二) 設立風險管理部
(二) 總經理對各部門		

14-2 公司的付款預估

公司大部分財務管理的工作，個人、家庭也在做，以公司每個月 26 日編制的下個月「現金流量預估表」來說，「現金流量」這個名詞看似很有會計感，但每個人、每個家庭有意、無意的皆會進行全年、下個月、甚至明天的現金支出預估。

一、從家庭的一年例行支出說起

大部分家庭主婦都沒學過財務管理，但大都會把表做出來，這是例行性且必須付的款。表一中的每年 5 月的「個人綜合所得稅」的金額大抵也固定，因為大部分人都是領固定薪水（俗稱受薪階級的人）。水電費中的電費可分為夏季（6~10 月）與其他季，夏季開冷氣用電較兇，而且臺灣電力公司採取夏季電價（以價制量），因此電費較高。至於婚禮紅包的件數，大抵在上半年就有譜，只有不熟的、少聯絡的人會用「紅色炸彈」突襲你。對每個月例行支出有了譜，才能預先準備。

二、公司最例行的現金流量預估：下個月的現金收支預付

公司最例行的「現金流預估表」便是每個月 26 日，由財務部資金調度科發文給各現金收支部門，以了解下個月每天的現金收入與支出金額。

㈠ **收入部門**：公司的收入部門可以依組織設計分成兩種。

- 當採取事業部組織設計時：例如華碩電腦分成三大事業群。
- 當採取功能部門時：業務部、國際部（有出口的營收）是常見的兩個有收入部門，業務部下轄各縣市營業所。

㈡ **支出部門**：公司重大支出部門，依序如下。

- 採購部，原料約占營收 40%。
- 人事部計算員工薪資，約占營收 20%；詳見表二上 5 號「支出」欄。
- 廠務部申請付水電費，物流部申請付物流費，約占營收 6%。
- 行銷部付廣告公司廣告費。

三、八九不離十

每個月 28 日，各部門把收支預估金額表傳回財務部資金調度科，進而彙總得到全公司的現金預估表，詳見表二，例如：3 月預估收入 10,500 萬元，預估支出 9,000 萬元，預估淨現金流入 1,500 萬元。

表一　大部分家庭的例行支出

月	水電費	稅費	生活支出
1			每月繳房屋貸款本息
2	V		子女學費
3			
4	V	汽車牌照稅	
5		房屋稅、個人綜所稅	
6	V		
7			
8	V		
9			子女學費
10	V	汽車燃料稅	包紅包錢
11		地價稅	
12	V		

表二　3月公司現金流量預估表

單位：萬元

日期	收入	支出	差額
1	1,000	5,000	
2	1,200		
3	1,500	2,000	
4	1,000		
5	1,000	3,000	
:	:	:	
:	:	:	
31	:	:	
小計	10,500	9,000	1,500

14-3 全球銀行資金管理系統：以永豐銀行為例

你有幾個銀行帳戶？一般人至少有三個。

- 薪資轉帳戶頭，例如：華南銀行大稻埕分行活期儲蓄存款戶頭。
- 股票交易的款項劃撥帳戶，例如：在凱基證券新店分公司開證券戶，款項劃撥是第一銀行新店分行。
- 擁有好市多聯名卡，發卡行是國泰世華銀行。
- 房屋貸款、貸款銀行是土地銀行和平東路分行。
- 汽車貸款則不說明。

一個人就有這麼多銀行帳戶，公司業務多，情況更複雜。在這方面，許多撈過界，想成為全球企業的出納，甚至應收帳款的代管者，本單元以永豐銀行的「永豐寰宇金融網」為例。

一、最簡單狀況：每天了解各銀行帳上現金餘額

公司財務部資金調度組人員每天早上第一個作的事是打開電腦，了解截至昨日公司在各銀行的以下狀況：

㈠**本公司與全台營業所的收支狀況**：整合他行帳戶資料，這是公司財務部資金調度組的基礎，錢夠多（capital surplus）便進而流到第二個資金水池（詳見 Unit 8-4），錢不夠（capital deficit）則贖回債券型基金等。

㈡**垂直情況**：本公司對供應鏈的收支狀況。永豐銀行強調，「寰宇金融網」可提供高度客製化服務，企業可自訂查詢欄位以便於跟企業資源規劃（Enterprise Resource Planning）系統對接。

㈢**全球企業情況**：兩岸三地臺商或全球企業用戶結合全球現金管理帳戶功能，透過單一網路銀行入口，即可查詢集團總現金水位。

二、多幣別

一家典型的臺灣內銷公司，損益表、資產負債表上都會有外幣計價的會計科目，全球金融網的優點是可用即時的名稱幣別匯率帶入，得到單一幣別（例如：臺幣）計價的財報，這有助於財報的閱讀。

三、簡化行政

如同個人向銀行申請水電費自動轉帳扣款、約定銀行扣款（例如：定期定額基金投資）一樣，永豐寰宇網有更廣功能，讓客戶可以透過設定功能自動轉帳等。

表　永豐銀行的「永豐寰宇金融網」功能

	資產面	負債面
一、款項收付	(一) 收款 1. 帳戶查詢 (1) 自訂查詢欄位與企業資源規劃系統對接。 (2) 資金管理 ・協助集團企業帳戶資金水位管理自動化。 ・整合他行帳戶資訊：全臺多個營業據點，可透過平臺檢視各據點的資金狀況，並利用此系統的自動設定降低管理費用，提高資金使用效益。  (二) 付款轉帳 1. 多幣別線上結匯，自動連結優惠折扣。 2. 管理設定 ・總公司單一憑證金鑰設定授權管理。 ・企業認證密碼鎖（OTP）動態密碼功能，讓董事長不需要憑證也能以最高效率，處理經約定的國內轉帳匯款。可辦理線上轉帳、發票融資、還款等業務，加速作業速度與降低風險，兼具便利與安全性。 	(一) 融資服務 ・線上發票轉讓融資服務公司的關係企業經由授權申請後，只需透過公司單一憑證金鑰，即可辦理線上轉帳、發票融資、還款等業務，減少時間、費用與降低風險，兼具便利與安全性 (二) 語系 ・同時支援繁體、簡體中文、英文 
二、外匯	進出口 ・進出口信用狀、託收查詢 ・待繳／補收費用、押匯查詢	

14-4 現金金額的學者結論

許多成人皮夾內約只有 2,000 元，怕帶太多，皮夾弄丟了、被偷了，損失不大。銀行帳上約只有 30 萬元存款，超過的部分都去買股票、股票型基金，以追求較高報酬率。公司的資產規模比散戶大太多，該擺多少錢以應付交易，會引起學者的關心，本單元順便介紹跟財務管理相關的諾貝爾經濟學獎得主，詳見表二。

一、經濟到財務學者

企管七大領域中的財務管理可說是從經濟學中衍生出來，尤其是專攻總體經濟學中貨幣銀行學的學者，其中較有名的諾貝爾經濟學獎得主，俗稱財務經濟學（Financial Economics）。

二、學問發展路徑

如同 751 年唐朝高仙芝戰敗，造紙工人被伊朗等擄獲，雖經商業保密，但造紙之術終究於 12 世紀傳入普魯士（今之德國），以致書籍成本大幅降低，讓知識更容易普及。由表一可見，針對交易動機的資金需求，可分成三階段傳遞。

㈠ 第一階段：1956 年，鮑模與托賓的數學公式，因使用者人數太多（在臺灣台積電財務部不用），本書不介紹。

㈡ 第二階段：1960 年，財務管理初發展，照章沿用。

㈢ 第三階段：1970 年，會計學者用於成本會計，企管學者在管理會計、生產管理方面學者在工程經濟學中，運用於原料存貨數量的決定。

交易型貨幣需求的存貨模型（inventory model）

- 年：1956 年，文章名稱為〈對交易性貨幣需求的探討〉
- 學者：鮑模（William Baumol, 1922~）與托賓（James Tobin），托賓是 1981 年諾貝爾經濟學獎得主。
- 重點：把「現金」視為家庭、公司的「存貨」，現金支付「叫貨」成本，擁有現金，負擔「少賺」利息的機會成本，這兩項合併考慮。

表一　四個領域對現金、原料存貨水準的過程

項目	1956 年	1960 年	1970 年
1. 領域	經濟學中總體經濟的貨幣銀行學	企管中的財務管理	會計領域中的成本會計 企管領域中的管理會計 工學院中的工程經濟學
2. 用途	決定個人的交易型資金金額	決定公司的庫存現金金額	原料存貨的安全存量

表二　財務管理相關的諾貝爾經濟學得主

年	學者	財務管理相關主張
1981 年	托賓（James Tobin, 1918~2002）	1. 現金管理：1956 年「對交易性質貨幣需求的探討」 2. 股票投資決策準則：1968 年，托賓 Q 比率（Tobin's Q）。詳見伍忠賢著《圖解投資管理》 3. 投資組合：1958 年「對資產性貨幣需求的分析」，著名口號「不要把所有雞蛋擺在同一個籃子」
1990 年財務經濟學	馬可維茲（Harry Markowitz, 1927~） 夏普（William Sharpe, 1934~） 米勒（Merion Miller, 1923~2000）	1953 年投資組合理論 資本資產定價模型（CAPM） 資金結構的 MM 定理
1997 年財務工程	莫頓（Robert Merton） 修斯（Myron Scholes）	1973 年選擇權定價理論 1973 年「選擇權定價模式」（Option Pricing Model）
2002 年行為財務	卡尼曼（Daniel Kahneman, 1934~） 史密斯（Veron Smith, 1927~）	展望理論（Prospect Theory） 偏重行為實驗室以分析人們的消費、投資行為
2014 年	法馬（Eugene Fama, 1939~） 席勒（Robert Shiller, 1946~） 漢森（Peter Hansen, 1952~）	效率市場假說（Efficient-market hypothesis），詳見伍忠賢著《圖解投資管理》股市、房地產泡沫衡量指標

14-5 公司付款的內部控制機制

許多人把錢還看得很緊，現金不是重點，擔心的是提款卡丟了，銀行存款可能被偷領，或是信用卡可能被盜刷。那麼公司的錢該如何「環環相扣」，以避免財務主管、董事長「一手遮天」的中飽私囊呢？

為了明確起見，本單元以聯華食品進行一個 1,000 萬元的票券附買回交易（Repo）為例，利率 1%、天期 5 天，公司須在 11 點以前支付 1,000 萬元給國際票券公司。至於早上 11 點的原因也在於國票收到款項後，有可能把 1,000 萬元立刻支付給出售票券的公司，賣方也有用錢的理由，為了簡化起見，表上的時間序不仔細說明。

一、跟國際票券公司進行票券附買回

當財務部資金調案科人員一早（10 點以前）進行此項交易後，在國際票券公司傳真來的「買進報告書」上核對金額，即 5 天後本利和可獲得 1,000 萬元又 1,370 元。在報告書上用印，回傳國票，此筆交易成交。

二、公司內流程

一早 9 點，財務部便開始走公司內流程，過二關，申請款項以支付 1,000 萬元給國票。

㈠ **財務部：**資金調度組人員持買進報告書，向出納科申請付款，出納科長在申請上輸入支出單，並印出紙本，由財務部主管核章（即審核用印）。

㈡ **會計部：**由出納人員持二份單據到會計部，會計主管簡單的審核此筆交易的真實性，主要是看國際票券的「買進報告書」，是否符合國票的文書式樣（包括公司章）、核看相關數字（日期、金額）和入帳帳戶。當一切無誤，會計人員製作傳票「借記票券 1,000 萬元，貸記現金 1,000 萬元」。在大一會計學時，許多人對老師上課經常說「製作傳票」、「借記、貸記」等用詞皆「不明所以」。等到了公司上班，才知道董事長看了會計主管印章的傳票，才會相信此筆 1,000 萬元的票券附買回交易無誤。

㈢ **董事長用印：**董事長看了三份文書（國際票券的買進報告書、本公司財務部的支出申請書、會計部傳票），主要是看主管章、金額，在支出申請單上「董事長」用章處蓋章。財務部出納人員會在董事長用章後，把三份文書拿回，並且告之財務主管可以刷公司金卡。

三、大額支出：金資轉帳

1997 年 10 月以來，財金資公司提供公司的金資轉帳服務，把刷卡機放到公司，金卡上有內建 24 碼的密碼，由財務主管、董事長（或其職務代理人，一般為董事）各持一張卡。在同一天內，針對走完支出流程的情況，一般財務主管先在自己辦公桌的電腦附件刷卡機刷卡，連線到財金公司。早上 11 點前，董事長在自己辦公桌的電腦周邊刷卡機再刷金卡，這一批支出在 3 分鐘內會從公司往來銀行「電匯」到各受款人指定的往來銀行帳上。

表　支付1,000萬元給國際票券公司的流程

一、公司外部 	國際票券公司 ↑電話下單　↓傳真「買進報告書」　↑回傳「買進報告書」 財務部資金調度組 $\frac{\text{國際票券}}{\text{買進報告書}}$ → 財務部出納科製作支出申請單
二、本公司	1,000 萬元 x（1+1% $\frac{5}{365}$）=1,000.1370 萬元

表　美與全球內部控制準則的兩階段發展

階段	I 階段	II 階段
時	1963 年	1992 年
地	美國	美國
人	美國會計師協會（American Institute of Certified Public Accountants, AICPA）	美國反舞弊性財務報告委員會（Committee of Sponsoring Organizations of the Treadway Commission, COSO）
事	1. 發布「會計對財務報表的審查」，目的在於減少與防止錯誤弊端發生，以職務分工、分離和核對為基礎。 2. 1968 年，美國審計準則公報第 22 號，內控分為會計控制、管理控制。 3. 1988 年美國審計準則公報第 55 號內部控制的責任：「為合理達到公司目標而建立的一切政策與程序。」	1. 發布《內部控制－整體架構（俗稱 COSO-IC 報告）由美國聯邦政府審計署（GAO）認可。 2. 1994 年增補上述。 3. 1995 年發布審計準則公報第 78 號。 4. 2004 年 9 月公布〈公司風險管理整合架構〉（COSO-ERM）

14-6 公司內部控制：會計部

偶爾報刊、電視新聞會出現下列情況：

・公司業務代表收了客戶款後，捲款潛逃。

・公司財務人員挪用公款去炒股票。

・公司董事長挪用公款買房、養小三、或是捲款潛逃；俗稱掏空公司資產。

這些情況出現在「校長兼撞鐘」的微型公司（5 人以下）還情有可原，但是出現在大公司則是「令人匪夷所思」。

一、財、物、帳各自獨立

為了避免一人「隻手遮天」，所以公司的「錢」、「物」、「帳」由三個部負責。如此才不會出現下列情況。

㈠**財會主管這個職稱，嚴重違反內控精神：**任何公司有「財會主管」這個職稱，都在試驗財會主管的「忠誠度」，他（或她）有機會把金庫內現金拿走，但會計帳上這筆錢還存在。甚至有可能聯合銀行或製作一份假的金融交易，財會主管同一人，董事長會誤以為此筆交易無誤，核印後，財會主管把錢轉到自己（或人頭）帳戶。

㈡**行政副總管財務、會計部也是不通：**少數公司的組織圖上出現行政副總下轄財務、會計部，這跟前述的組織設計漏洞一樣。尤有甚者，資材部（管公司資產，俗稱管物）如果也歸在行政副總下，行政副總大可命令資材部協理把閒置機器設備出廠出售後中飽私囊，但會計部帳上仍列示該機器存在。

二、董事會直轄財務部、稽核處

為了避免總經理「一手遮天」，大部分公司財務部直屬於董事會，支出由董事長（或其職位代理人，例如：指定執行董事）核准用章。稽核部也直屬於董事會，代表股東稽核管理階層。

三、董事長跟總經理間互相制衡

外表看似董事長位階在總經理之上，因此總經理必須「唯命是從」，但這僅限於「合法」與授權內的命令。以內部控制來說，會計部由總經理管轄，當董事長意圖不軌，命令財務部支付私人銀行帳戶 3 億元，此筆支出有可能出現兩種狀況：

㈠**被會計部從中作梗：**因此筆支出屬於無因支出，必須補提相關憑證（例如：供貨公司發票與本公司入庫單），否則會計部不會製作傳票，即此筆支出會缺乏會計部的背書。

㈡**帳財不等：**董事長可以跳過會計部硬取此筆支出後，銀行存款全空，但公司會計帳上仍有 3 億元銀行存款。如此一來，事後稽核部稽核報告會呈報此項差異，獨立董事在下次董事會揭露此事，並立刻上傳證券交易所。以此情況來說，董事長有可能捲款潛逃，但總經理、會計經理不會成為「共犯」或「從犯」，可以避免刑責。

14-7 董事長與財務部

2015 年 4 月，一家上市公司支票跳票，陷入周轉不靈，股價連 11 天跌停，跌至 0 元。由於公司支票「不當使用」（即被盜用），於支票到期日，公司為了避免損失，故意在銀行內存款不足，以讓持票人不能領到錢。但問題來了，為什麼公司讓財務主管、董事長有不當使用支票的漏洞呢？

一、To be or not to be

在英國大文豪莎士比亞的名著《哈姆雷特》中，經典之句便是「要做還是不做」（to be or not to be）。在公司中，最現實的人性試煉看似董事長下令財務主管開張鉅額支票給他，財務主管要是不從，便可能會被董事長解僱。但如迫於妥協，便成為掏空公司的共犯（至少是從犯），會跟董事長一起因業務侵占等罪入獄，最扯的是，董事長捲款潛逃，財務主管成了替罪羔羊。這個看似兩難的困局，在「兩害相權取其輕」的決策準則下，至少財務主管可以請假方式暫時避掉。但「躲得了一時，躲不了一世」，終究還是要面對董事長非法的要求。

二、天人交戰

財務主管看似替董事長工作，但以股份有限公司為例，公司是由所有股東出資成立，再委由董事會經營，財務主管是由董事會聘任，董事長只是董事會的代表，不能稱為公司的「老闆」。當碰到居心叵測的董事長時，財務主管應該勇敢的向「不法要求」説不（Just say no!）。原因有二：

㈠ **自保：**財務主管抗命，其代價可能是被董事長解僱。其效益是可避免董事長掏空公司成為共犯，而被判刑 4 年以上。出獄後一定找不到財務管理等需要誠信的工作。

㈡ **保護公司：**公司的錢是公司的，絕對不是董事長的。董事長想以公司的錢開支票給自己，會傷害到股東的權益，甚至當掏空公司資產金額很大時，公司可能無以為繼，所有員工可能「沒頭路」，單以保障股東權益來説，有些小股東看好公司，把大部分的錢擺在本公司股票，一旦公司倒閉，小股東損失慘重。

在 1995 年美國電影《赤色風暴》（*Crimson Tide*）中，美國攻擊潛艦（俄亥俄級，阿拉巴馬號）副艦長（丹佐 ‧ 華盛頓飾）反抗艦長（金 ‧ 哈克曼飾）的發射核子飛彈的命令，帶領安全士官等把艦長拘禁。其著眼點在於避免擦槍走火而爆發蘇核戰。美國軍人只接受合法的命令，可以拒絕接受不合法的命令（例如：屠村）。同樣的，公司財務主管拒絕接受董事長「利己卻不利公司」的開支票命令，在法律上、道義上皆是站得住腳的。

14-8 公司金融交易的風險控制：申請開戶

有些父母為了限制國中以下子女的支出，所以給子女愛金卡（icash）卡，每週加值 400 元。即限制子女只能在統一超商（與一些關係企業）買東西（主要是熟食、飲料），每週金額 400 元，一天約 60 元。同樣的，公司對財務部對外進行金融交易，也會訂定風險管理機制，主要是授權人員、可行投資商品、金額這三項限制，詳見表一。本單元以台積電公司向銀行買進美元的外匯交易為例說明。

一、授權權力來源

公司對外金融交易金額很大，因此必須經過董事會決議，授權給董事長與財務部相關人士，稽核部主管負責內部控制的稽核，以公司跟中信銀行簽訂外匯交易開戶申請書（簡稱合約）來說，此合約須公司稽核主管（例如：稽核部經理）用印才算完整。

二、授權人員

公司跟銀行總行國際業務部（外商銀行財務部）開設外匯交易帳戶時，在文件上要蓋上三級章（交易主管、財務長、董事長），這三個職位人員便是公司有權進行授權交易的人士。

㈠ **交易主管**：大型公司財務部有設立交易主管（比較像投信公司的交易室），偏重「買低賣高」的短線操作。

㈡ **財務長**：當交易主管請假時，其外匯交易代理人是財務長。

㈢ **董事長**：公司董事長在董事會授權範圍內，本就可以對外進行任何交易。

三、授權交易商品

外匯交易範圍很廣，包括現貨（各種幣別）、外匯衍生性商品（遠期市場、外匯選擇權、外匯保證金等）。

四、各金融商品的交易上限

十次車禍九次快，為了避免公車司機開太快，在公司引擎加工，讓公車司機最多只能把公車加速到時速 50 公里。同樣的，在開戶申請書上，會載明各級授權人員的交易金額上限，以財務主管為例。

㈠ **單日下單上限**：200 萬美元

設定每日下單上限的原因在於「冷卻」，即分段加速，套句股票投資的「區域、產業、時間」分散方式來說，逼得財務主管至少分三天把一個月的下單上限作完。

㈡ **月下單上限**：600 萬元美元

以一個月外匯交易需求 200 萬美元為例，在資訊水平可看清未來三個月的匯率走勢下，月下單上限 600 萬美元，即允許財務主管可以把一季的外匯交易（例如：賣匯）做完。

表一　台積電外匯交易商品暨風險管理

二大類	風險自留			風險移轉	
五中類	隔離	分散	損失控制	迴避	保險
小分類	(一)目的 1. 僅允許避險交易 2. 即不允許投資(或投機)交易 (二)不准投資的交易幣別	(一)區域分散 美元 歐元 日圓 人民幣 (二)產業風散 (三)時間	(一)授權金額 財務主管 授權範圍 (二)停損點 (三)風險理財	(一)衍生性商品 遠期市場 外匯選擇權 外匯保證金 外匯交換	(一)壽險 1. 關鍵的壽險 2. 員工團體險 (二)產險 1. 董監事責任險 2. 營業中斷險 3. 火災險

表二　公司各級相關人員金融交易授權

	銀行	證券公司	票券公司
	一、外匯(月)	一、股票(年)	一、票券附買回交易(月)
1. 董事長	300 萬美元	2 億元	4 億元
2. 財務主管	200 萬美元	1 億元	2 億元
3. 交易主管	100 萬美元	0.5 億元	1 億元
	二、信用額度	二、基金	二、票券買斷交易
1. 董事長	500 萬美元	2 億元	1 億元
2. 財務主管	300 萬美元	1 億元	0.5 億元
3. 交易主管	100 萬美元	0.5 億元	0.2 億元

14-9 公司交易的風險控制：事中與事後

公司金融交易的進行必須「過三關」，以避免財務部人員疏忽、舞弊；事後，稽核部後對財務部金融交易進行稽核，以向董事會、股東等交代「公司內部控制安全無虞」，本單元以 1 月 3 日台積電財務部向中信銀行國際業務部下單 100 萬美元買進現匯為例。

一、外部控制

財務人員去電銀行交易人員下單，中信銀行交易人員會跳到台積電的授權額度頁面，以判斷公司交易人員下單是否在授權範圍內。一旦逾限，無法輸入交易系統。銀行交易人員會提醒公司財務人員走下列兩條路。

㈠降低交易金額至授權範圍內。

㈡請授權金額更高主管下單。

二、事中：公司內部流程

1 月 3 日公司下單給中信銀行買進現貨外匯 100 萬美元，中信銀行會立即傳真「中信銀外匯交易單」給台積電財務部。

㈠**財務部**：公司交易主管確認「中信銀行外匯交易單」無誤（美元、台幣金額、入帳帳戶、銀行印鑑章），便製作支出申請單，由財務長核章後，交予會計部。

㈡**會計部**：會計部人員須認此筆交易無誤（主要是銀行印鑑章、交易金額在授權內、財務長用印）後，便製作傳票。即：

借記　外幣現金　100 萬美元

貸記　台幣現金　3,000 萬元

這張會計傳票的作用在於替董事長用印作事前審核，董事看了傳票上會計經理的用印後，會安心在支出申請單上蓋印，核可此筆支出。

㈢**T+2 內交割**：現貨交割期限是 T+2，即當日再加 2 個營業日內，以此例來說，在 1 月 3 日早上 10 點交易，台積電財務部須定在可 10 點半前跑完公司內流程（會計部、董事長），因此在交易時便約定當日交割。在早上 11 點前，台積電財務部金資轉帳 3,000 萬元到中信銀行指定帳上，中信銀金資轉帳 100 萬美元到台積電指定銀行（例如：中信銀行竹科分行）帳上。為了節省雙方溝通時間，當雙方沒有口頭特別指明時，交割帳戶以當初開戶申請書上第一個帳戶（可以標示數個銀行的帳戶）。

三、事後：公司稽核處

稽核處定期（每個月底）、不定期（由稽核處處長決定）會抽查財務部的金融交易，這是內部控制的事後控制。每月稽核報告書送董事會，且額外寄送給獨立董事（假設獨立董事取代監察人）。

表　財務部一天支出的內部控制流程

防線	第1道	第2道	第3道	第4道
一、負責部處	財務部	會計部	董事會下轄稽核處	董事長或其代理人
二、交易流程				
(一)時間 (二)流程	週一早上10:00 準備下列表單 1. 款項支出申請單 2. 中信銀行財務部的外匯交易單，交易金額100萬美元	10:10 1. 會計部副理檢查兆豐銀行的交易單格式、用印是否屬實 2. 會計部普通會計		10:20 財務部去會計部拿回下列： 1. 款項支出申請單 2. 外匯交易單 3 會計部切傳票送董事長室 董事長立即核可 10:30 財務部人員拿回上述表單 週二或週三匯款即可
三、補充說明	款項支出申請單上有2人蓋章 ・交易人員 ・財務副總			

MEMO

第 15 章
公司風險管理：財務風險管理

15-1 公司風險種類與來源：以台積電為例

公司經營時，要很多時間「汲汲營利」，但一不小心碰到一個風險，可能「不死也半條命」。本書花一章篇幅，拉個全景討論公司風險，再拉個近景說明其中兩大類中的財務風險，最後拉個特寫說明財務風險中的一項重要決策。

一、風險種類

財務管理的書為了突顯財務風險的重要性，所以二分法把公司風險分成兩大類。

㈠ **營運風險**（business risk）：「人只要活著每一天，都會面對死亡」，公司只要在的每一天，每天都可能遭受損失，稱為營業風險。

㈡ **財務風險**（financial risk）：在說明什麼是財務風險之前，先以一個不是「腦筋急轉彎」的問題來問你：

什麼公司沒有「財務風險」？你可能會答：「0 負債的公司」，沒有負債，自然不會怕還不了債，以致債權人士上法院申請「假扣押」甚至拍賣你公司一部分資產。「0 銀行貸款」的公司仍可能有負債，例如：「流動負債」上四項：

- 應付帳款，另包括應付「薪資與獎金」、員工及董事酬勞。
- 應付工程及設備款。
- 當期所得稅負債。
- 應付費用及其他流動負債；以 2018 年台積電來說，以上四項占資產（2 兆元）的 13%，約 2,600 億元。

二、風險來源與因應措施：以台積電為例

財務風險大都是自找的，即阮囊羞澀，以致「負債累累」。另一方面，營業風險的來源依公司的內外分成兩種來源，底下以台積電年報上的風險管理與因應措施為架構說明。

㈠ 來自公司外部風險，台積電稱策略風險，包括總體與個體環境。

㈡ 來自公司內部的風險。依公司活動分成核心、支援活動，由右表第三欄可見，台積電依序分為營業、財務、氣候變遷與其他風險。

公司風險中的陸臺用詞

項目	英文	中文用詞
中國大陸	Operating risk	經營風險
臺灣	Business risk	營運風險

表　公司風險種類與來源

風險種類	風險來源	台積電風險管理
一、營運風險（business risk）	一、公司外部 四大總體環境主要是指政策／法令改變造成	一、策略管理 （一）總體環境
	二、公司內部 （一）董事會占 50%	6.3.2 策略風險 1. 產業發展、技術變革 2. 國內外重要政策與法令 3. 經濟與人口：需求及平均售價下滑風險，物價上漲、物價下跌及整體市場波動 6.3.7(1) 台積電董事或大股東股權大量移轉到公司
	（二）總經理及事業部主管占 30%	（二）個體環境 6.3.3 營運風險
	（三）功能部門占 20% 1. 核心部門 ・研發 ・生產 ・業務	・有關智慧財產權的風險 ・產能擴充之可能風險及因應措施 ・採購集中之風險與因應指數 ・原物料 ・設備 ・銷售集中之風險及因應措施
	2. 支援部門 ・人力資源管理 ・法務部 ・資訊管理	・招募人才之風險訴訟與非訴訟風險 6.3.7 其他風險 ・網路攻擊之風險 ・其他重要風險及因應措施 6.3.5 危害風險 6.3.6 氣候變遷與未遵循環保、氣候及其他國際法規協議之風險
二、財務管理財務風險（financial risk）	・財務管理	6.3.4 財務風險 1. 資產面 ・高風險／槓桿風險 ・資金貸與他人、背書保證 ・衍生性商品交易 ・策略性投資之風險 ・資產／減損損失之風險及因應措施 2. 負債面 ・利率、匯率、物價上漲率變動 ・融資

資料來源：整理自《台積電年報（一）》，2017 年，第 6 章第 3 節〈風險管理〉。

15-2 公司風險管理快易通

宋朝呂蒙正在《勸世文》文中的名言：「天有不測風雲，人有旦夕禍福。」同樣的，公司也不會一直處於順境。

- 總體環境：以氣候變遷來說，水災以致水淹工程。
- 個體環境：同行惡性削價競爭，例如：2017 年新加坡的蝦皮拍賣「免運費」，殺得網路家庭旗下的商店街虧損累累，只好股票下櫃。
- 公司：例如工廠鍋爐爆炸（例如：2018 年 4 月 28 日桃園市平鎮區主機皮公司敬鵬廠房水災）、產品設計不當以致必須「安全召回」付出一筆保固成本。

一、公司風險管理的定義

由右邊可見公司風險管理可以分解成三個名詞，只有風險這個字須解釋，而且有三個字看似相近，以座標圖就很容易「一目了然」。

- X 軸：0 點右邊是「有利結果」，左邊是「不利結果」（即損失）。
- Y 軸：已知發生機率及不知機率

㈠ **曝露**（exposure）：這是指座標 4 個象限，你買 5 萬元彩券，即有 5 萬元的「曝露」部位。

㈡ **風險**（risk）：這是已知機率的不利結果（即座標圖第 2 象限），例如：買彩券有 99.95% 機率會「槓龜」。

㈢ **不確定**（uncertainty）：「人人有希望，個個沒把握」指的便是「不確定」，比較指在座標圖的第 3 象限，即「不知機率的不利結果」。

二、風險管理的重要性

就近取譬，會很貼切形容風險管理的重要性。

㈠ 失業 1 年，須花 4 年才還得清。假如你失業 1 年，家庭（只有你 1 人）年支出 30 萬元，如果靠刷卡、借貸來支應。重新就業後，年薪 37.5 萬元，儲蓄率 20%，每年還 7.5 萬元，至少須 4 年才還完失業時的欠款，失業 1 年，須工作 4 年才還得清，有點不成比例。

㈡ 便利商店銷售 4 號電池組 100 元，純益率 10%，即賣一組賺 10 元。要是被偷 1 組，損失 90 元，要賣 9 組，才能把失竊一組的損失賺回來。防失竊 1 組比較容易，還是賣 9 組？大部分的答案是「防竊」，所以便利商店會把小件易偷商品放在櫃檯，以便店員就近看管。

三、風險熱度圖：抓大放小

如同用紅外線攝影機拍攝人體，會發現溫現較高部分呈紅色；其次呈黃色，溫度較低的部分是呈藍色，這是較常見的熱度圖。把公司風險想像成人體的溫度高低分布，可以得到「風險熱度圖」（risk heat map），陸稱「熱力」或「熱」圖。

㈠ **內外部資料可提供數字**：以廠房發生火災來說，至少兩個單位都有數字、一是內政部消防署；一是產險工會的理賠金額。可算出機率、預期損益。

㈡ **抓大放小**：風險管理必須符合「效益（A 線）成本原則」，犯不著「花大錢去防小損失」。風險熱度圖最外面那條線是由董事會管理，第二條線（B 線）是總經理該管的，以此類推。

四、跟風險管理五中類手段連結

㈠ **圖 B 線以外區域**：這部分的風險太大，必須採取風險移轉方式，找人來扛風險，全由公司自己扛，一旦出險，不死也半條命，要是外面沒人肯扛，那公司只好採取「風險自留」中的隔絕，用白手套去作，形成責任追溯的防火巷。

㈡ **圖 B 線以內區域**：這部分公司還扛得住，只是要作好「組合」、「損失控制」。

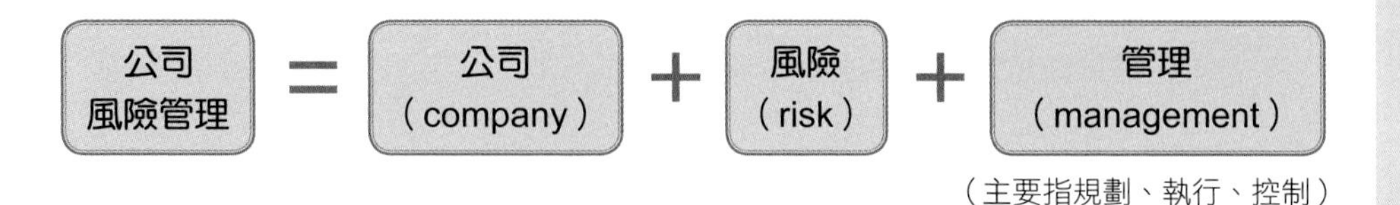

（主要指規劃、執行、控制）

圖　風險熱度圖與風險管理手段

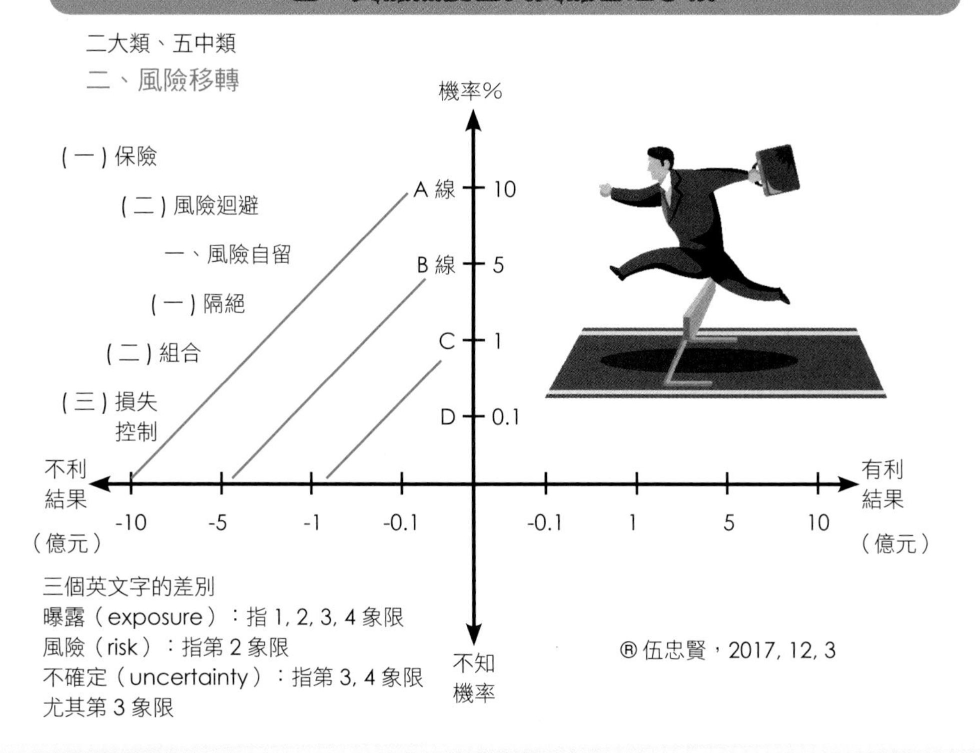

15-3 風險程度的衡量表

衡量人的智慧商數（Intelligence Quotient, IQ）有量表，例如：美國的愛因斯坦與英國霍金（Stephen W. Hawking）都是160，由140個題目大抵可以測量人的聰明程度。透過公司風險量表大抵可以分別衡量公司營運、財務風險，本單元說明。

一、財務比率分析的槓桿程度，不好用

公司財務比率分析六大類中的第六類槓桿程度有2個指標，分別衡量兩種風險。

㈠營運槓桿程度衡量營運風險。

㈡財務槓桿程度衡量財務風險。

我們很少看到其他人用這2個指標，此外，也不易懂。於是激發我們開發「公司風險衡量表」。

二、公司營運風險的衡量（右表第二欄上半部）

公司營運風險的衡量指標有五項：

㈠行業多角化程度，單一行業風險較大。

㈡主要行業下的產品多角化程度。

㈢客戶數，俗稱業務獨立性。

㈣經營區域數：以內需行業來說，以「鎮」（或縣）為單位，在一縣經營碰到的「十年河東，十年河西」風險最大。

㈤損益兩平點（視為水的比重），如果剛好1倍得5分，0.8倍得6分，以此類推。

三、公司財務風險的衡量表（右表第一欄下半部）

財務風險衡量指標有五項：

㈠負債比率0.5倍得5分，愈高，財務風險愈高。

㈡利息保障倍數4倍得5分，此項是跟著「負債比率」來的，負債比率愈高，利息較高，利息保障倍數較低。

㈢每股淨值10分得5分，跌破10元面額，表示公司吃老本。

㈣速動比率1倍得5分，愈低，周轉不靈風險很高。

四、公司風險得分

㈠10題，每題10分，共100分。表中營運、財務風險項目各占50%。

㈡得分區間與意義：這是個探索性量表，暫以五分位法，以20分為一級距，得分愈高，公司風險愈大。

五、以2018年台積電來說

由表第二欄可見，2018年台積電的公司風險量表的得分27分，算很低，比較大的項目有二。

- 公司只在半導體製造業中的晶圓代工業，行業太過集中，易受單一行業榮枯等影響。
- 台積電產品數：勉強可以說2種晶片：量身定做晶片、標準記憶體（DRAM、SRAM、flash）等。

表　公司風險衡量表：以2018年台積電為例

得分 項目	1	2	3	4	5	6	7	8	9	10	2018年 台積電
一、營運風險											
1. 行業數	7	6	5	4	3	2.5	2	1.8	1.4	1	10
2. 產品數	7	6	5	4	3	2.5	2	1.8	1.4	1	7
3. 客戶數	7	6	5	4	3	2.5	2	1.8	1.4	1	1
4. 區域數	7	6	5	4	3	2.5	2	1.8	1.4	1	1
5. 損益兩平點或淨利率	5 2%	4 18%	3 16%	2 14%	1 12%	0.8 10%	0.7 6%	0.6 4%	0.5 2%	0.42 1%	1
二、財務風險											
6. 負債比率	0.1	0.2	0.3	0.4	0.5	0.6	0.65	0.7	0.75	0.8	2
7. 利息保障倍數	12	10	8	6	4	3.5	3	2.5	2	1.5以下	1
8. 公司過度募資	同右	沒有租賃與應收帳款壟斷	租賃與應收帳款買斷占資產10%以下	租賃與應收帳款占資產10~20%	租貸占資產20%	應收帳款買斷占資產5%	左項占10%	左項占15%	左項占20%	向地下莊借錢	1
9. 每股淨值（元）	40以上	30~40	20~30	16~20	10~15	8	6	4	2	負	1
10. 速動比率（倍）	1.8以上	1.6	1.4	1.2	1	0.9	0.8	0.7	0.6	0.5及以下	1

Ⓡ 伍忠賢，2017.12.22

公司風險得分與意義

	20分以下	21～40	41～60	61～80	81
涵義	風險極低	風險低	風險中	風險高	風險極高
經營作為	可以冒險	可以稍微多冒險	戰戰兢兢經營	宜設法降低風險	找外界專家提出降險之道

15-4 公司風險管理手段：兼論風險移轉中的保險

人吃五穀雜糧、會生病、會死亡；人想活得久、活得健康，自會想方設法以養生，避免意外死亡（例如：車禍）等。生命很脆弱，人活著隨時都必須做好風險管理。公司跟人一樣，隨時都有風險，風險是免不了的，所以必須「職有專司」，針對不同風險管理方式責成各部門善盡其職。

一、公司風險管理方式：大分類

公司風險管理方式二分法，分成兩大類。

㈠**風險自留**（risk retention）：公司自己扛風險，很多情況是「無法把燙手山芋」移轉給別人。自己透過三中類方式去「趨吉避凶」。

㈡**風險移轉**（risk transfer）：公司不想把風險攬在自己上，把風險移轉給其他公司，最簡單的說法便是廠房向產險公司買火災險，一旦碰到火災，至少廠房、機器設備可依保險金額理賠。

二、公司風險管理方式中分類 I：風險自留三中類

㈠**隔離**（separation）：醫院以隔離病房來隔離「傳染性高」疾病患者。同樣的，公司大都成立子、孫公司方式，把名聲敗壞風險放在外面。

㈡**組合**（combination）：公司手上有幾個事業部，就不怕「十年河東，十年河西」，不同行業有「產品生命週期」（趨勢）、「行業景氣循環」。當公司跨幾個行業，經營多角化，就可免於「孤注一擲」的風險。

㈢**損失控制**（loss control）：分成事前的「停損」（stop loss）與事後的「風險理財」（risk financing），即如何籌錢以善後。

三、風險管理方式中分類 II：風險移轉二中類

分成二中類，當風險移轉給保險公司，俗稱「花錢買保險，買個心安」（Purchasing insurance policies is buying yourself a peace of mind.）。另把風險移轉給他人稱為風險迴避（risk avoidance）。

四、風險移轉中的保險：以農業保險為例

㈠**80:20 原則**：2015 年起農作物天然災害保險優先考量主要作物中具備高經濟價值且產業面積達一定規模者，揀選高接梨、芒果、甜柿、巨峰葡萄、木瓜、椪柑、文旦柚、番荔枝、蓮霧及水稻等十項作物。

㈡**政府的責任**：自 1990 年起農業部辦理農業天然災害救助，至 2015 年累積救助金額 420 億元，2006~2016 年農業救助金額每年約 25 億元。

㈢**三贏**：

- 對政府：政府財政負擔相對穩定。
- 對農戶：農業保險可讓受災戶獲得較政府災害救助金為高的理賠金。
- 對保險公司：保險公司在大收法則下，便願意承作此類保險，增加保險範圍、營收。

表　公司風險管理方式

大類	風險分散			風險移轉	
中類	隔離（separation）	組合（combination）	損失控制（loss control）	迴避（avoidance）	保險（insurance）
一、負責部門	董事會	董事會	董事會、總經理	總經理	總經理
二、次要負責部門	法務室	總經理	財務部	業務部、財務部	風險管理部
小分類	針對高風險事業部分拆（spin-off）為子公司，成為法律上防火巷。	1. 區域分散 2. 套用美國波士頓顧問公司模式（BCG model），公司宜有「金牛」、「明日之星」、「問題兒童」的事業部 3. 對每個事業部的資本支出，依實際需要時才撥款。	1. 針對虧損事業部採取「停損」（stop-loss），棄俥保帥，以免成為「錢坑」拖垮公司。 2. 財務部宜妥籌「銀彈」在公司經營碰到逆風時，有資金讓公司「逆轉勝」	1. 業務部在出口報價上加上「匯率條款」。 2. 財務部在對客戶授信時，宜要求提供擔保品。	例如：向保險公司 1. 損益表方向 顧客責任險 營業中斷險 氣候險 2. 資產負債表方向 火災險 地震險

圖　看天吃飯的農戶可以買農產保險

損益表	農業保險三類	以水產養殖險為例
營收	參數型（與氣候相關因子，達到特定條件）保險，例如：水產養殖保險。	以臺灣產物保險公司保單為例 養殖戶有養殖的事實且有養殖登記證，填寫要保書後交由產險公司核保確認、且繳交保險費，該保單即生效。保額方面，以魚種的成本加 10% 計算，保險費率為 9%，假設保額 100 萬元，保費就是 9 萬元。三方均攤下，中央政府、地方政府、養殖戶各負擔 3 萬元。理賠程序簡單，保險契約所載以「連續 48 小時之降雨量」為標準，當作保險金給付的基準，保險公司會主動理賠。（整理自《工商時報》，2017 年 10 月 8 日，A3 版，李光霖）
－營業成本	收入減少型（收穫量短缺補償）的農業保險，例如：水稻保險。	
＝淨利	保險金跟天然災害救助補償辦法連動的保險，例如：高接梨、芒果等保險。	

15-5 公司風險管理的決策、執行部門：以台積電為例

公司存在一天，風險就存在一天；所以必須跟風險「和平共處」，套用《孫子兵法》〈九變〉篇：「勿恃敵之不來，恃吾有以待之。」在公司各層級，分層負責以管理風險，本單元說明。

一、風險管理方式的決策單位是董事會

風險常導致危機，公司必須「快、狠、準」的進行「危機管理」（crisis management），董事會是公司風險管理制度決策單位，組織設計分兩情況。

㈠ **當沒有設立風險管理委員會時**：當董事會人數低於 9 人，往往無法功能分工，各方面事務皆提到董事會來核決。

㈡ **當有設立風險管理委員會時**：有些公司董事會很重視風險管理，由數位經營董事組成風險管理委員會，專門監督總經理及其以下的風險管理績效，其中以資訊系統作為營運基礎（例如：銀行業、便利商店、飯店業、航空業）的行業，甚至單獨成立資訊安全委員會。

二、各項風險管理方式次要負責部門皆不同

五中類風險管理方式的執行部門皆不同，以「隔離」來說，主要是法務室，針對高風險事業予以獨立，以子公司名稱，以法律組織作為防火巷（fire alley）。

三、台積電風險管理的組織設計：四道防線架構

台積電位處三級產業中的工業中的製造業，製造業較主要風險來自營業風險中的工廠，所以由「資材暨風險管理部」來作為風險管理的二級機構。由表二可見台積電風險管理組織圖；

㈠ **第 1 道防線**：台積電是晶片生產為主，分晶圓廠尺吋分 2 個副總在管，第一線人員有責任維持生產順暢，各處下的「組」級單位組成風險管理委員會。

㈡ **第 2 道防線**：各相關部門處長（協理級）參加的風險管理「執行」。

㈢ **第 3 道防線**：由總裁召集的風險管理「指導」委員會，董事會內部稽核處處長列席，資材暨風險管理部副總擔任指導委員會的執行祕書。

㈣ **第 4 道防線**：分成（大）董事會、審計委員會。

表一　各行業代表性公司的風險管理部

項目	風險			風險移轉	
	隔離（separation）	組合（combination）	損失控制（loss control）	迴避（avoidance）	保險（insurance）
一、行業	工業之製造業		服務業之銀行		海上運輸中之貨運
二、公司	台積電		兆豐銀行		長榮海運
三、部門	資材暨風險管理部		風險控管處		旗下中央再保險公司
四、大學相關系所				←——風險管理系｜保險系→ ←——風險管理與保險系 → 投資、風險管理	人身保險、產物保險、精算

表二　台積電風險管理四道防線

防線	第 1 道	第 2 道	第 3 道	第 4 道
說明	風險管理「工作」委員會 (一)組織設計 各部資深經理級 (二)工作內容 執行風險管理專案 ・向指導委員會報告	風險管理「執行」委員會 (一)組織設計 ・各部的相關處長 ・資材暨風險管理部處長 (二)工作內容 ・協調工作委員會的活動 ・促進各部門風險管理活動	風險管理「指導」委員會 (一)組織設計 由總經理領頭，董事會內部稽核處長列席 ・各相關部門副總出席 (二)工作內容 ・辦理及核准各種風險之優先順序 ・督導風險管理的改進 ・向董事會審計委員會報告	董事會 ・董事會核准公司風險管理制度 審計委員會 ・審計委員會監督風險管理指導委員會

資料來源：整理自台積電《年報》6.3.1〈風險管理組織圖〉

15-6 公司營運與財務風險的均衡：公司成長階段的負債比率

臺灣車禍「死亡」（含車禍後 30 內死亡）人數每年約 3,000 人，其中騎機車約 43%（2016 年），其中又以 18~20 歲的居多。為什麼？

・機車因素風險：機車是「肉包鐵」，不敵「鐵包肉」的汽車；
・個人因素風險：18 歲剛拿駕照的人，缺乏駕駛經驗，很容易判斷錯誤。再加上腦前額葉未完全發育（一般約 21 歲），比較容易衝動（競速、夜遊騎車）。

把騎機車類比公司風險，騎士風險類比為為營運風險，機車因素風險類比為財務風險。右圖中 Y 軸以公司倒閉機率來代表公司風險。

一、營運風險：新設公司的倒閉機率

由經濟及能源部產業事務局或各縣市經濟發展局的新成立公司資料，大抵可得到下列結果。

㈠ **新創公司陣亡率**：新創公司如同嬰兒，嬰兒猝死機率較高，隨著年齡漸長，生存能力漸強，死亡率大幅降低。

㈡ **營運面的公司倒閉機率**：一般新設公司倒閉原因中來自營運面大多為錯誤產品、錯誤地點、成本太高（投資太大），以致入不敷出，只好吃老本，一旦「坐吃山空」，就得吹熄燈號。第 1 年倒閉機率約 30%，即 3 家新設公司中有 1 家撐不下去。

二、財務風險

新設公司營業現金流量（淨流入）不足以支付銀行貸款的利息，此時可說是「屋漏偏逢連夜雨」，雨是外部不可抗力因素，可類比公司營運風險。公司能做的就是有個紮實的屋頂。

三、資金結構決策：以負債比率為例

公司風險管理的準則在追求付出合理代價，把風險控制在可接受範圍內。

㈠ **公司風險＝營運風險＋財務風險**

由圖最上方的線可見「公司風險曲險」，這是營運風險曲線加財務風險曲線而成。

㈡ **在公司站得穩之前，不要再添財務風險**

由圖可見，假設公司設定公司進入成長末期後「可接受」倒閉機率 5%，此時可提高負債比率到 30~40%。在公司進入成熟期，營運風險 3%、財務風險可提高到 2%，即負債比率提高到 40~60%，此時以銀行貸款來說，資產皆已抵押完，只好借信用貸款。

圖 公司風險與負債比率

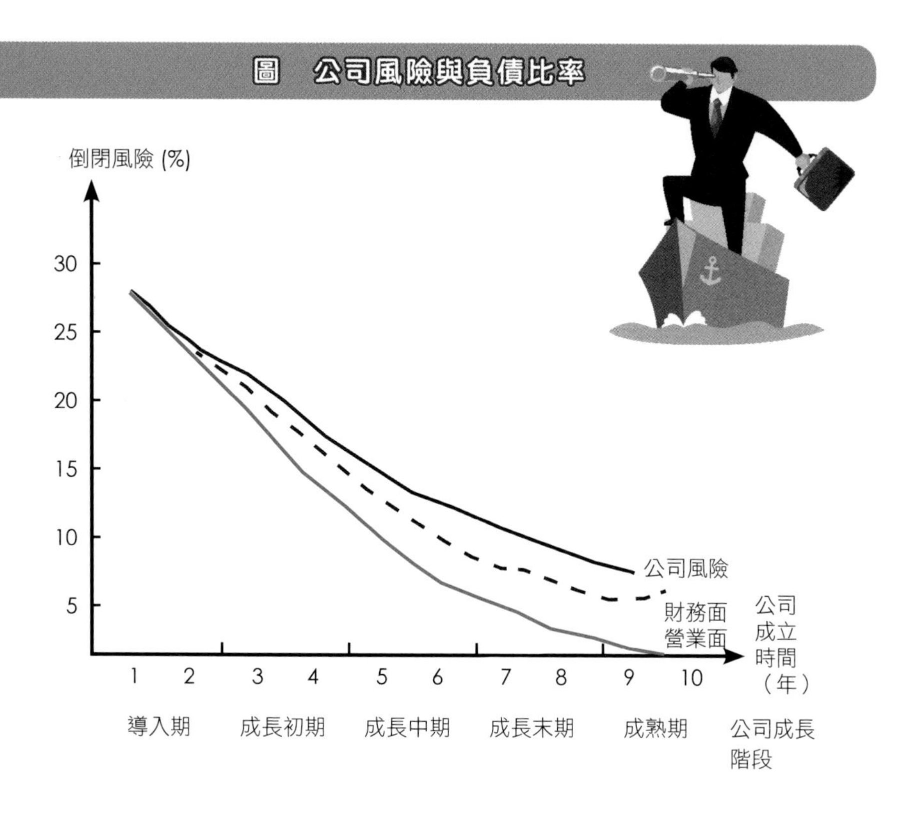

0~5%	6~20%	20~30%	30~40%	40~60%	負債比率
	抵押貸款			信用貸款	銀行貸款
			有擔保公司債	無擔保公司債	公司債發行
	AA~AAA	A	BBB~AAA	BB 以下	公司信用評等
		0.5% 以下	0.5~2%	2%	公司倒閉機率

MEMO

第 16 章 貨幣時間價值與公司資本預算方法：台積電與英特爾

16-1 資本支出預算編製快易通

你想買汽車嘛？以 85 萬元左右的四門房車為例，常見考量如下。

・國產汽車（例如豐田的冠美麗）新車入門款售價 84.9 萬元；

・進口汽車（以寶馬 318D）中古車 2012 年 12 月，出廠價 170 萬元，2018 年中古車價 84.8 萬元。

不考慮汽車品牌的社會地位涵義，純考慮產品生命週期成本（採購成本、使用成本），你會挑哪一項呢？ 56、57 臺週間晚上兩個汽車節目，經常討論這主題，當你把使用成本中的維護修理成本（例如：換個照後鏡等）列出來，你會發現國產汽車養車費較低。這是一般人面臨的資本支出決策，買手機、家電等也如此。公司資本支出的決策有涉及淨利，更複雜，本單元說明。

一、支出的兩種型態

每個人、家庭支出都有二種型態，吃飯喝飲料，今天吃、明天還得花。另一種是買汽車、筆電，可以作為個人生財器具。同樣的，公司、政府的支出（expenditure）可分兩種：

㈠成本費用型支出（cost expenditure）：在營業活動現金流出與籌資活動，現金流出大抵屬此種。

㈡資本支出（capital expenditure）：投資活動的現金流出 80% 大都屬此。

二、資本支出的定義

㈠**資本預算名詞的拆解**：由下式可見，把專有名詞就可以了解其原貌，「資本預算」是簡稱，全名是「資本支出」、「預算編製」。

㈡**資本支出**：資本支出（capital expenditure）中的「資本」的本意是指「可列於資產負債表上的資產面」，即可提供公司一年以上的「服務」，因此固定資產（不包括土地）每年可攤提折舊費用、無形資產每年「分攤費用」，本單元說明。

㈢**編製預算**（budgeting）：預算編製（budgeting, budget 作動詞用，當名詞用時（budget making）是指政府或公司把年度損益表「預」先演「算」。

三、源自政府預算編製

各國政府的預算編製已有數千年歷史，把支出分成「經常」門、「資本」門，這是 1911 年起的事，詳見表一。

圖　政府、公司與家庭「支出」的兩種性質

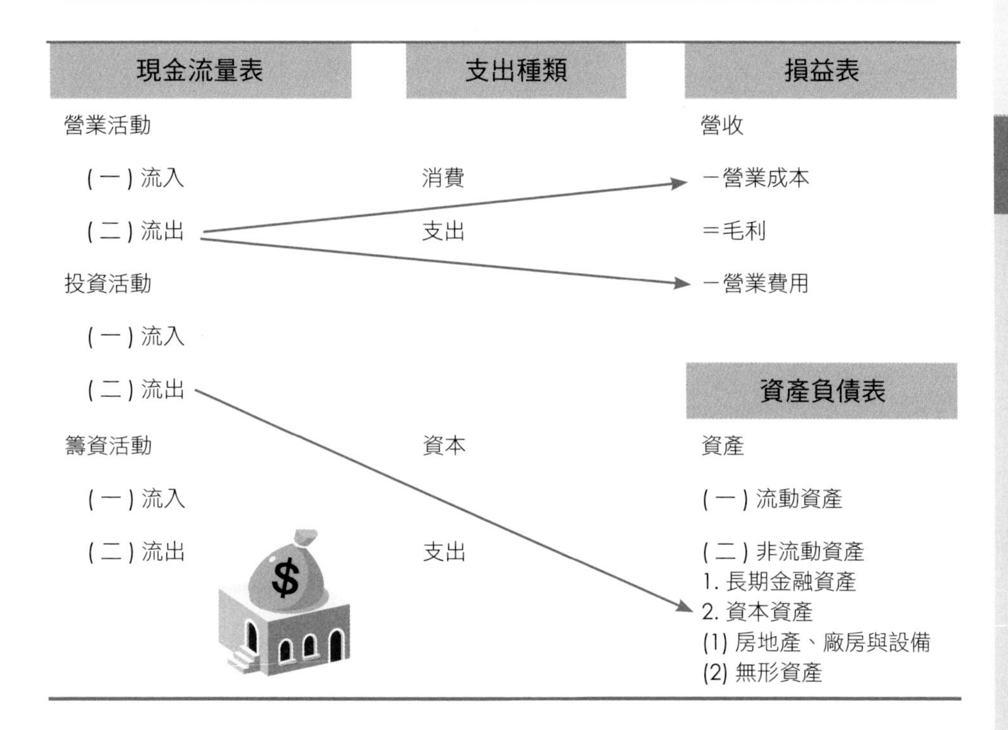

表一　資本預算在國家政府支出中的發展

項目	觀念	正式	逐漸普及
年	1911 年	1927 年	1933 年 7 月
國家	瑞典	挪威	美國
作法	政府設立許多「資本性基金」，投入有自償性資產（水利發電、鐵路、電信、森林造產等）；已有複式預算雛形。	政府預算編製採複式預算分為： 1. 資本（投資）預算。 2. 經常預算。	實施複式預算制度，這是羅斯福總統推動「新政」，以 9 億美元推動蓋胡佛水壩等公共建設。

16-2 資本支出的範圍

報刊上每天都有某家上市公司宣布明年的「資本支出」多少錢，一般人大抵認為這是指砸大錢買土地蓋廠、買機臺，進行研發。本單元詳細說明。

一、經濟學角度：在全國

唸過大一經濟學的人大概都知道「Y 等於 C 加 I 加 G 加 X-M」，其中的 I 便是民營、公營公司的「資本支出」。

㈠ **全國資本支出比率：**「投資」占總產值比率 20.7%，一般認為 25% 最佳，除了維持「新陳代謝」（「謝」指的折舊費用），還有新投資以推動經濟往前。

㈡ **全國資本支出的結構：**「投資」包括兩項：「存貨增減」約 1.7%，「固定資本形成」約占 98.7%，有些人乾脆把「投資」跟「固定資本形成」劃上等號。

二、企業管理角度：狹義的資本支出

常見的公司資本支出是指表一資產負債表上非流動資產兩項。

㈠ **固定資產：**這包括三小類，房地產（指辦公大廈、員工宿舍）、廠房（包括土地）、設備（機器、運輸工具），房地產重估增值的部分不算。對機臺有二種方式。

- 舊機器「改良」：砸大錢更新工廠的「發動機」、數位控制器（CNC），以延長設備壽命（俗稱延壽，increase of service life）、提升機器性能，「復舊如新」。
- 買新的：買新機臺是常見的資本支出方式，買「二手」機臺也算。

㈡ **無形資產：**「購置無形資產」的範圍很窄，自主研發時的「研究發展費用」於損益表中出帳，至於「申請、維持專利」費用才列入資產負債表中的「無形資產」。

- 技術移入：台積電直接稱為「買技術」（technology buy），指的是付出權利金以取得外部公司的技術，即技術移入（liciensing-in）。
- 其他無形資產：包括品牌、營業祕密、連鎖經營權等無形資產。
  由表二中第三列台積電的用詞可說很直接「買產能」（capacity buy），這分為兩種成長方式。其一內部成長，針對自己廠房內的機臺的產能去擴充；其二外部成長，下列說明。

三、廣義的資本支出：加上外部成長

收購其他公司固定資產（在台積電尤其指買晶圓廠），或合併同業，都會快速增加產能。

表一　臺灣總產值中的投資

公司 資產負債表	全國 需求結構
	C+I+G+(X-M) 中的「投資」(I)
資產	以臺灣 2018 年總產值 x17.01%=I 17.88 兆元 x17.01%=3.04 兆元
流動資產	投資結構如下（2017 年）： 一、存貨增加額（increasing stock）-0.91%
非流動資產 一、金融資產：持有到到期日 二、採用權益法之投資	二、固定資本形成毛額 100.91%（下述 2016 年資料） 1. 營建工程 35.65% 2. 機器和設備 34.76% 3. 運輸工具 6.42% 4. 無形固定資產 23.17% 左一、二合稱為「長期投資」（capital expenditure），又稱資本投資（capital investment）。

2018 年　　單位：億元

小分類	大／中分類	台積電
	三、固定資產	三（二）
	(一) 房地產	三（三）與四
新建 vs. 舊廠房拆建	(二) 廠房	(1) 製程產能
新購設備 vs. 舊機臺延長壽命	(三) 設備	・先進製程：擴大、升級
自主研發 vs. 購入技術		・特殊製程：擴充
	四、無形資產	邏輯製程轉換成特殊
		(2) 封裝製程：擴充

表二　資本支出的明細

對象 科目	本公司		收購其他公司
	原機器	買新的	
一、固定資產	1. 機器延壽：更新 2. 廠房拉皮	更換 蓋新廠	1. 資產、股權收購 2. 合併
二、無形資產	省略	省略	技術轉入 （technology liciensing-in）
台積電用詞	買產能（capacity buy）		買技術（technology buy）

16-3 資本支出金額的決定：台積電 vs. 英特爾比較分析

全球半導體產業是少數有許多市調公司（包括國際半導體產業協會，SEMI、IC Insights）長年追蹤前 10（甚至 20）大公司研發、資本支出的，每個月皆會有美國英特爾、南韓三星電子集團和臺灣台積電資本支出的新聞。三星電子集團大，所以資本支出一向是半導體業中第一，第二是英特爾，第三是台積電，第四南韓海力士（SK Hynix），第五名（美國美光，Micro）則只是第一名的四折。本單元以英特爾、台積電來比較。

一、台積電資本支出

台積電的資本支出主要在拚產能，台積電稱為「買產能」（technology buy），有兩大影響因素。

（一）影響資本支出因素一：產能

2006~2007 年，台積電每年資本支出約 24 億美元，之後從 2010 年爆發式成長，以擴大產能，準備搶食智慧型手機晶片商機。2010 年起，一下子拉高到 59 億美元，再加上高研發拉近跟三星半導體的距離。台積電對擴產的決策準則大抵是「不見兔子不放鷹」，寧可「操」機臺，甚至產能不足以致拒收二線客戶定單，優點是「不會等嘸人」。由右表可見，台積電看的是明、後年的訂單，採前置 2 年進行擴廠，尤其許多機臺卡在荷蘭艾司摩爾（ASML）少數公司手上，必須前 2 年就搶機臺。

（二）影響資本支出因素二：製程技術

由表可見，2016 年起台積電資本支出首先突破 3,000 億元（100 億美元）。主要是衝刺 10 奈米以下製程設備，這些設備比 16 奈米製程貴。2017 年第 3 季 10 奈米製程進入生產階段。

- 2018 年：7 奈米製程量產。
- 2019 年：採用極紫外光（EUV）微影技術的 7+ 奈米進入生產階段。

二、台積電跟英特爾比較

㈠英特爾：英特爾一向是全球半導體霸主，三星半導體和台積電急起直追。但英特爾原本主力市場在個人電腦的中央處理器晶片，這幾年呈現逐年衰退，英特爾在先進製程腳步也不若台積電和三星積極。

㈡2015 年，台積電小贏英特爾，英特爾營收是台積電 2.6 倍，資本支出也是。

三、資本支出的決策準則，資本支出密度 30~35%

2017 年 10 月 19 日，台積電第 3 季法說會中，透露資本支出的決策準則：「為了讓製程微縮及推進順利進行，資本支出占營收比率將維持在 30~35%。」

（《工商時報》，2017 年 10 月 20 日，A3 版，涂志豪）

表　台積電與美國英特爾的資本支出密度

單位：億元

年	2012	2013	2014	2015	2016	2017	2018
一、產能							
1. 產能利用率 (%)	91	91	97	93	92	95	
2. 技術水準							
3. 製程節點							
・奈米	28		28/20	16/14	14/10	10/7	3/5
・落後英特爾			2 年	1.3 年	0.5 年	0 年	0 年
4. 製程	・高效能行動運算製程 (HPM) ・高效能低耗電 (HPL) ・高效能 (HP) ・低耗電 (LP)		・系統單晶片 (SoC) ・鰭式場效電晶體 (FinFET)，俗稱 3DIC	MPSoC ・16 奈米 FFPlus ・超低功耗 (ucp)	2017 年以 10 奈米製程生產 A11 晶片	2019 年 5 奈米、2020 年 4 奈米投產	70% 資本支出用於 7 奈米製程
5. 2.8 奈米以下製程占營收比 (%)	12	30	42	48	55	60	
二、台積電							
(1) 購置固定資產 *	2,461.4	2,876	2,885	2,575	3,280	3,306	
(2) 購置無形資產 *	17.8	27.5	38.6	42.83	42.43	42.46	
(3) = (1) +(2) 資本支出	2,479.2	2,873.2	2,923.6	2,617.8	3,322.4	3,348.46	
美元計價 (億美元)	83.22	96.9	95.22	81.23	101.9	108.6	110
(4) 營收	5,062	5,970	7,628	8,435	9,479	9,774	10,263
(5) = (3) / (4) 資本支出密度 (%)	48.98	48.13	38.33	31.03	35.05	34.25	
三、美國英特爾							
(6) 資本支出	110	106.11	101.05	73.26	96.25	115	
(7) 營收	533	527.08	558.7	553.55	593.87		
(8) = (6) / (7) 資本支出密度 (%)	20.64	20.13	18.00	13.23	16.21		

* 資料來源：台積電現金流量表由「投資活動之現金流量」

* 英特爾財報採曆年制

16-4 四種資本預算方法的歷史演進

你在 2018 年時，市面上有四代蘋果公司手機免費讓你挑：iXS（2018 年）、i8、iX（2017 年）、i7（2016 年）、i6（2015 年），你會挑哪一款？一般人會挑最新款，因為功能較多，例如：i8 亮點之一可刷臉解鎖。科技與日俱進。同樣的，社會科學的分析方法也是如此；以財務管理中資本預算四種方法來說，可用蘋果公司四個年代的手機來類比。你想分析四個方法的優缺點，先作個「大事紀」，依照時間順序排列，依「長江後浪推前浪」的原則，「舊（方法）不如新（方法）」。

一、數千年以上，還本期間法

還本期間法的源頭不可考，這方法很簡單，至少應有三千年。例如：西漢時司馬遷（約 -145~-86）著「史記」，其中「貨殖列傳」，把許多國家、大企業家（例如：商祖白圭、越國范蠡）的經商致富之道，詳細說明。

二、1934 年起，會計報酬率法大流行

1934 年，美國證券交易法實施，證交所要求上市公司的財務報表應依一致會計準則。如此一來，上市公司財報基礎相同，可互相比較。

三、1950 年起，淨現值報酬率法

淨現值法中的「貨幣的時間價值」經歷 100 年的發展。

㈠ 1852 年：寫共產主義書的卡爾 · 馬克思對資本主義花很多時間研究，以表中來說，大抵在 1852 年發表的書中談到「現值」觀念。

㈡ 1907 年：現值觀念在 1907 年費雪在《利率》書中說明。

㈢ 1950 年代：到 1950 年代透過《財務管理》教科書，顯示公司已普遍使用。

四、1970 年起，內部報酬率法

內部報酬率法是「損益兩平」時的淨現值報酬率，由於必須用電腦去求解 5 次式以上的多項式，所以 1970 年以後才開始流行。

㈠ 1985 年 Excel 的 IRR 函數：1985 年美國微軟公司推出試算表軟體 Excel，其中 IRR 函數就是衝著內部報酬率法的求解而來。

㈡ 五次方程式可能有 5 個解：多次方程式求解，大抵五次方程式會有 5 個解，例如（0.2、0.15、0.1、-0.15、-0.25），一般是以正值最高的解為第一個解。

2018年臺灣的總產值與結構

（預估）Y 17.88 兆元 = C 53.39% + I 17.01% + G 14.11% + (X - M) 15.49%

表　四種資本預算方法的時間順序

項目	回收期間法	會計報酬率法（ARR）	淨現值法	內部報酬率
一、觀念導入	例如：西元前1000年中國商朝	1850~1920年資產負債表	1844年，例如：馬克思（Karl Marx, 1818~1883）的《1844年學和經濟學手稿》	「internal」內含的意思是指「不考慮外部因素」，例如：物價、資金成本
二、觀念定形	例如：中國周朝	1930~1970年代損益表為主，尤其1933年美國頒布《證券法》，1934年《證券交易法》，規定上市公司須有一致的財務報表。	1907年，美國經濟學者費雪（Irving Fisher, 1867~1947）在《利率》一書中提到，寫成公式	經濟報酬率(economic rate of return, ERR) IRR>WACC
三、流行	2000年以上	1980年代現金流量為主	1950年代，財務管理教科書	1970年代起

2017~2021年全球晶片的實用BCG模式

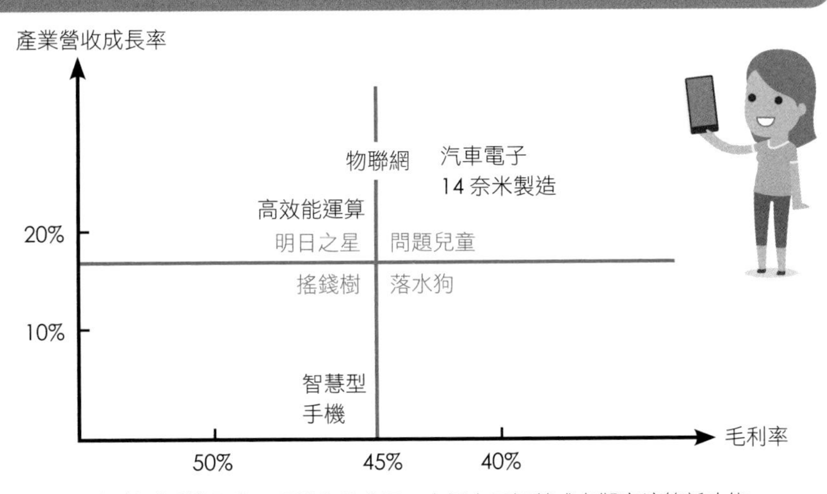

- 智慧型手機晶片：硬體上的升級、支援人工智慧或虛擬實境等新功能
- 高效能運算（HPC）：主要是人工智慧
- 物聯網：主要是感測器；在汽車電子部分，先進駕駛輔助系統（ADAS）、包含自駕功能的智慧汽車、電動車等。

16-5 四種資本預算方法的圖解方式

你想了解二種以上的資本預算方法（含公式），最簡單的作法，便是把公式作表，你看多項式（包括分子、分母），你自然會一目了然的看出「美容前、美容後」的差別。

一、還本期間法

以一個投資案的 5 年「獲利」來說，假設 3 年還本，由右圖橫線可見「只劃到第 1~3 年」。

二、會計報酬率

由圖可見，會計報酬率法比還本期間法多個長處，即考慮整個投資案全部期間。

三、淨現值報酬率法

淨現值報酬率法是會計報酬率法的改良版，由公式可見，先把歷年獲利「折算成現值」（簡稱折現）。

四、內部報酬率

這是「損益兩平」時的淨現值報酬率。

五、資本支出與資本性資產

宋朝大儒朱熹的〈觀書有感〉文中的名言：「問渠哪得清如水，唯有源頭泉水來。」來說明資本支出與資本性資產間的關係。

㈠ 流量：流入與流出

以泉水、水池來舉例，每年現金流量表中投資活動中的資本支出是「活水來」；至於水池底的排水孔，有折舊費用、攤銷費用兩項。

㈡ 存量：資產負債表上非流動資產進大於出，累積的水池水量在公司資產負債表便是資本性資產。

圖 資本預算方法

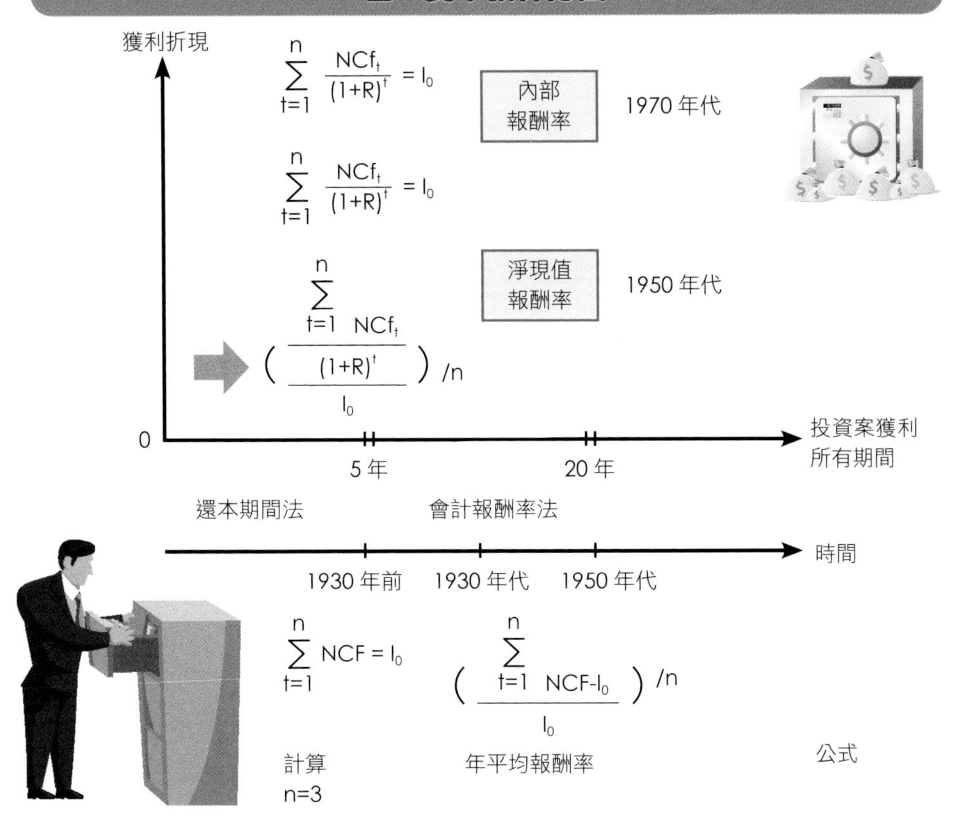

圖 資本支出與資產負債表等關係：2017年台積電為例

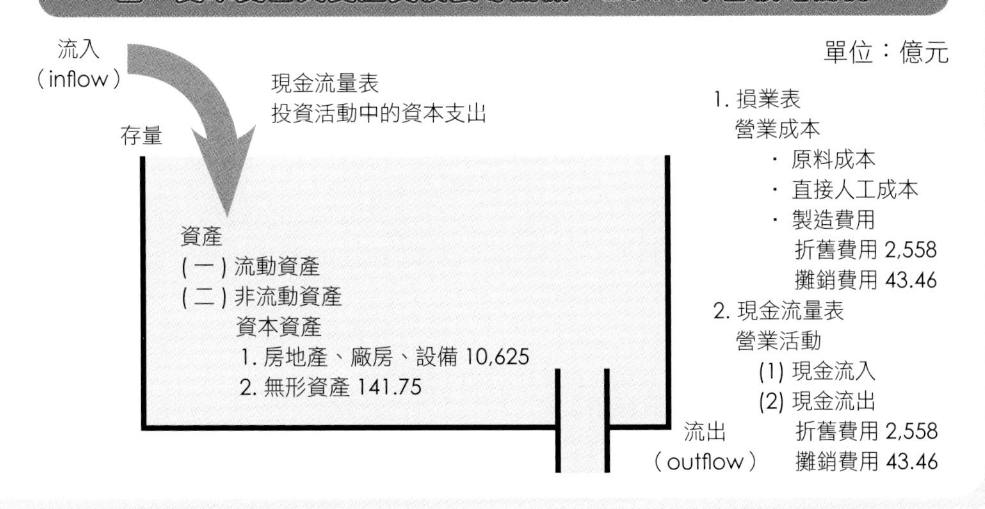

16-6 四種資本預算方法的適用時機

四種資本預算方法各有其「適用時機」(approximate time),在一般的書稱為「優缺點」,這在很多考試都是必考題,本單元作表整理,只要考其中2個方法的比較,你就用這個表,由右表第一欄可見有三大類4個檢查標準,符合時打勾(v或O),不符合標準打「x」。

由表可見,三個評估四個方法的績效標準(criterion,簡稱效標),只有會計報酬率法在「分母:折現率」打x;內部報酬率法在「單一解」打x。這個答案跟其他僅考慮原始狀況的四種方法不同;但時代是進步的,這四種方法也有進階版,本單元說明。

一、還本期間法的進階版

㈠第一版:還本期間法

還本期間法(pay back period method)是最原始狀況,光看字面就可了解其涵義。

㈡大公司董事長一聽「5年還本」就心動

大公司董事長甚至市井小民參股創業,可能第一句話問的是:「這個投資案,幾年可還本?」

㈢分子修正:考慮全期折現獲利,稱為全期折現還本期間

還本期間法歷經兩波修正:

- 考慮全部投資期間,此稱為「修正」還本期間法(modified pay back period method)。
- 考慮分子(獲利)折現,此稱為折現還本期間法(discounted pay back period method)。

㈣從還本期間到還本倍數:同時考慮全期獲利折現,以計算還本「倍數」(multiplier),此法稱為「modified discounted pay back period method」。

㈤決策準則:還本倍數愈大愈好。

二、會計報酬率法

會計報酬率(accounting rate of return method)是公司會計部計算各投資案的方法。

㈠**會計報酬率的「缺點」**:未考慮各年獲利的時間價值。會計報酬率法是淨現值報酬率法的芻形,差別是只考慮各年獲利的「帳面」金額。

㈡**決策準則**:投資報酬率大於權益資金成本率。會計報酬率法以「損益表上的淨利」來計算報酬率,可視為該投資案的預期權益報酬率,所以須大於權益資金成本率,才有賺頭。

三、淨現值法之報酬率

㈠步驟一:計算「淨」營業現金流量的「現值」。

㈡步驟二:計算淨現值報酬率。

㈢決策準則:挑報酬率最高的。

表　四種資本預算方法的適用時機

方法 效標	還本期間法	會計報酬率	淨現值法（NPV）	內部報酬率法
一、計算公式				
(一)分子：所有期間的獲利，俗稱價值可加原則（value additivity principle）	V 計算出還本「倍數」稱為「修正」還本期間法（modified pay back period）	V	V	V
(二)分母：折現	V 計算出「折現後還本倍數」（the discounted modified pay back period）	X	V	V
二、報酬率	V	V	V 淨現值「報酬率」好事者稱為獲利指數	V
三、單一解	V	V	V	X 但挑正值最高者
四、決策準則	依序挑還本倍數較高者	$ROI>\overline{Re}$ $\overline{Re}$指必要權益報酬率	已依「加權平均平均成本率」作為折現率，只挑報酬率最高的	ROA > WACC

16-7 四種資本預算方法的運用

以一個數字例子，一以貫之，説明四種資本預算方法的計算過程和結果，可以讓你精準確認「會算」就「已懂」。

一、修正且折現還本倍數法

套用「修正且折現還本倍數法」，兩個計算步驟

㈠步驟一：計算分子（獲利）的現值，稱為修正折現。詳見表一，考慮「全部期間獲利」的現值。

㈡步驟二：計算還本「倍數」。此例 1.39 倍，即投資 100 萬元，獲利折現的還本倍數 1.39 倍。

二、會計報酬法

由表一第三欄可見，依兩步驟計算會計報酬率。

㈠步驟一：期間報酬率。5 年報酬率 12.5%。

㈡步驟二：平均報酬率。5 年期間報酬率除以 5 年，得到年平均報酬率 2.5%。

三、淨現值報酬率法

由表二第四欄可見，分兩步驟計算淨現值報酬率。

㈠步驟一：計算淨現值（表二）。一般去查「淨值表」上的各年「現值因子」，用乘的方式，把各年的獲利計算成「現在價值」，詳見表一。

㈡步驟二：計算淨現值年報酬率。5 年淨現值報酬率 39.6147%，除以 5 年，得年平均報酬率 7.923%。

四、內部報酬率法

內部報酬率的求解有兩種方式。

㈠用 Excel IRR 函數求解：會得到 5 個解，21.14% 是正值解中最高的。有些公司的工程部、財務部會指定一位員工更改 Excel，能靈活運用。

㈡用 Excel 的目標搜尋求解，帶入 20%、25% 試誤法。有些人用帶折現率 20%、23%、24% 去求解，慢慢逼近結果。

已知 I_0=100 萬元
分子：每年淨營業現金流入（詳見表一）
I = Capital Expenditure
0 指第 0 期

表一　公司五年獲利的折算現值

	第 1 年 (例如 2019 年)	第 2 年 (2020 年)	第 3 年 (2021 年)	第 4 年 (2022 年)	第 5 年 (2023 年)
(1) 分子	20	25	30	30	30 +63(殘值)
(2) 折現率 R=10%	0.9091	0.8264	0.7513	0.6830	0.6209
(3) = (1) x(2) 淨利現值	18.182	20.66	22.539	20.49	57.7437

註：五年 NPV 加總 139.6147

表二　四種資本預算方法的計算過程

	還本期間法	會計報酬率	淨現值報酬率	內部報酬率
1. 步驟 1	折現值		折現值	NPV IRR 函數 21.14%
2. 步驟 2	還本倍數 $\frac{139}{100}$ = 1.39 倍	期間報酬率 $\frac{198-100}{100}$ = 98%	同左 $\frac{139.6147-100}{100}$ = 39.6147%	
3. 步驟 3		年平均報酬率 (98%)/5=19.6%	同左 (39.6147%)/5=7.923%	

16-8 特寫：淨現值法報酬率

淨現值報酬率法（net present value rate of return method）是資本預算法中符合所有標準的方法，在進階課程，例如：公司鑑價（corporate valuation）、投資管理中都是核心觀念。本書單獨以一個單元說明。

一、「淨現值」快易通

「淨現值法」（net present value method）中的「淨現值」一詞講得太簡，是兩個觀念的合成，分別了解就易懂了。

㈠淨營業現金流量：2018 年台積電營業現金流入 7,000 億元、流出 3,000 億元，淨營業現金流量 4,000 億元。

2 現在價值（present value）：「現在價值」是指未來的金額（例如：1 元）貼算成今天的價值等於多少，簡稱「現值」。

二、步驟一：計算淨現值

㈠分子是「淨營業現金流量」：許多人不看台積電的現金流量表，其中營業現金流量是損益表的「現金基礎」，即不含折舊費用，加上現金調整項（應付帳款減應付帳款）。

㈡現值：把未來每年「淨」現金流量折算成今天價值。

㈢因為投資金額在第一年一開始便支出：由於投資案（例如；3,000 億元）金額一開始便支出，是現值；可作為計算投資報酬率的分母。

三、步驟二：計算淨現值報酬率

算出各投資案的「獲利」現值是第一步，進一步是算出其年報酬率。

㈠期間報酬率：獲利現值除以投資額等於「投資報酬率」（有些人簡稱投報酬），以本例來說 5 年賺 100%，這是期間報酬率。

㈡換算成年報酬率：每個投資案期間有長有短，須進一步換算成「算術平均」、「複利」平均兩種報酬率。一般來說，年平均報酬率最高（例如：20%）的投資案先做；待有餘力，再做第二高的投資案，依此類推。

四、風險調整折現率

由於每個投資案的區域（例如：本國、國外）行業、產品都不一樣，所以每個投資案的折現率皆不同，底下以四個投資案的假設數字舉例說明如右表。已知情況如下：

- 貸款利率、必要權益報酬率
- 負債比率 0.4、自有資金比率 0.6，公司所得稅率 20%。

表 四個投資案的風險調整後折現率

	A案	B案	C案	D案
(1)R_L	1.5%	2%	2.5%	3%
(2)R_e	8%	10%	12%	14%
(3) WACC	0.4x1.5%x(1-20%)+(0.6x8%)=5.28%	0.4x2%x(1-20%)+(0.6x10%)=6.64%	0.4x2.5%x(1-20%)+(0.6x12%)=8%	0.4x3%x(1-20%)+(0.6x14%)=9.36%

圖 淨現值法圖示

淨現值法（net present value, NPV）
＝淨營業現金流量 ＋ 現值
（net cash flow）（present value）

$$NPV = \sum_{t=1}^{n} \frac{NCF_t}{(1+R)^0} - I_0$$

t= 代表第幾年，具體說

$$= \frac{NCF_1}{(1+R)^1} + \frac{NCF_2}{(1+R)^2} + \frac{NCF_3}{(1+R)^3} + \cdots\cdots - I_0$$

Σ 這是希臘字，sigma，中文唸成「西格馬」，其小寫是 σ（即統計學中的標準差）這唸成 sigma。t 等於 1 到 n，意思是第 1 到 n 年的加總 $\sum_{t=1}^{n}$

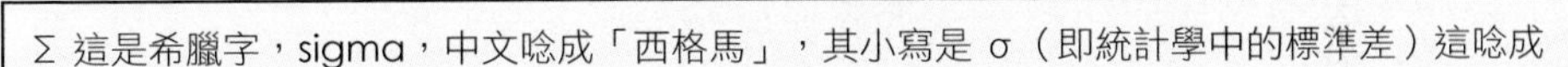

由各投資案淨現值「金額」化成報酬率，稱為：淨現值報酬率

(一) 期間報酬率
左式各除以 I_0 與

$$\frac{NPV}{I_0} = \frac{\sum_{t=1}^{n} \frac{NCf_t}{(1+R)^t}}{I_0}$$

$$= \frac{\sum_{t=1}^{n} \frac{NCf_t}{(1+R)^n}}{I_0} - 1$$

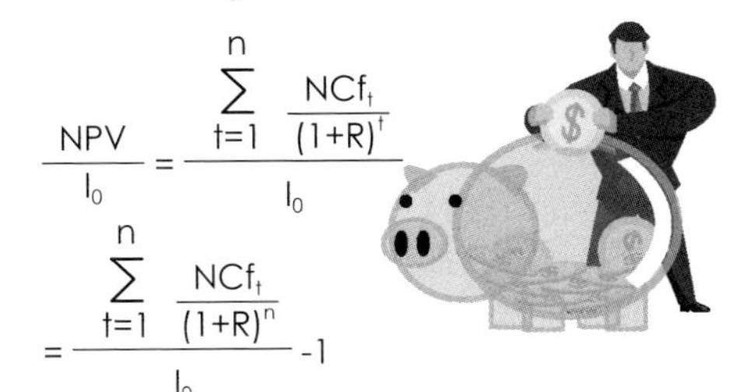

(二) 簡單平均報酬率
即期間報酬率除以 N

$$\frac{RR}{n} = \text{平均每年報酬率}$$

(三) 其他書稱此為「獲利指數」（profitability index）
本書不如此稱呼，意譯為「平均報酬率」。

16-9 一般人面臨的現值、終值情況

一般人學「功夫」（跆拳道、空手道、柔道、中國功夫、散打、泰拳），大都是機械式的一再練習套路，可能搞不懂為什麼要這麼辛苦、枯燥的一練再練。許多「匠」師只能用「功夫下得深，鐵杵磨成繡花針」來回答徒弟的問題；「明」師會一一回答這一招是為擋對手的直擊，這一次是為了攻對手的脖子等要害。同樣的，一般人在交易（例如：租屋）、財務面（參見右表），皆不知不覺中涉及現值、年金現值、終值、年金終值。知道「為何而學」，你的學習動機會更強，學習效果會更好。

一、資產面的現值與年金現值

㈠ **現值**：成語中「朝三暮四」，如果把「暮」視為「明年」，明年 1 元折現成今年的 0.98 元。

㈡ **年金現值**：對於現職勞工來說，很關心退休後（例如：65 歲）的每月退休金（簡稱月退俸）是否（足夠過生活）？很具體的「過生活」是指現在的生活（註：假設房屋貸款已付完、不需養子女、身體健康）。以 2018 年來說，勞工保險平均月退俸 16,000 元、勞工自提部分以 2,000 元計，一人月退金勉強可讓老夫妻過基本生活（例如：沒有汽車、不出國）。

二、資產面的終值、年金終值

由於定期儲蓄存款年利率 1.04% 極低，我們以股票為基金中的群益投信馬拉松基金為例，假設平均報酬率 7%（可能情況）。

㈠ **終值**：單筆投資。例如：2018 年 1 月 2 日單筆買 1 萬元，一年到期，約可以拿到 10,700 元（註：視實際報酬率而定）。

㈡ **年金終值**：定期定額投資。每年投資 12 萬元，投資 3 年，可以拿到
12 萬元 x 3.2149 = 38.5788 萬元

三、負債面的現值、年金現值：債權人、債務人角度

㈠ **現值**：帳上銀行貸款餘額 100 萬元是「現值」，還完即是還清。

㈡ **年金現值**：房屋貸款還本還息，任何中長期貸款（例如：消費性貸款 7 年、房屋貸款 20 年），每個月平均攤還本息，雖然每月貸款利率微幅波動，但 2008 年以來，全球各國利率幾乎「停滯」，可視為固定利率。以向銀行房屋貸款 100 萬元、利率 1.6%、還款期間 15 年；這對銀行來說是個典型的年金現值問題。

四、負債面的終值、年金終值：房東、房客角度

㈠ **終值**：以屋主來說，購屋支出乘上預期報酬率，預期終值房價多少。

㈡ **年金終值**：對於房客來說，可能會去計算每個月繳房租給房東，在「房租」（或其他）報酬率 3% 情況下，究竟「貢獻」多少錢。
對屋主來說，房客每年繳的房租折算成現值，是否會大於房屋的成本（投資金額）。

表　一般人生活中會碰到的現值、終值問題

資產負債表	現值 (present value)	年金現值 (annuity PV)	終值 (final value)	年金終值 (annuity FV)
一、資產面 (一)銀行存款			單筆1年定期存款，即整存整付	每月存款1萬元，1年到期本利和多少，即零存整付
(二)股票型基金投資				定期(每個月)定額(3,000元)買基金
(三)勞工保險月領退休金		勞工未來月退俸折現後，「今天」值多少錢		
二、負債面 (一)銀行貸款		固定利率房屋貸款(例如：2%)		
(二)租屋房客				每個月繳房租，在利率3%(或4%)情況下，3年繳了多少錢?

圖　終值、年金終值與現值、年金現值圖解

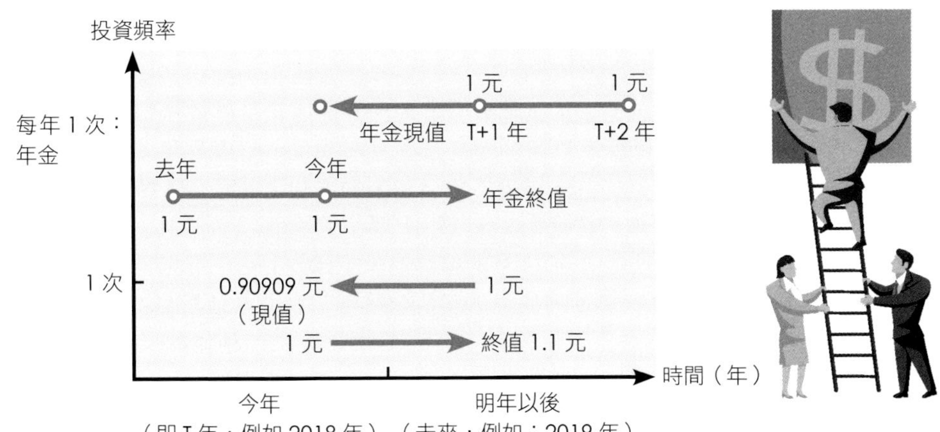

16-10 現值與年金現值、終值與年金終值

什麼是現值、終值？對初學者來說常常不太了解。簡單來說，現值是未來的金額，以折現率推算至目前的價值。終值是目前的金額以折現率推算至未來的價值。

一、記全名才可以顧名生義

2017 年 12 月 5 日，有一則電視新聞講到「軍事教官」，這讓我們知道高中以來，學校的「教官」全名是「軍事訓練教官」，有稱為「軍事」或「軍訓」教官，簡稱教官。同樣的，在財務管理中的現值、終值和年金都是簡寫，求學應記全名，很容易推理出涵義和簡寫。

㈠ **現在價值**（present value, PV）：「活在當下」這句俚語貼切説明「現在」（present 的重要性，現在價值簡稱「現值」。

㈡ **終點價值**（final value, FV）：賽跑有「終點」（finish），財務中的終點價值簡稱「終值」，有時稱為「未來值」。

㈢ **每年固定金額**（annuity）：由右圖可見，「每年固定金額」簡稱「年金」，生活中最常碰到的，例如：

- 年金保險（annuity insurance），簡稱年金險。
- 退休金基金（pension fund）。
- 退休年金（retirement annuity）。

二、現值與年金現值

由圖上部可見「現在價值」、「每年固定金額現在價值」的圖示。一般人是用除的，可是 2 年以上就不方便，於是有二個表。

㈠ **現在價值表：**現值表上第一欄是「年數（n）」、第一列是「折現率（R）」，你查「N=1，R=10%」會查到現值因子為 0.9091。

㈡ **每年固定金額的現在價值表：**年金現值表的圖示，詳見圖右上部。

三、終值與年金終值

在此原本來只想講「現值」，讓讀者們推理出終值與年金終值，偏偏以下這 2 個表有眉角，是特例，須額外說明。

㈠ **終點價值表：**由於終值的本質是「利滾利」的複利，為了方便計算起見，於是有終值表，例如：你查「N=2，R=10%」的終值因子 1.21。

㈡ **年金終值表：**年金終值表的因子較奇怪，由圖右下方可見，「N=3，R=10%」的年金終值因子 3.31，我們以圖解加給你看。這不是假設你在每年「年尾」才投資，這符合現況。但是當你每年 1 月 2 日投資時，其值 $1.1 + 1.21 + 1.331 = 3.6$

		簡稱	
英文	annual fixed amount	→	annuity
中文	每年固定金額	→	年金

圖　現值與年金現值、終值與年金終值

一、現值（present value, PV）

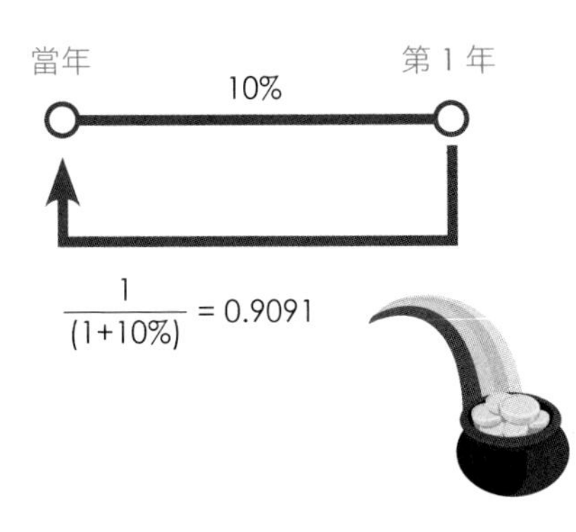

年金現值（annuity PV）

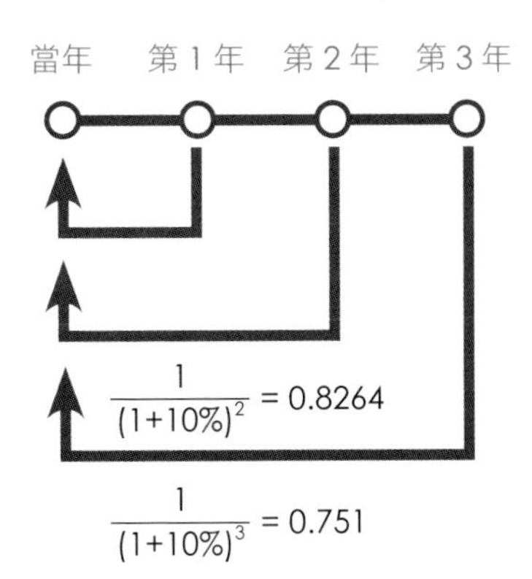

二、終值（final value, FV）

第 1 年年尾（例如 2018 年）

第 2 年年尾（2019 年）

10%

$(1+10\%)^1$

年金終值（annuity FV）

每年年初 1 月 2 號來算
3 年的年金終值

當年　第 1 年　第 2 年　第 3 年

$(1+10\%)^1=1.1$

$(1+10\%)^2 = 1.21$

$1.21+1.1+1=3.31$

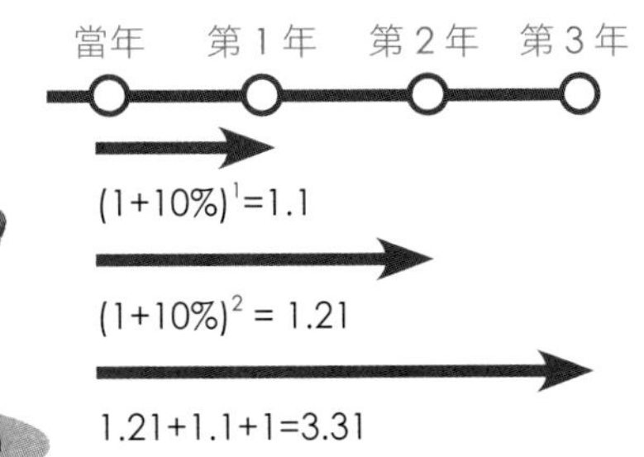

16-11 資本預算的執行程序

資本預算在公司是董事會才有權決定的，在之前，公司總經理會給事業部副總、事業開發部副總篩選投資案的「指引」（guideline），包括行業、區域（例如：東亞、東南亞），本單元說明跟投資金額、投資報酬率有關的事項。

一、財務可行性

如同家庭買房子（或汽車），大都會先設定兩個以上標準，以縮小看屋（縱使網路上看）範圍，由圖一可見，常見的標準有二，公司進行投資分析也如此作。

㈠ X 軸：投資在金額上下限

- 投資金額上限 100 億元：投資金額太大的，公司力有未逮，容易犯了「貪心不足蛇吞象」而撐破自己身體的情況。投資必須量力而為。
- 投資金額下限 10 億元：1997 年 10 月，筆者在聯華食品擔任財務經理，曾詢問董事長李開源，工廠生產元本山海苔，有很多下腳料，為何不拿來做「紫菜湯」的湯包，賣給上班族當沖泡來喝湯。他的回答是：「市場規模太小，約 2 億元，味王市占率高，縱使本公司吃另一半，對營收、淨利貢獻 1% 以下，於事無補。」

㈡ Y 軸：最低投資報酬率

如同人找工作，會設定最低薪資，低於此，連履歷都不會投。公司篩選投資案，往往會設定 8%，作為最低投資報酬率，俗稱「地板」，再低不能比「地板」低。

二、投資案期間不同的處理

㈠ **路遙知馬力的 B 案**：報酬率 12%。B 案報酬率 12%，一開始落後 A 案，但優點是「穩穩的賺」。

㈡ **後繼無力的 A 案**：A 案投資期間 7 年、報酬率 14%；之後必須另起爐灶，再投資報酬率（reinvestment rate of return）6%；加權平均報酬率 11.8%。比較大的爭議是「再投資」報酬率的依據。

某上市公司每年可容忍事業部、投資案虧損計算

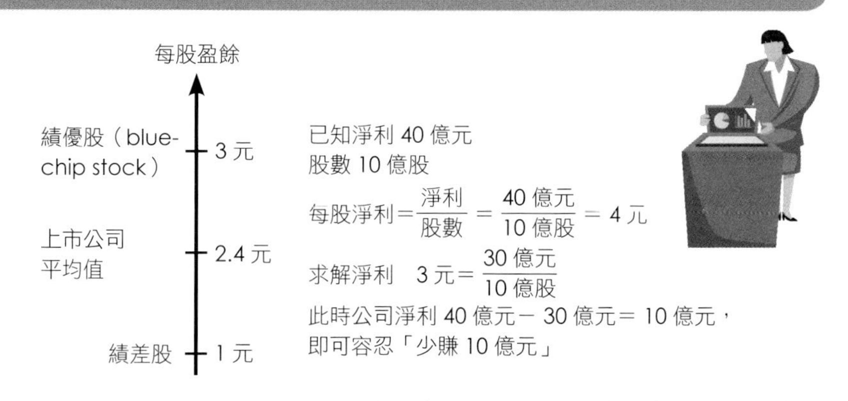

圖一 可行投資區域

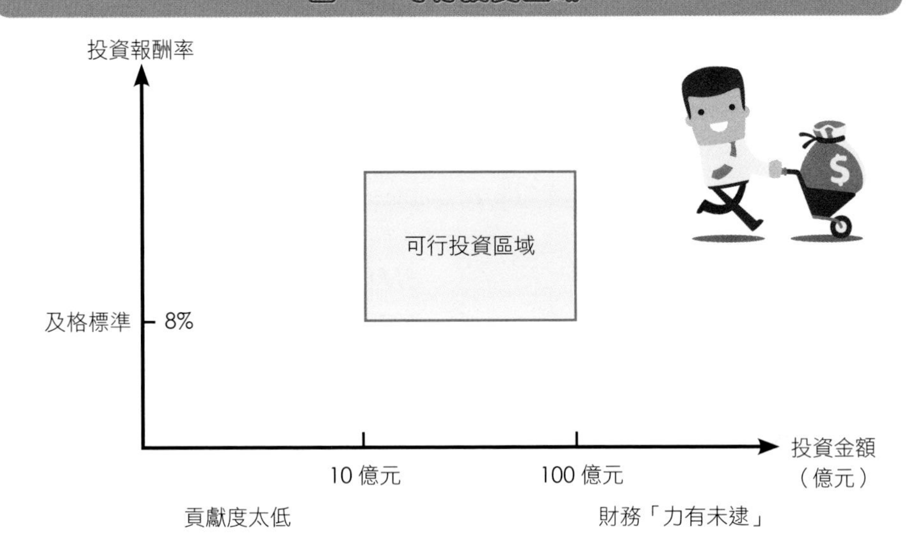

圖二 投資期間不同時處理

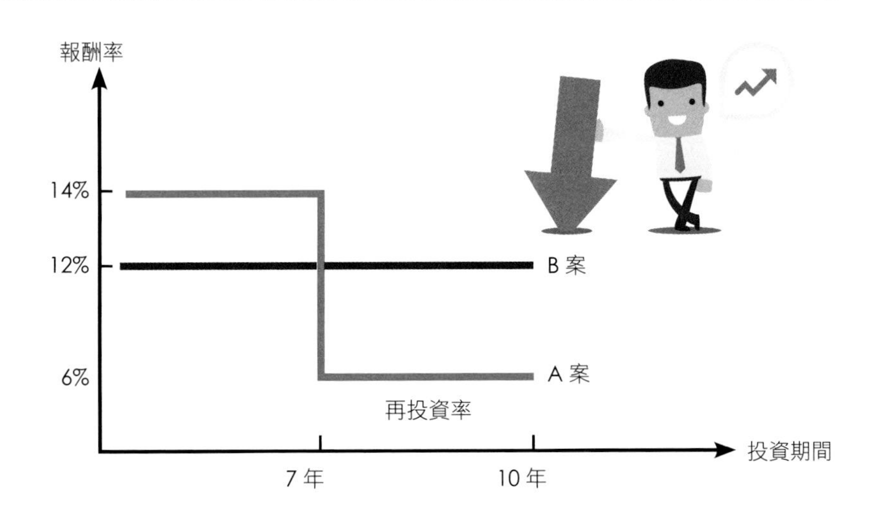

國家圖書館出版品預行編目資料

圖解財務管理 / 伍忠賢著. -- 初版. -- 臺北市：書泉, 2018.10
面；　公分
ISBN 978-986-451-142-6(平裝)

1. 財務管理

494.7　　107012039

3M85

圖解財務管理

作　　者：伍忠賢
發 行 人：楊榮川
總 經 理：楊士清
主　　編：侯家嵐
責任編輯：黃梓雯
文字編輯：侯蕙珍、許宸瑞、黃志誠
封面設計：王麗娟
內文排版：theBAND・ 變設計— Ada
出 版 者：書泉出版社
地　　址：106 台北市大安區和平東路二段 339 號 4 樓
電　　話：(02)2705-5066
傳　　真：(02)2706-6100
網　　址：http://www.wunan.com.tw/shu_newbook.
電子郵件：shuchuan@shuchuan.com.tw
劃撥帳號：01303853
戶　　名：書泉出版社

總 經 銷：貿騰發賣股份有限公司
地　　址：23586 新北市中和區中正路 880 號 14 樓
電　　話：886-2-82275988
傳　　真：886-2-82275989
網　　址：www.namode.com

法律顧問：林勝安律師事務所　林勝安律師

出版日期：2018 年 10 月初版一刷
定　　價：新臺幣 380 元

凝煉知識品味閱讀